中等职业教育机械类专业“十三五”规划教材
中等职业教育改革创新教材

机 械 制 图

第 2 版

主　编　胡　胜
副主编　吴志慧　谢英文　周永伦
参　编　唐　波　殷　菌　周　杨
　　　　张　伟

机 械 工 业 出 版 社

本书是依据2009年教育部颁发的《中等职业学校机械制图教学大纲》，并参照相关的现行国家职业技能标准和行业职业技能鉴定规范中的有关要求编写而成的。

本书主要内容包括识读机械制图有关国家标准、练习基本尺规作图、识读并绘制基本体及切割后的视图、画轴测图、识读并绘制组合体视图、识读并绘制机械图样、识读常用机件及结构要素的表示法、识读零件图和识读装配图。

与本书配套的教学资源包括所有知识点的flash动画、教材中所有平面图形的三维立体图、dwf格式的三维图、随机电子测试题。本书所选知识注意了“简明和实用”，用中职学生易于接受的表达方式实现教学意图，内容以识图为主线，把必需的理论知识放到实例里面去讲授，让学生“在做中学，在学中做”。与本书配套的《机械制图习题集》中分为“课堂作业、课外作业和综合训练”三个层次，部分习题有答案及做题过程，教师可根据学生的不同情况布置。本书中还嵌入了98处二维码，用手机扫一扫便可观看，使用该教学资源为实现课堂教学的“理实一体化”创造了条件。

本书可作为中等职业学校机械大类专业的基础课教材，也可作为岗位培训用书。凡选用本书作为授课教材的教师，均可登录www.cmpedu.com以教师身份注册下载本书配套资源。

图书在版编目（CIP）数据

机械制图/胡胜主编. —2版. —北京：机械工业出版社，2016.12（2020.1重印）

中等职业教育机械类专业“十三五”规划教材　中等职业教育改革创新教材

ISBN 978-7-111-55718-0

Ⅰ.①机…　Ⅱ.①胡…　Ⅲ.①机械制图-中等专业学校-教材

Ⅳ.①TH126

中国版本图书馆CIP数据核字（2016）第306670号

机械工业出版社（北京市百万庄大街22号　邮政编码100037）

策划编辑：汪光灿　责任编辑：汪光灿　责任校对：黄兴伟

责任印制：郜　敏

涿州市星河印刷有限公司印刷

2020年1月第2版第6次印刷

184mm×260mm·11.25印张·261千字

19001—20900册

标准书号：ISBN 978-7-111-55718-0

定价：35.00元

第2版前言

本书第1版自2013年12月出版以来，受到了广大职业院校师生一致的认可与好评。随着新媒体在职业教育课程中的普及，为了使本书能够更好地服务于广大的职业院校师生，决定对本书进行修订。

本次修订的依据仍然是2009年教育部颁发的《中等职业学校机械制图教学大纲》及最新机械制图国家标准。本书具有三大特色：

1. 提供了一套全方位、立体化的课程解决方案。配套教学资源包括所有知识点的flash动画、教材中所有平面图形的三维立体图、dwf格式的三维图、随机电子测试题。使用该配套教学资源，将从根本上改变“机械制图”课程长期传统的课堂教学模式，为实现该门课程的“理实一体化”教学搭建很好的平台。在教学中，教师可一边播放flash动画，一边让学生跟着练习。dwf格式的三维图可随时放大、按任意方向旋转和切割，以便观察物体的内外部结构以及6个基本视图的形成过程，为培养学生的空间想象能力创造了良好的条件。为方便学生自学，在教材中嵌入了98处二维码。使用该配套教学资源，为实现“师生互动，讲练结合，知识过手”的课堂教学目标奠定了基础，实现了变“抽象”为“具体”，变“复杂”为“简单”，让学生“在做中学，在学中做”。

2. 简明和实用。对于那些在实际中应用较少的高难度内容，本书做了大幅度的删减。如椭圆的画法、换面法、复杂形体截交线等内容，难度较大，实际应用较少，本书已删掉。对于组合体、零件图和装配图采用最简单的案例，来讲述复杂的理论知识。

3. 作业有层次性。与本书配套的《机械制图习题集》中的作业分为“课堂作业、课外作业和综合训练”三个层次。“课堂作业”是每个学生在上课时必须完成的作业（最低标准）；“课外作业”老师视每个学生的情况布置，不是所有学生都必须做，也不是所有作业都必须做完；“综合训练”是在每个单元学完后，对学生的一次综合能力测试。

本书由胡胜任主编，吴志慧、谢英文和周永伦任副主编。参加编写的还有唐波、殷菌、周杨和张伟。胡胜负责统稿及课程资源的制作，吴志慧编写单元1，谢英文编写单元2，周永伦编写单元3，唐波编写单元4和单元5，殷菌编写单元6，周杨编写单元7和单元8，张伟编写单元9。

由于编者水平有限，书中难免有疏漏之处，希望读者批评指正，并提出宝贵意见和建议，请发邮箱1872630618@qq.com，以便及时调整和补充。

编　者

第1版前言

本书以“需求为导向，能力为本位，学生为中心”，依据2009年教育部颁发的《中等职业学校机械制图教学大纲》及最新《机械制图》国家标准，按照“理实一体化”模式，并参照《制图员国家职业标准》的要求组织编写。

本书充分考虑当前中等职业学校学生的特点，采用了大量的三维图形和表格，每一个图形都有其详细的作图步骤。书中避免空洞理论的讲解，注意“以例代理”，把必需的理论知识放到实例里面去讲授。书中的“想一想”部分，主要在于培养学生专业之外的能力，是书本知识的延伸。教材具体框架为“单元—学习目标—任务—任务描述—知识链接—任务单—学习评价”，充分体现“理实一体化”教材的特点。

为方便老师教学和学生自学，教材配有多媒体光盘。使用该多媒体光盘教学，将从根本上改变“机械制图”课程长期传统的课堂教学模式，为实现该门课程的“理实一体化”教学搭建了一个很好的平台。光盘中制作有大量的动画，教师可一边演示，一边让学生跟着练习。光盘中还设计有一部分仿真，教师可用仿真现场演示作图过程。光盘中的所有三维图形在课件中均可放大、按任意方向旋转和切割，以便观察物体的内外部结构以及6个基本视图的形成过程，为实现“师生互动，讲练结合，知识过手”的课堂教学目标创造了条件，实现了变“抽象”为“具体”，变“复杂”为“简单”，让学生“在学中做，在做中学”。

配套习题集上的作业分为课堂作业、课外作业和综合训练三个层次。“课堂作业”是每个学生在上课时必须完成的作业（最低标准）；“课外作业”由老师视每个学生的情况布置，不是所有学生都必须做，也不是所有作业都必须做完；“综合训练”是在每个单元学习后，对学生的一次综合能力测试。

本书由胡胜任主编，吴志慧、谢英文和周永伦任副主编，参加编写的还有肖瑶、凌燕、刘婷、邓敏、陈美和周胜友。本书在编写过程中得到了重庆市渝北职业教育中心领导们的大力支持和帮助，在此对他们表示衷心的感谢！

由于编者水平有限，书中难免有疏漏之处，希望使用本书的学校及老师们批评指正，提出宝贵意见和建议，请发邮箱husheng67926@163.com，以便及时调整和补充。

编　者

目　录

单元1 识读机械制图有关国家标准

学习目标

1. 了解国家标准关于《技术制图》和《机械制图》的有关规定。
2. 能正确使用国家标准的有关规定识图和绘图。
3. 养成“崇尚精度，遵循规范”的习惯。

任务1 认识及使用手工绘图工具

任务描述

活动在多媒体教室进行，学生应准备好手工绘图工具。通过活动让学生知道手工绘图所需要的工具，并能熟练使用手工绘图工具来完成绘图任务。

知识链接

一、手工绘图工具的种类

手工绘图的工具有三角板、圆规、铅笔、丁字尺和图板等，如图1-1所示。

想一想：

计算机绘图大量普及的今天，学习手工绘图还有必要吗？

二、手工绘图工具的使用

1. 三角板

一副三角板由45°和30°（60°）两块直角三角板组成。两块三角板配合使用可画出垂直线，作平行线，还可画出与水平线成30°、45°、60°、75°及15°夹角的倾斜线，三角板也可以和丁字尺配合使用，如图1-2所示。

2. 圆规

圆规用来画圆和圆弧，还可用来截取线段、等分直线或圆周，如图1-3所示。

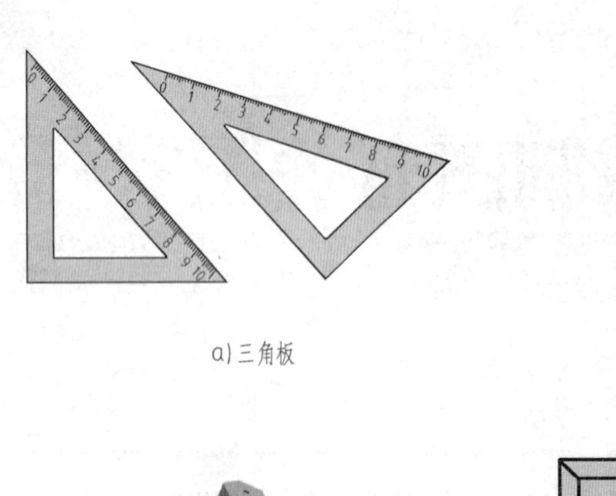

a) 三角板　　b) 圆规

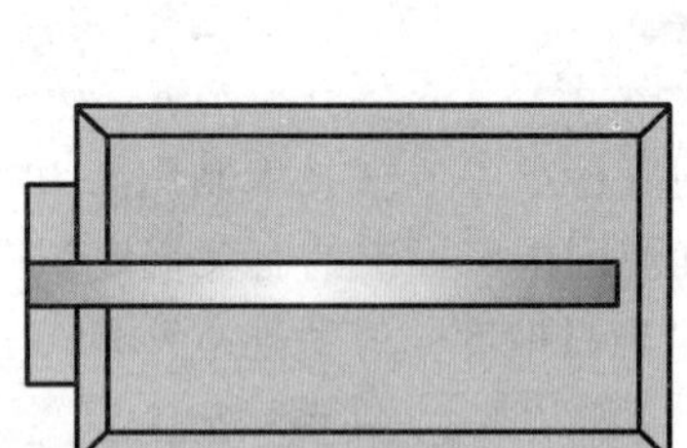

c) 铅笔　　d) 丁字尺和图板

图1-1　手工绘图工具

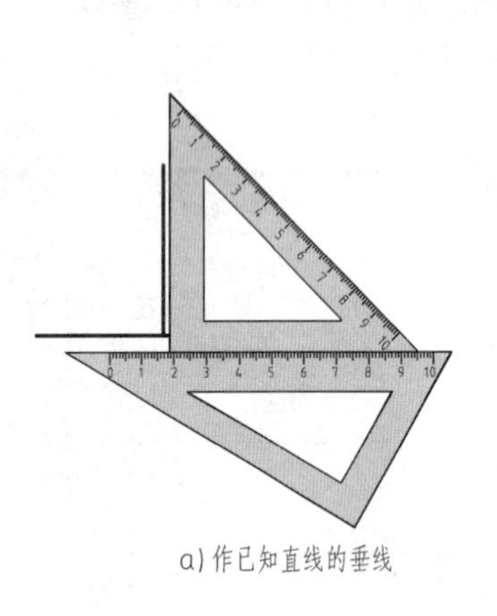

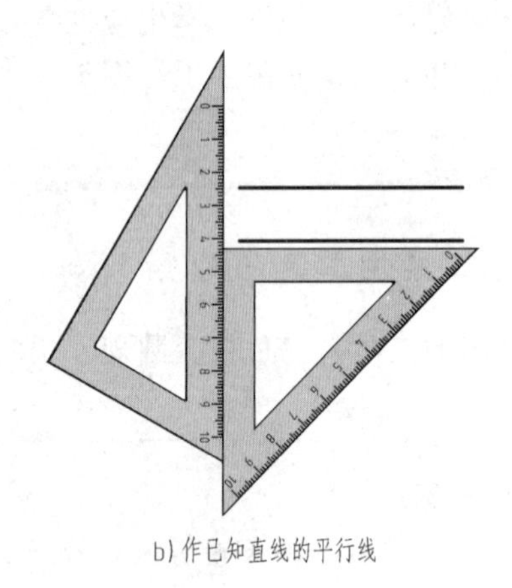

a) 作已知直线的垂线　　b) 作已知直线的平行线

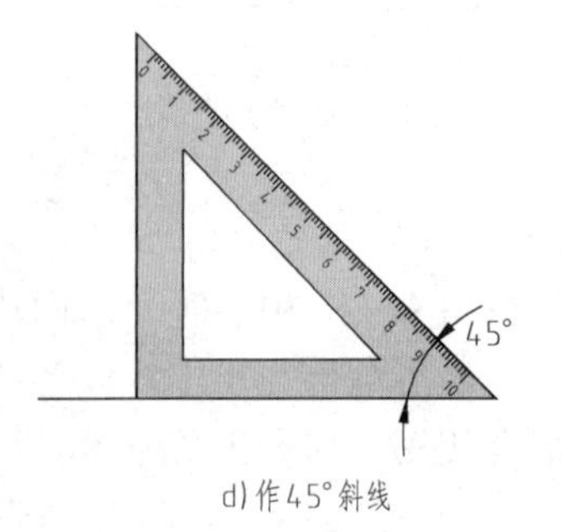

30°

c) 作30°斜线　　d) 作45°斜线

图1-2　三角板的使用

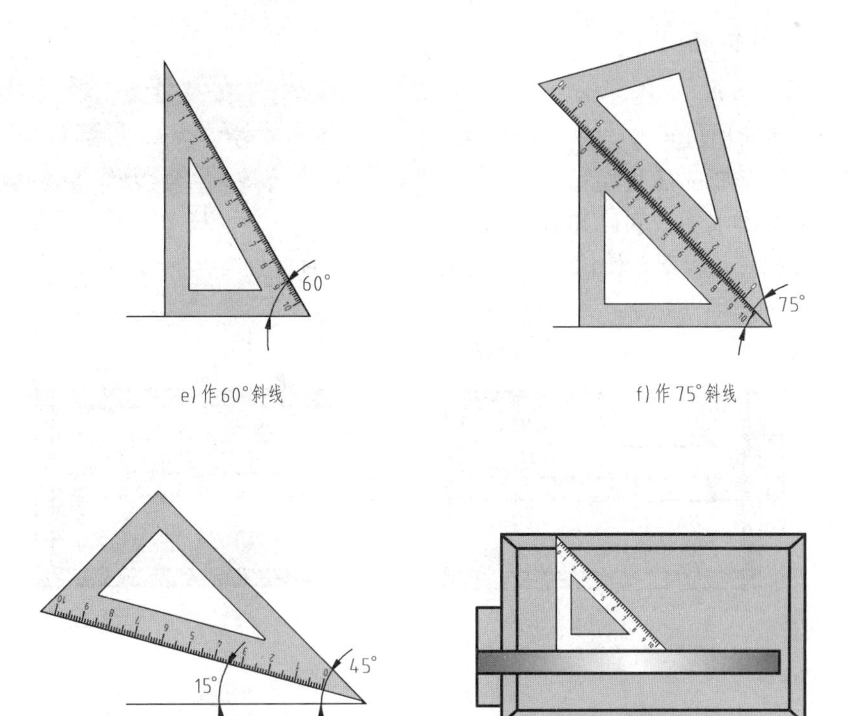

图 1-2　三角板的使用（续）

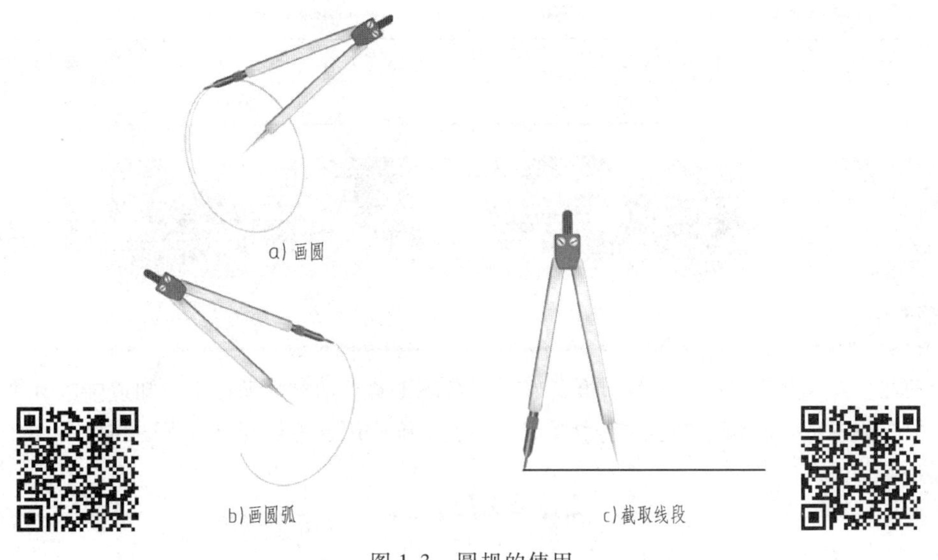

图 1-3　圆规的使用

3. 铅笔

绘图铅笔用“B”和“H”代表铅芯的软硬程度，如图 1-4 所示。“B”表示软性铅笔，B 前面的数字越大，表示铅芯越软（黑）；“H”表示硬性铅笔，H 前面的数字越大，表示铅芯越硬（淡）。“HB”表示铅芯软硬程度适中。写字常用 HB 铅笔，画底稿和细线用 2H 铅笔，画粗线用2B铅笔。

4. 丁字尺和图板

图1-4　铅笔

画图时，先将图纸用胶带纸固定在图板上，丁字尺头部紧靠图板左边。丁字尺上下移动，可画出水平线和已知直线的平行线。丁字尺和三角板配合使用，还可画出已知直线的垂直线，如图1-5所示。

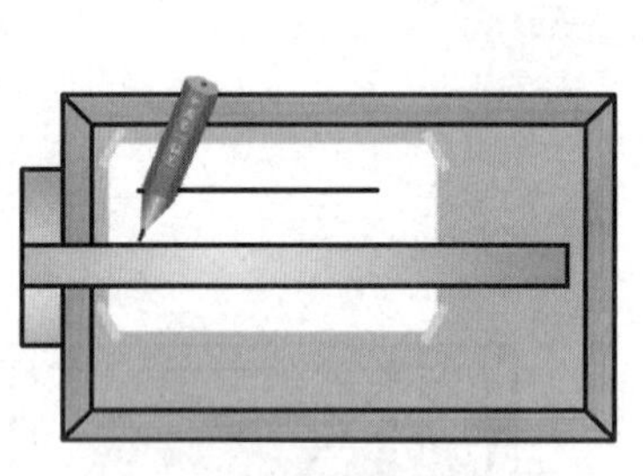

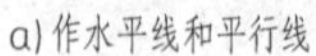

a) 作水平线和平行线

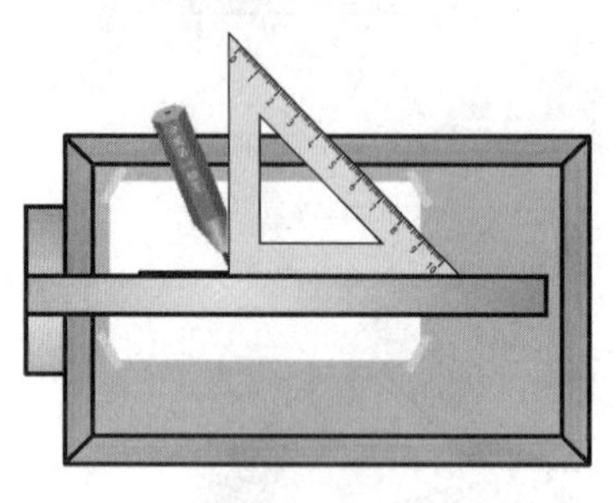

b) 作已知直线的垂直线

图1-5　丁字尺和图板

任务单

做习题集上课堂作业第1题。

学习评价

自评	互评	老师评价	总分

任务2　了解图纸幅面和格式

任务描述

活动在多媒体教室进行，学生应准备好手工绘图工具。通过活动让学生知道国家标准《机械制图》中有关图纸幅面和标题栏的基本规定，并能正确应用这些规定进行识图和绘图。

知识链接

一、图纸幅面（GB/T 14689—2008）㊀

基本图纸幅面共有5种，在绘图时应优先采用，见表1-1。

㊀《标准化法》规定，国家标准分为强制性标准和推荐性标准。“GB/T”为推荐性国标，14689为发布顺序号，2008是年号。

表 1-1　图纸幅面尺寸　（单位：mm）

幅面代号	$B \times L$	e	c	a
A0	841×1189	20	10	25
A1	594×841			
A2	420×594	10		
A3	297×420		5	
A4	210×297			

5 种基本图纸幅面之间的尺寸关系，如图 1-6 所示。

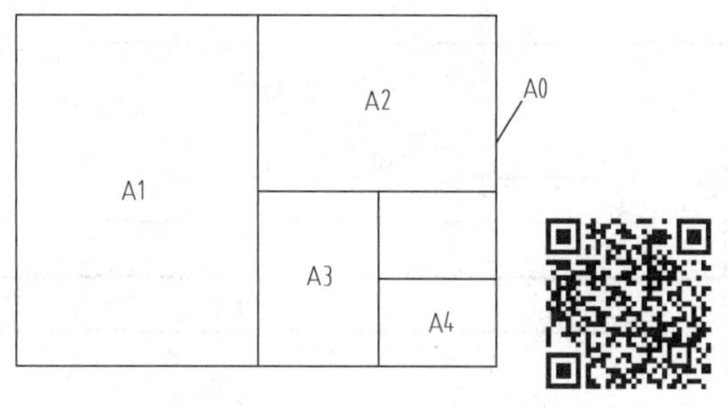

图 1-6　基本图纸幅面的尺寸关系

想一想：

1. 一张 A0 图纸面积是多少？
2. 一张 A0 图纸可裁几张 A4 图纸？

二、图框格式

图框格式分为留装订边和不留装订边两种，如图 1-7 所示。

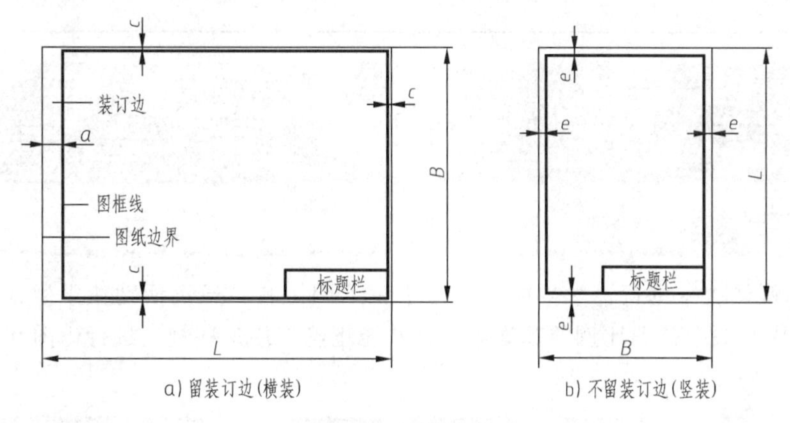

图 1-7　图框格式

图纸可以横装或竖装，如图 1-6 所示。一般 A0、A1、A2、A3 图纸采用横装，A4 及 A4 以后的图纸采用竖装。

三、标题栏（GB/T 10609.1—2008）

国家标准对标题栏的内容、格式及尺寸作了统一规定，标题栏位于图框的右下角。学生练习用标题栏建议采用图1-8所示的格式。

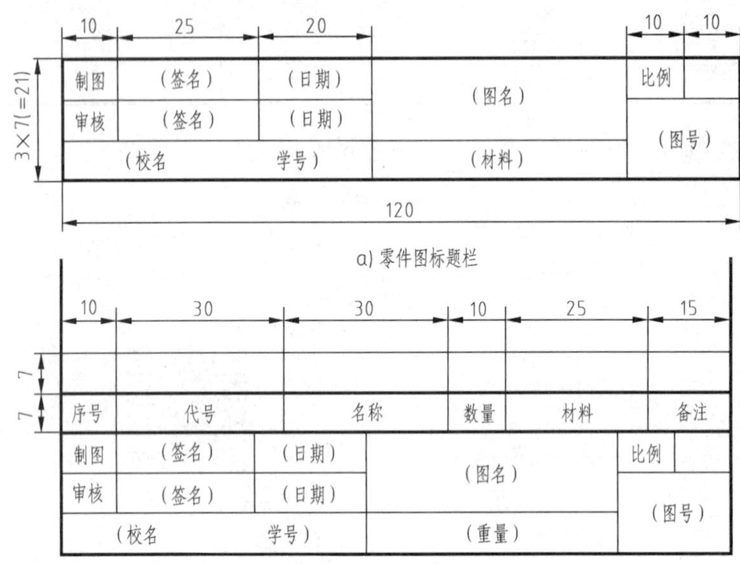

a) 零件图标题栏

b) 装配图标题栏

图1-8 学生练习用标题栏

任务单

做习题集上课堂作业第2题。

学习评价

自评	互评	老师评价	总分

任务3 了解图样的字体和比例的规定

任务描述

活动在多媒体教室进行，学生应准备好手工绘图工具。通过活动让学生知道国家标准《机械制图》中有关字体和比例的基本规定，并能正确应用这些规定进行识图和绘图。

知识链接

一、字体（GB/T 14691—1993）

图样中书写的汉字、数字和字母，必须做到：字体工整、笔画清楚、间隔均匀、排列整

齐，如图1-9所示。字体的号数即字体的高度h，分为8种：20、14、10、7、5、3.5、2.5、1.8（单位：mm）。

汉字应写成长仿宋体，并采用国家正式公布的简化字。汉字的高度不应小于3.5mm，其宽度一般为字高h的$1/\sqrt{2}$。数字和字母可写成直体或斜体，斜体字字头向右倾斜，与水平基准线约成75°。在同一个图样上，只允许选用一种形式的字体。

北汽福田汽车股份有限公司		会签 Signature	认可 Approval	核准 Confirm	审图 Inspection	检图 checking	设计 Design	制图 Drawing
元创开发股份有限公司 TRADETOOL, INTERNATIONAL LIMITED								
视角法 PROJECT ION	第三角法 3DDANGLEPROJECTI	部品图号;名称: (PART NO.NAME)	P1280020001A0/U1280020001A0 左/右纵梁总成-30#					
材料材质 MATERIAL	一组份 QTR/VHCL	名称 (NAME)	ASSY　夹具总组立图					
比例 SCALE	制作数 PROD.QTY	机种代号 TYPE ITEM	作成日期 PREP ARED	图番 DRAWING NO.				
1:1	L*1　R*1	PU201	2009.02.28	1/1				

图1-9　图样中汉字、数字和字母的书写

想一想：

计算机字体库里面并无长仿宋体，那如何实现用长仿宋体标注呢？

二、比例（GB/T 14690—1993）

比例是指图样中图形与其实物相应要素的线性尺寸之比。绘图时，应从表1-2规定的系列中选取。

表1-2　常用的比例（摘自GB/T 14690—1993）

种类	比　例
原值比例	1:1
放大比例	2:1　2.5:1　4:1　5:1　10:1
缩小比例	1:1.5　1:2　1:2.5　1:3　1:4　1:5

为了从图样上直接反映实物的大小，绘图时应优先采用原值比例。若实物太大或太小，可采用缩小或放大比例绘制。选用比例的原则是有利于图形的清晰表达和图纸幅面的有效利用。

想一想：

同一个物体用不同比例绘制的图样，图样中的尺寸如何标注呢？

必须注意，不论采用何种比例绘图，标注尺寸时，均按实物的实际尺寸大小注出，如图1-10所示。

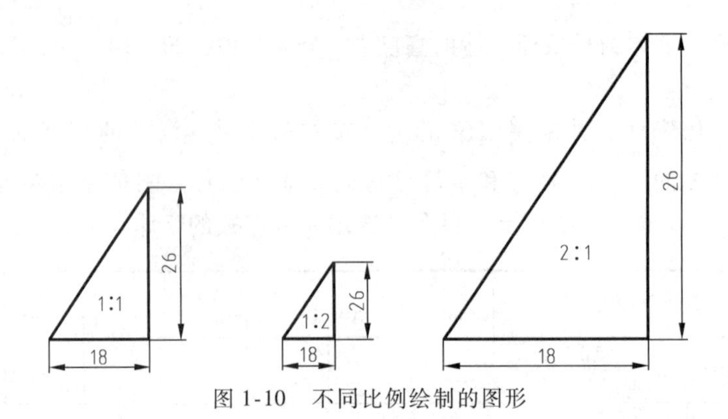

图1-10　不同比例绘制的图形

任务单

做习题集上课堂作业第3题和第4题。

学习评价

自评	互评	老师评价	总分

任务4　机械图样中图线的应用

任务描述

活动在多媒体教室进行，学生应准备好手工绘图工具。通过活动让学生知道国家标准《机械制图》中有关图线的基本规定，并能正确应用这些规定进行识图和绘图。

知识链接

一、图线的型式及应用（GB/T 17450—1998、GB/T 4457.4—2002）

国家标准《技术制图　图线》规定了绘制各种技术图样的15种基本线型，根据基本线型及其变形，机械图样中规定了9种图线，其名称、型式、宽度以及应用示例如图1-11和表1-3所示。绘图时应采用国家标准规定的图线型式和画法。

表1-3　图线的型式与应用（摘自GB/T 4457.4—2002）

图线名称	图线型式	图线宽度	一般应用举例
粗实线	————————	d	可见棱边线、可见轮廓线、剖切符号用线
细实线	————————	$d/2$	尺寸线、尺寸界线、剖面线、过渡线
波浪线	～～～～	$d/2$	断裂处的边界线、视图和剖视图的分界线
细虚线	- - - - - - - - - - - - - -	$d/2$	不可见轮廓线

（续）

图线名称	图线型式	图线宽度	一般应用举例
细点画线	———— · ————	$d/2$	轴线、对称中心线
粗点画线	━━━━ · ━━━━	d	限定范围表示线
细双点画线	——— ·· ——— ·· ———	$d/2$	中断线、可动零件的极限位置轮廓线、轨迹线
双折线	——\/——\/——	$d/2$	断裂处的边界线
粗虚线	- - - - - - - - - -	d	允许表面处理的表示线

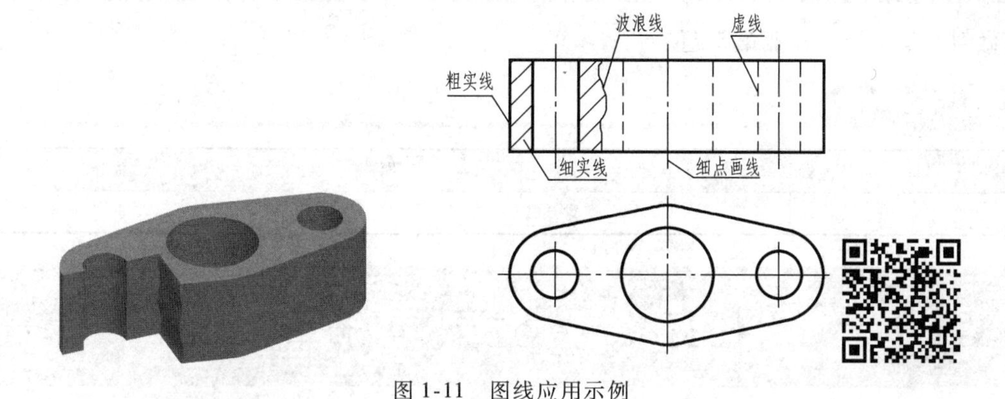

图 1-11　图线应用示例

二、图线的宽度

机械图样中采用粗细两种图线宽度，它们的比例关系为 2∶1。图线的宽度（d）应按照图样的类型和尺寸的大小，在下列数系中选取：0.13、0.18、0.25、0.35、0.5、0.7、1.0、1.4、2（单位：mm）。粗线宽度通常采用 $d=0.5$mm 或 0.7mm。为了保证图样清晰，便于复制，图样上尽量避免出现线宽小于 0.18mm 的图线。

三、图线画法注意事项

图线画法的注意事项如图 1-12 所示。

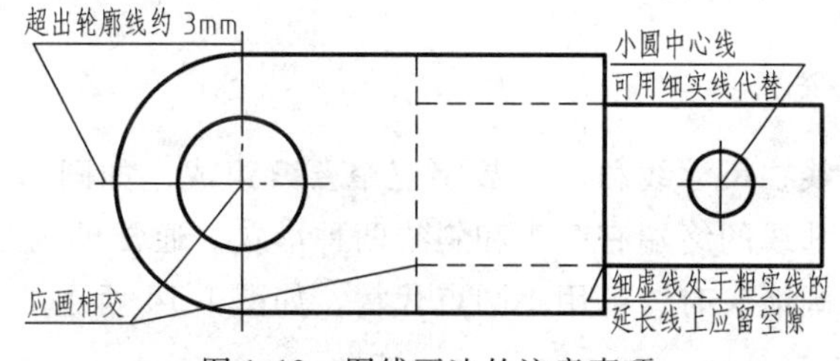

图 1-12　图线画法的注意事项

1）在同一图样中，同类图线的宽度应一致，虚线、点画线、双点画线的线段长度和间隔应大致相同。

2）虚线、点画线的相交处应是线段，而不应是点或间隔处。

3）虚线在粗实线的延长线上时，虚线应留出间隙。

4）细点画线伸出图形轮廓的长度一般为 2～3mm。当细点画线较短时，允许用细实线

代替。

5）图线重叠时，应根据粗实线、细实线、细点画线的顺序，按照画前一种的原则进行。

想一想：

粗实线和其他图线重合，如何绘制？

任务单

做习题集上课堂作业第5题。

学习评价

自评	互评	老师评价	总分

任务5 标注图样的尺寸

任务描述

活动在多媒体教室进行，学生应准备好手工绘图工具。通过活动让学生知道国家标准《机械制图》中有关尺寸标注的基本规定，并能正确应用这些规定进行识图和绘图。

知识链接

一、尺寸标注的依据（GB/T 16675.2—2012、GB/T 4458.4—2003）

尺寸是制造零件的直接依据，标注尺寸时，必须严格遵守国家标准的有关规定，做到尺寸标注正确、齐全、清晰和合理。

二、标注尺寸的要素

标注尺寸由尺寸界线、尺寸线和尺寸数字三个要素组成，如图1-13所示。尺寸界线和尺寸线画成细实线，尺寸线的终端有箭头和斜线两种形式。通常机械图样的尺寸线终端画箭头，当没有足够的地方画箭头时，可用小圆点代替，如图1-14所示。

三、标注尺寸的基本规则

1）机件的真实大小应以图样上所标注的尺寸数值为依据，与图形的比例及绘图的准确度无关。

2）图样中的尺寸以mm为单位时，不必标注计量单位的符号（或名称）。表面粗糙度数值以μm为单位，在后面的识图中应注意。

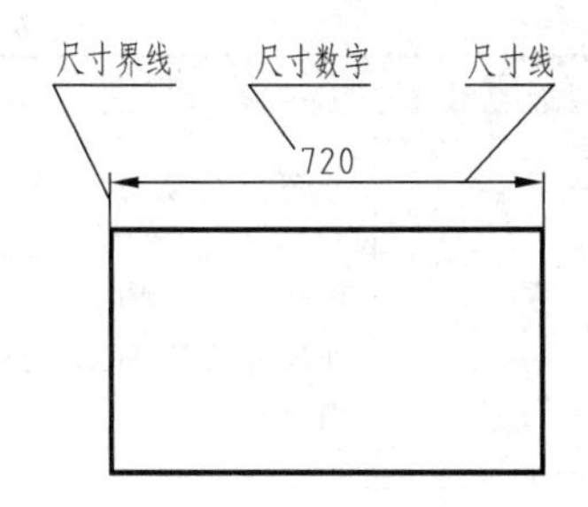

图 1-13　标注尺寸的要素

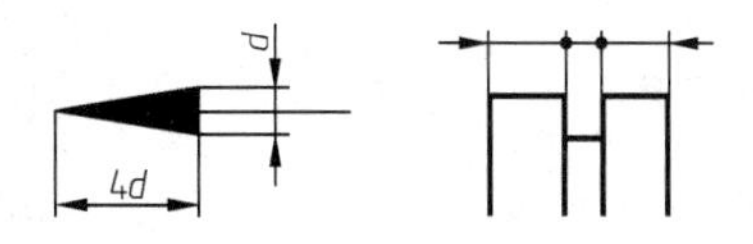

图 1-14　箭头画法及尺寸线的终端形式

3）图样中所注的尺寸为该图样所示机件的最后完工尺寸，否则应另加说明。

4）标注尺寸时，较小的尺寸标在靠近图形的里面，较大的尺寸标在外面，尺寸线尽量不要相交。机件的每一尺寸一般只标注一次，并应标注在表示该结构最清晰的图形上。

5）尺寸数字中间不允许任何图线穿过。

6）圆或大于半圆圆弧的直径尺寸在尺寸数字前加一字母 ϕ；半圆或小于半圆的圆弧要标注半径，在尺寸数字前加一字母 R。标注球的直径或半径用 $S\phi$、SR，以与圆区别开来。

四、尺寸标注常用的符号和缩写词

尺寸标注常用的符号和缩写词，见表 1-4。

表 1-4　尺寸标注常用的符号和缩写词

名称	符号或缩写词	名称	符号或缩写词
直径	ϕ	厚度	t
半径	R	正方形	□
球直径	$S\phi$	45°倒角	C
球半径	SR	深度	↧
弧长	⌒	沉孔或锪孔	⊔
均布	EQS	埋头孔	∨

五、尺寸标注示例

尺寸标注示例见表 1-5。

表 1-5　尺寸标注示例

项目	图　例	说明
线性尺寸的标注	30°　69　69　69　69　69　69　69　69　a)　38　38　b)	线性尺寸数字的注写方向如图 a 所示，并尽量避免在 30°范围内标注尺寸。当无法避免时，可按图 b 所示标注

（续）

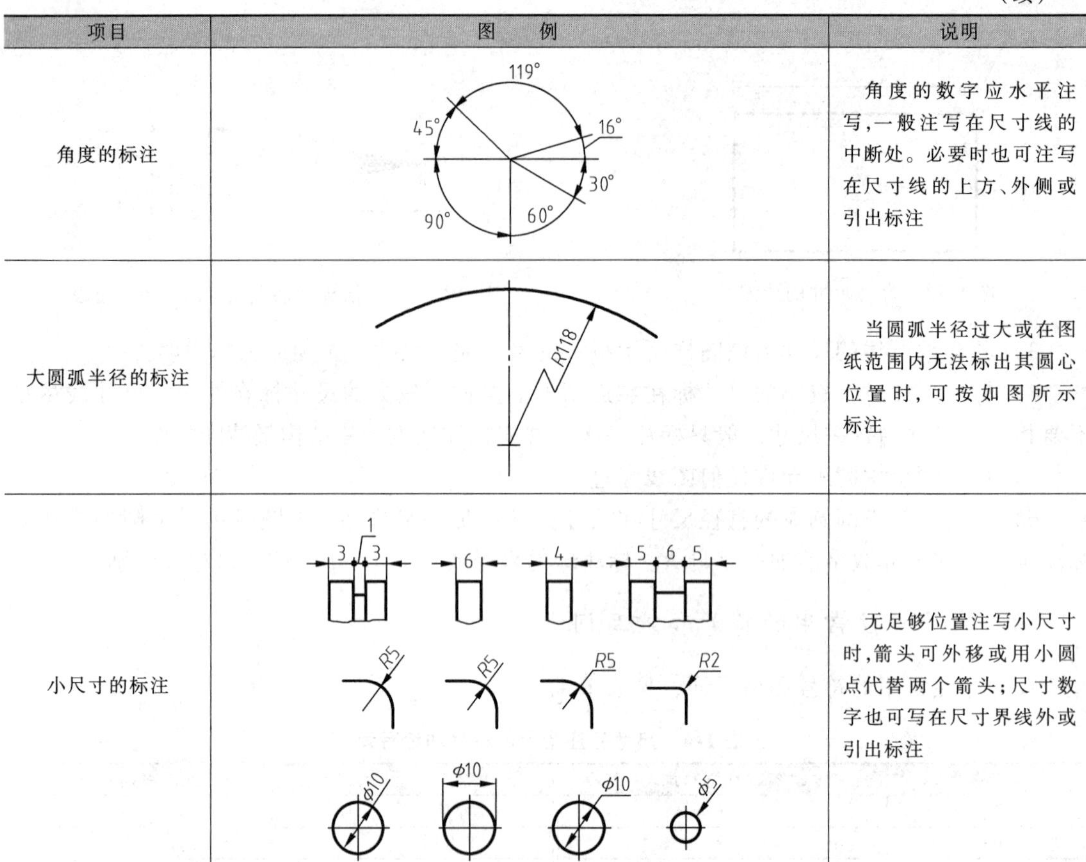

项目	图　例	说明
角度的标注	119° 45° 16° 30° 90° 60°	角度的数字应水平注写，一般注写在尺寸线的中断处。必要时也可注写在尺寸线的上方、外侧或引出标注
大圆弧半径的标注	R118	当圆弧半径过大或在图纸范围内无法标出其圆心位置时，可按如图所示标注
小尺寸的标注	1 3 3 6 4 5 6 5 R5 R5 R5 R2 ϕ10 ϕ10 ϕ10 ϕ5	无足够位置注写小尺寸时，箭头可外移或用小圆点代替两个箭头；尺寸数字也可写在尺寸界线外或引出标注

例：分析图1-15中尺寸标注的错误，并改正过来。

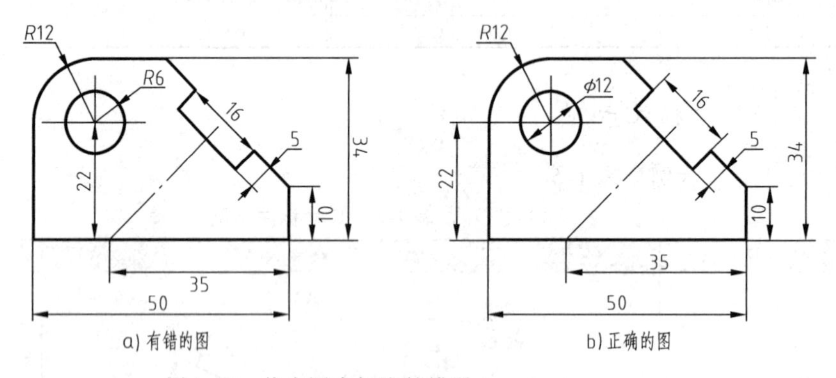

图1-15　找出图中标注的错误

解：尺寸标注的错误有：

1）尺寸35应在尺寸线的上方。

2）尺寸10应在尺寸线的左侧。

3）尺寸34应在尺寸线的左侧且书写方向不对。

4）尺寸$R6$为整圆，应标注直径尺寸$\phi12$。

5）尺寸16的尺寸线不能在轮廓线的延长线上。

想一想：

在识读机械图样中的尺寸时，如何区别6和9?

任务单

做习题集上课堂作业第6题。

学习评价

自评	互评	老师评价	总分

单元2 练习基本尺规作图

学习目标

1. 了解尺规绘图的基本方法。
2. 能够识读和绘制中等复杂程度的平面图形。
3. 逐渐培养一丝不苟的工作作风。

任务1　等分线段和圆

任务描述

活动在多媒体教室进行，学生应准备好手工绘图工具。通过活动让学生知道线段和圆的等分方法，并能正确使用手工绘图工具来等分线段和圆。

知识链接

一、线段的等分

将已知线段 AB 作 5 等分，作图步骤如图 2-1 所示。

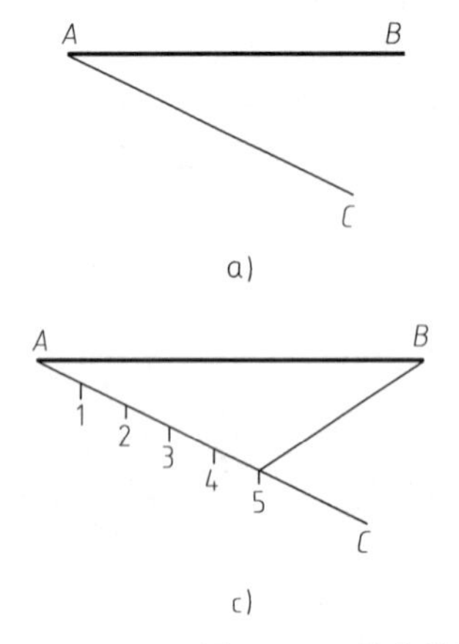

图 2-1　5 等分线段的方法

1）过 A 点任意锐角作一条直线 AC。

2）由 A 点往 C 点方向作相等的 5 等分，注意第 5 等分点不能超过 C 点。

3）连接第 5 等分点和 B 点。

4）分别过 1、2、3 和 4 等分点作 $5B$ 线段的平行线，交点即为所求。

想一想：

线段的等分还有其他方法吗？哪一种等分方法准确些？

二、圆的等分

圆的 2、3、4、6 等分，见表 2-1。

表 2-1　圆的 2、3、4、6 等分

2 等分	3 等分	4 等分	6 等分
	30°　30°		60°

想一想：

圆的 5、7、9 等分如何分呢？

下面介绍一种圆的任意等分方法，如图 2-2 所示，将已知圆作 5 等分，作图步骤如下。

1）5 等分直径 MN。

2）以直径 MN 长为半径，N 点为圆心画弧，交水平直径的延长线于 E 点和 F 点。

3）自点 E 和点 F 与直径上偶数等分点（或奇数等分点）连线，延长至圆周，即得 5 等分点。

4）连接各等分点，可作出圆的内接正五边形。

任务单

做习题集上课堂作业第 1 题和第 2 题。

学习评价

自评	互评	老师评价	总分

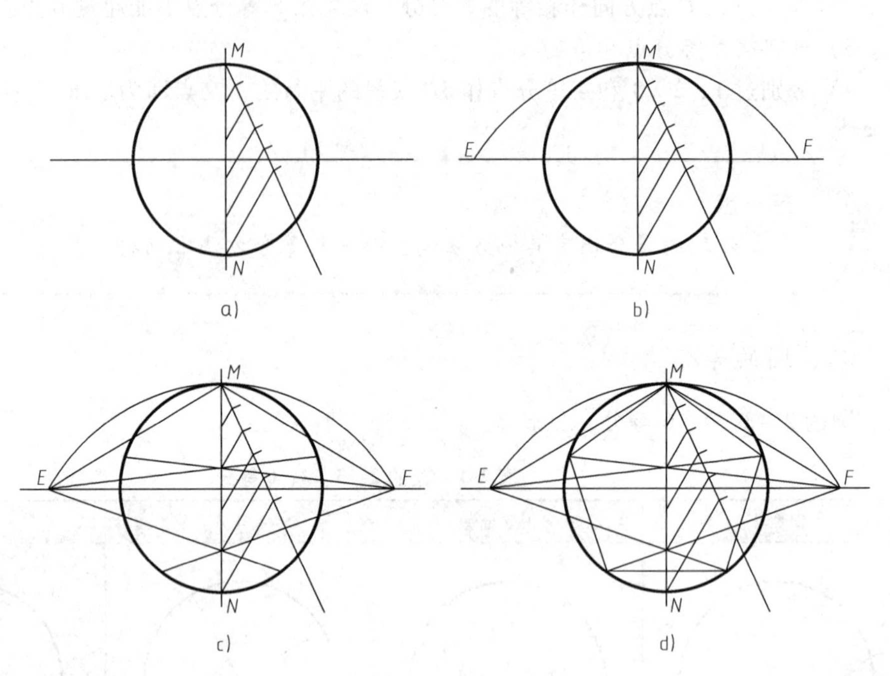

图 2-2　5 等分圆

任务2　画斜度和锥度图形并标注

任务描述

活动在多媒体教室进行，学生应准备好手工绘图工具。通过活动让学生知道斜度的画法与标注，能画出具有斜度的图形并对其进行标注。

知识链接

一、斜度的应用

斜度在生活中的一些应用，如图 2-3 所示。

想一想：

在日常生活中，还有哪些斜度的应用实例？

二、斜度的画法与标注

1. 斜度的概念

斜度是指一条直线（或一个平面）对另一条直线或（一个平面）的倾斜程度。其大小

用它们之间夹角的正切值来表示，习惯上把比例的前项化为 1 而写成 1∶n 的形式。

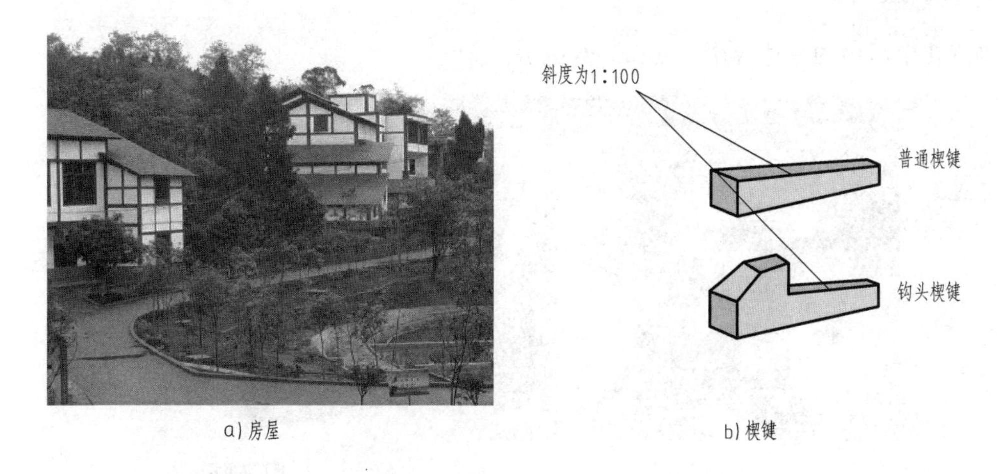

图 2-3　斜度的应用

2. 斜度的画法

如图 2-4 所示，斜度的作图步骤如下。

1） 作斜度 1∶6 的辅助线。

2） 完成作图。

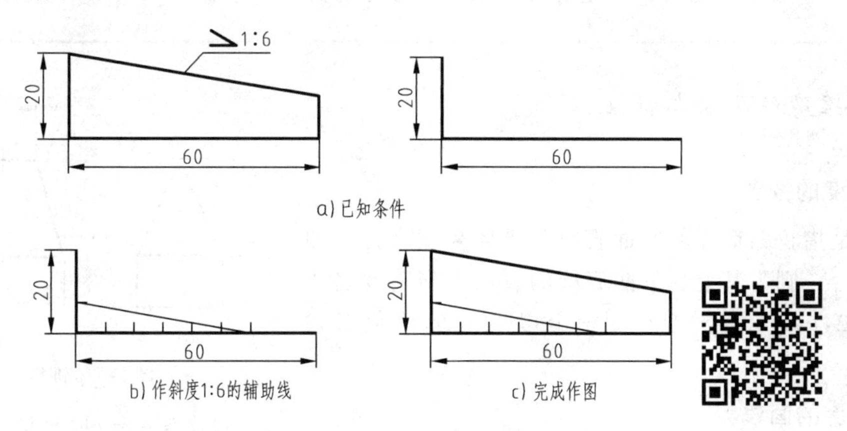

图 2-4　斜度的画法

3. 斜度的标注

标注斜度时，符号方向应与斜度的方向一致，如图 2-5 所示。

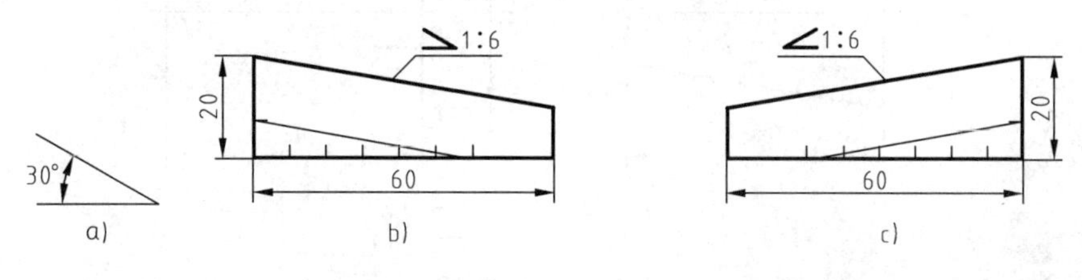

图 2-5　斜度的标注

三、锥度的应用

锥度在生活中的一些应用，如图2-6所示。

a) 锥形层顶

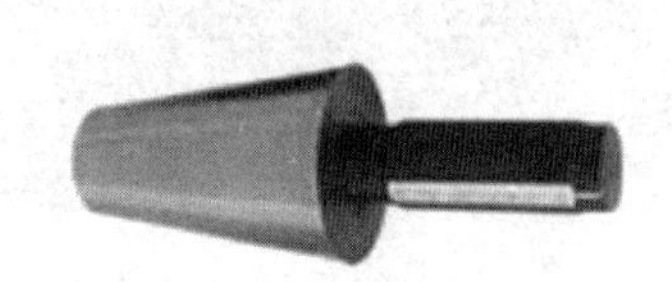

b) 锥形环塞规

图2-6　锥度的应用

想一想：

在日常生活中，还有哪些锥度的应用实例？

四、锥度的画法与标注

1. 锥度的概念

锥度是指正圆锥体的底面直径与锥体高度之比。如果是圆锥台，则为其上、下两底圆的直径差与高度之比值，如图2-7所示。锥度在图样上以1∶n的简化形式表示。

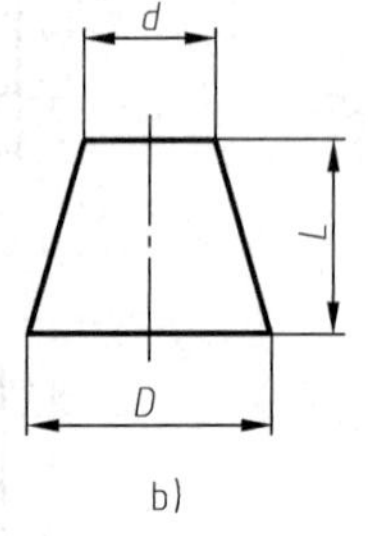

图2-7　锥度

a）锥度 $=\frac{D}{L}$　b）锥度 $=\frac{D-d}{L}$

2. 锥度的画法

如图2-8所示锥度，作图步骤如下。

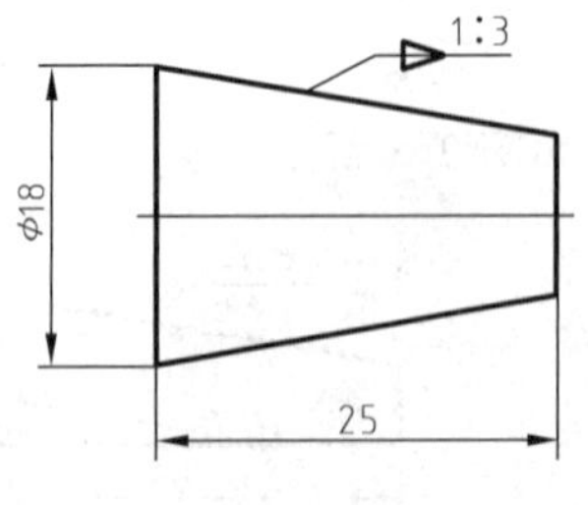

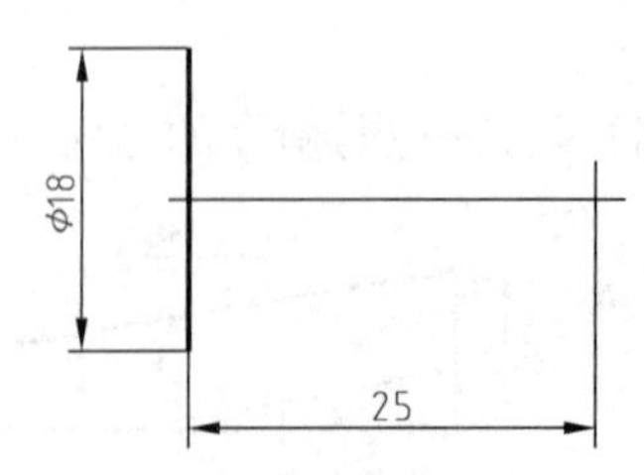

a) 已知条件

图2-8　锥度的画法

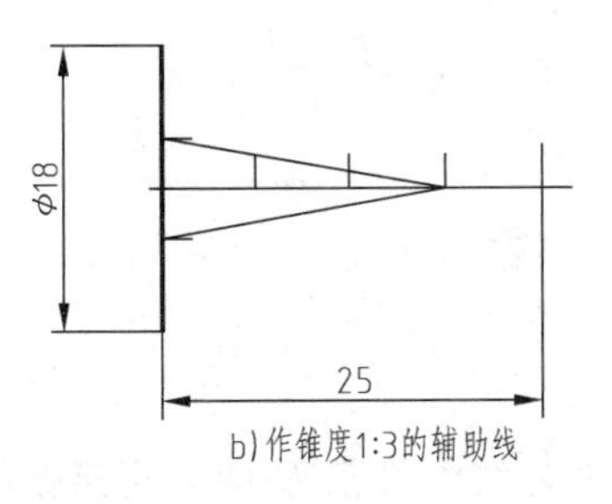

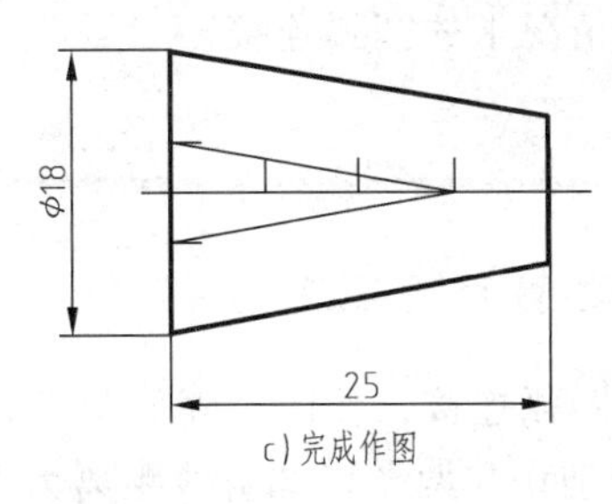

图 2-8　锥度的画法（续）

1）作锥度 1∶3 的辅助线。

2）完成作图。

3. 锥度的标注

标注锥度时，锥度符号的尖端应与圆锥的锥顶方向一致，如图 2-9 所示。

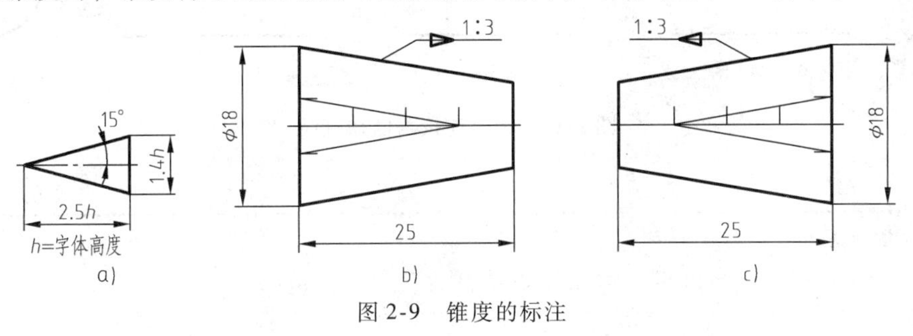

图 2-9　锥度的标注

想一想：

锥度的画法与斜度的画法有什么不同？

任务单

做习题集上课堂作业第 3 题和第 4 题。

学习评价

自评	互评	老师评价	总分

任务 3　作圆弧连接

任务描述

活动在多媒体教室进行，学生应准备好手工绘图工具。通过活动让学生了解常见的圆弧连接，并能画出不同情况下的圆弧连接。

知识链接

一、两条直线之间的圆弧连接

两条直线之间的圆弧连接，作图步骤如图2-10所示。

（1）求圆心　分别作与两条已知直线距离为 R 的平行线，交点 O 即为连接弧的圆心。

（2）求切点　由点 O 分别作两条直线的垂线，垂足即为切点。

（3）连接　以点 O 为圆心、R 为半径画弧，即可完成圆弧连接。

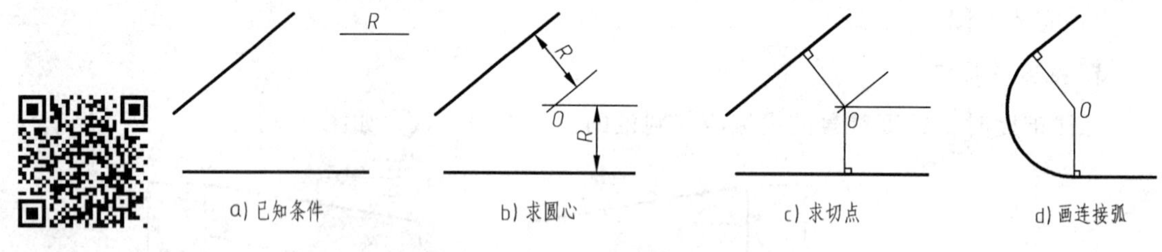

图2-10　圆弧连接两已知直线

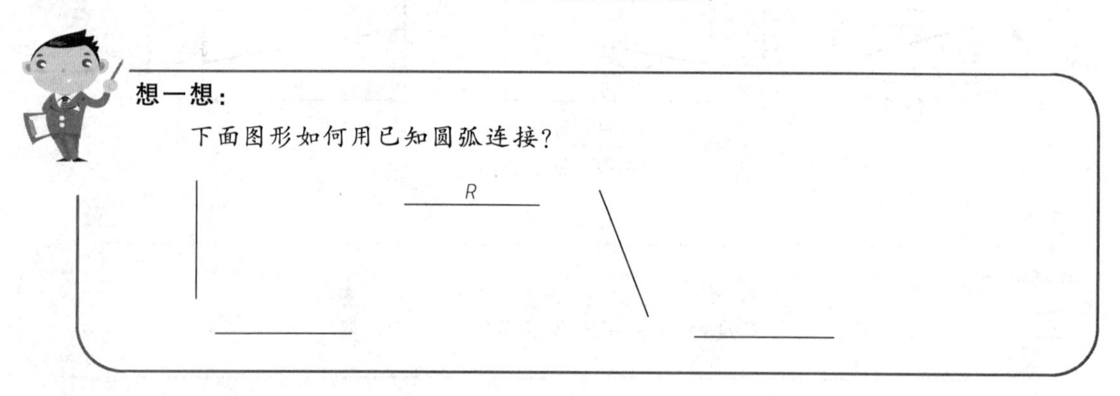

想一想：

下面图形如何用已知圆弧连接？

二、两圆弧之间的圆弧连接

1. 示例1——外切

用圆弧连接两圆弧，作图步骤如图2-11所示。

（1）求圆心　分别以 O_1 和 O_2 为圆心，以 $R+R_1$ 和 $R+R_2$ 为半径画弧，两弧的交点 O 即为连接弧的圆心。

（2）求切点　连接 OO_1 和 OO_2，分别与已知圆交于 M 和 N 两点，M 和 N 两点即为切点。

（3）连接　以 O 为圆心、R 为半径画弧，即可完成圆弧外切连接。

2. 示例2——内切

用圆弧连接两圆弧，作图步骤如图2-12所示。

（1）求圆心　分别以 O_1 和 O_2 为圆心，以 $R-R_1$ 和 $R-R_2$ 为半径画弧，两弧的交点 O 即为连接弧的圆心。

（2）求切点　连接 OO_1 和 OO_2，并延长与已知圆交于 E 和 F 两点，E 和 F 两点即为切点。

（3）连接　以 O 为圆心，R 为半径画弧，即可完成圆弧内切连接。

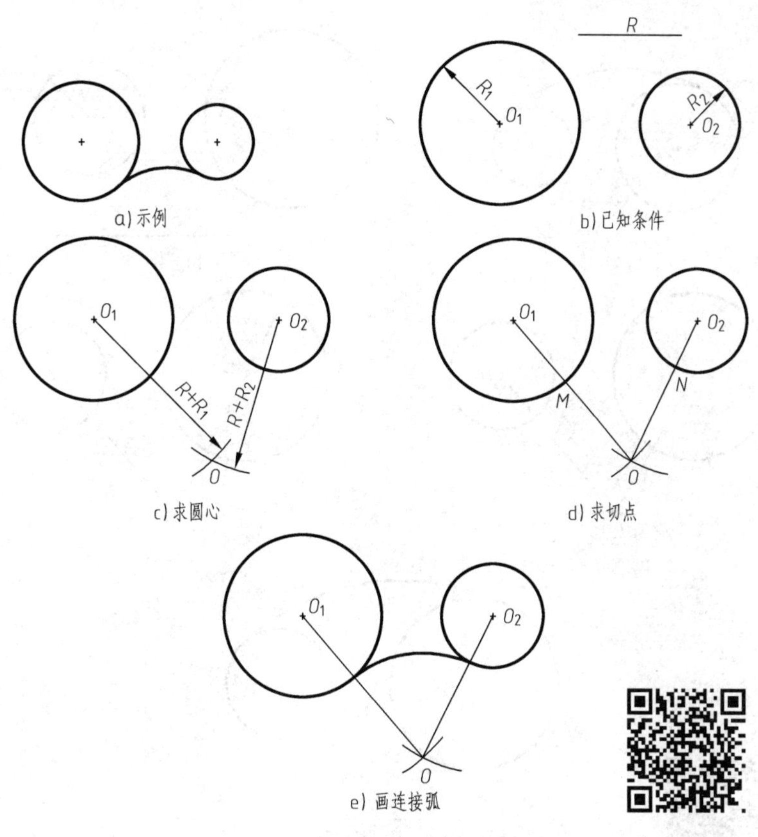

图 2-11 圆弧连接两圆弧（外切）

3. 示例 3——内外切

用圆弧连接两圆弧，作图步骤如图 2-13 所示。

（1）求圆心 分别以 O_1 和 O_2 为圆心，以 $R+R_1$ 和 $R-R_2$ 为半径画弧，两弧的交点 O 即为连接弧的圆心。

（2）求切点 连接 OO_1 与已知圆交于 A 点，连接 OO_2 并延长与已知圆交于 B 点，A 和 B 两点即为切点。

（3）连接 以 O 为圆心、R 为半径画弧，即可完成圆弧内外切连接。

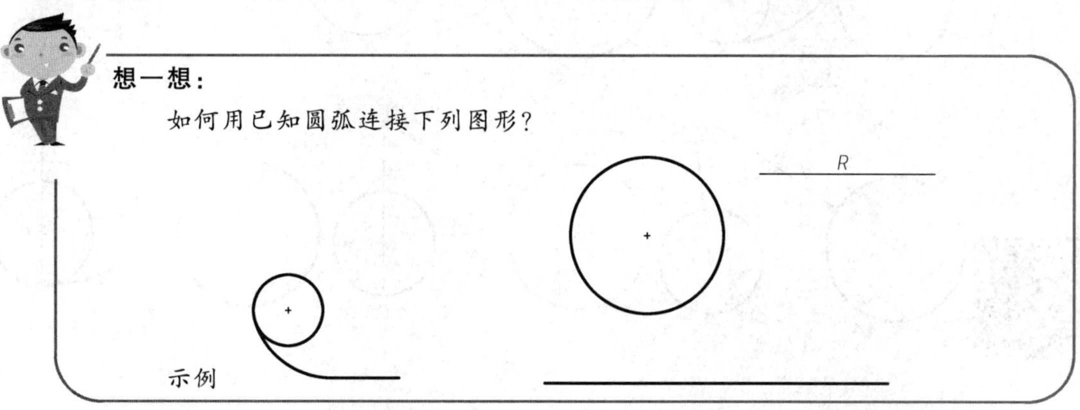

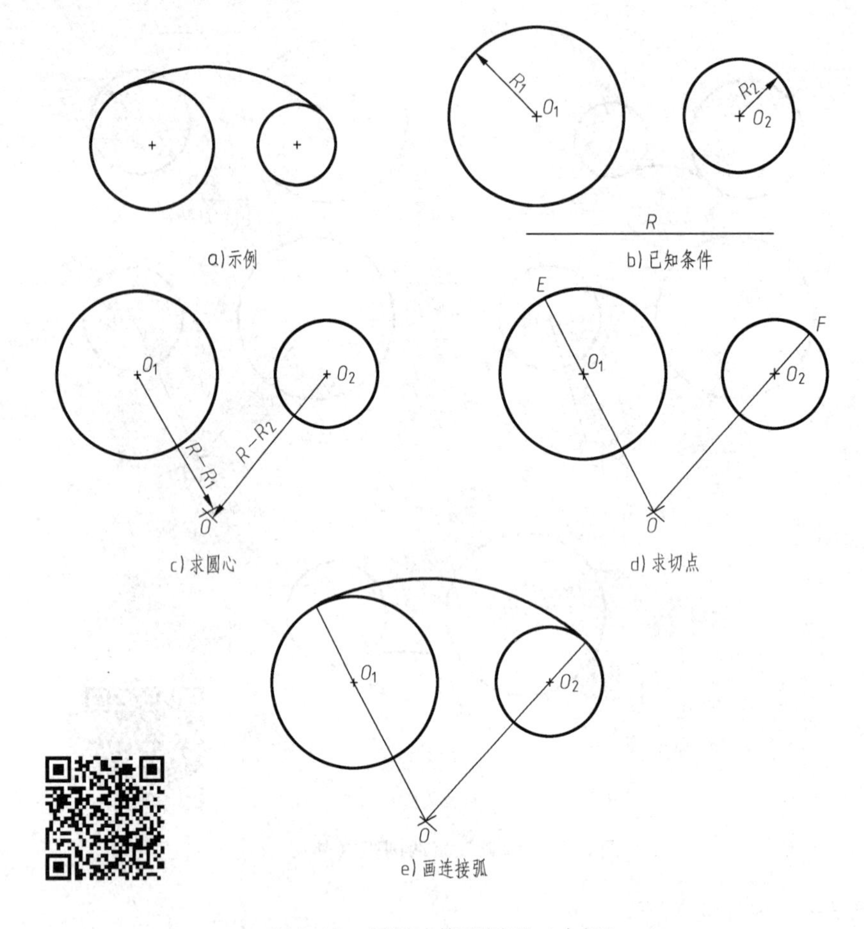

图 2-12　圆弧连接两圆弧（内切）

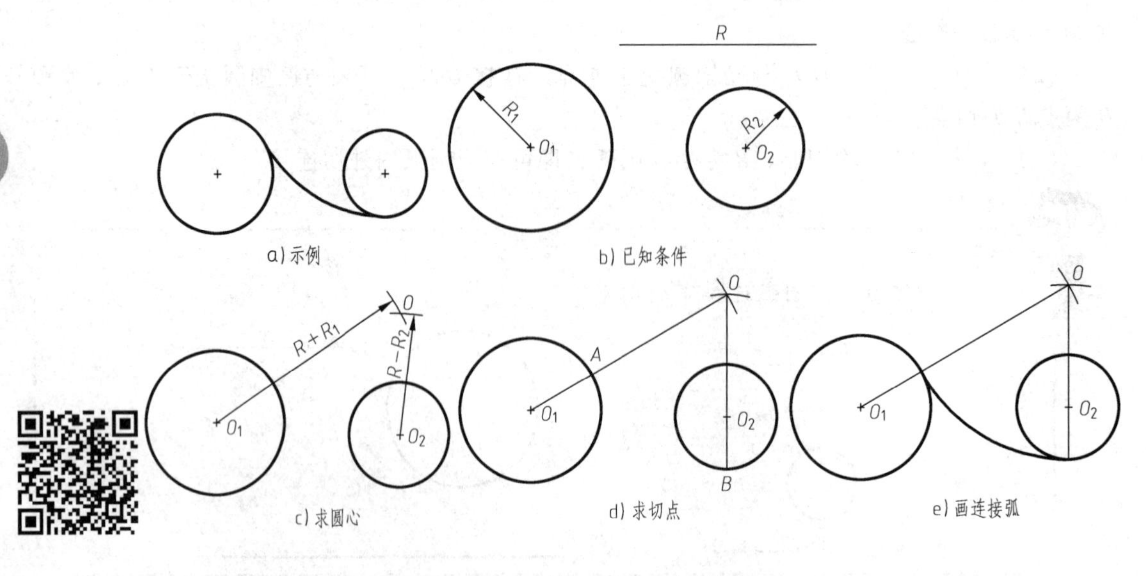

图 2-13　圆弧连接两圆弧（内外切）

任务单

做习题集上课堂作业第 5～9 题。

学习评价

自评	互评	老师评价	总分

任务 4　识读并绘制平面图形

任务描述

活动在多媒体教室进行，学生应准备好手工绘图工具。通过活动让学生能进行平面图形的尺寸分析和线段分析，并学会画平面图形。

知识链接

一、平面图形的分析

平面图形是由若干条直线和曲线封闭连接组合而成，这些线段之间的相对位置和连接关系根据给定的尺寸来确定。下面以图 2-14 所示图形（手柄）为例进行尺寸分析和线段分析。

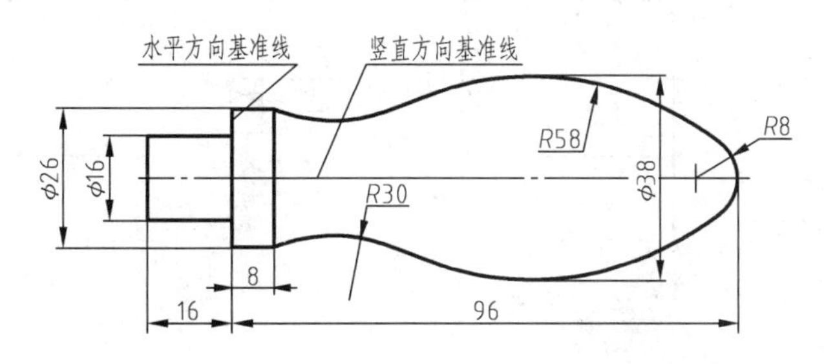

图 2-14　平面图形的尺寸分析和线段分析

二、平面图形的分析步骤

1. 尺寸分析

平面图形中所标注尺寸按其作用可分为两大类。

（1）定形尺寸　确定图形中各线段形状、大小的尺寸，如 ϕ16、ϕ26、*R*58、*R*8、*R*30、16 和 8。一般情况下确定几何图形所需定形尺寸的个数是一定的，如矩形的定形尺寸是长和宽，圆和圆弧的定形尺寸是直径或半径等。

（2）定位尺寸　确定图形中各线段间相对位置的尺寸，如尺寸 96 和 ϕ38 是以如图 2-14 所示“水平方向基准线”和“竖直方向基准线”为基准确定手柄上下对称面，即 *R*8 圆心位

置的定位尺寸。必须注意，有时一个尺寸既是定形尺寸，又是定位尺寸。如尺寸8既是矩形的长，又是 *R*30 圆弧水平方向的定位尺寸。

2. 线段分析

平面图形中有些线段具有完整的定形尺寸和定位尺寸，可根据标注的尺寸直接画出；有些线段的定形尺寸和定位尺寸并未全部注出，要根据已注出的尺寸和该线段与相邻线段的连接关系，通过几何作图才能画出。因此，通常按照线段的尺寸是否标注齐全将线段分为三种。

（1）已知线段　定形尺寸和定位尺寸全部注出的线段，如 $\phi16$ 和16矩形线框，$\phi26$ 和8矩形线框，*R*8 的圆弧，均属于已知线段。

（2）中间线段　注出定形尺寸和一个方向的定位尺寸，必须依靠相邻线段间的连接关系才能画出的线段，如两个 *R*58 圆弧。

（3）连接线段　只注出定形尺寸，未注出定位尺寸的线段，其定位尺寸需根据该线段与相邻两线段的连接关系，通过几何作图方法求出，如两个 *R*30 圆弧。

图2-15所示为手柄平面图形的作图步骤。

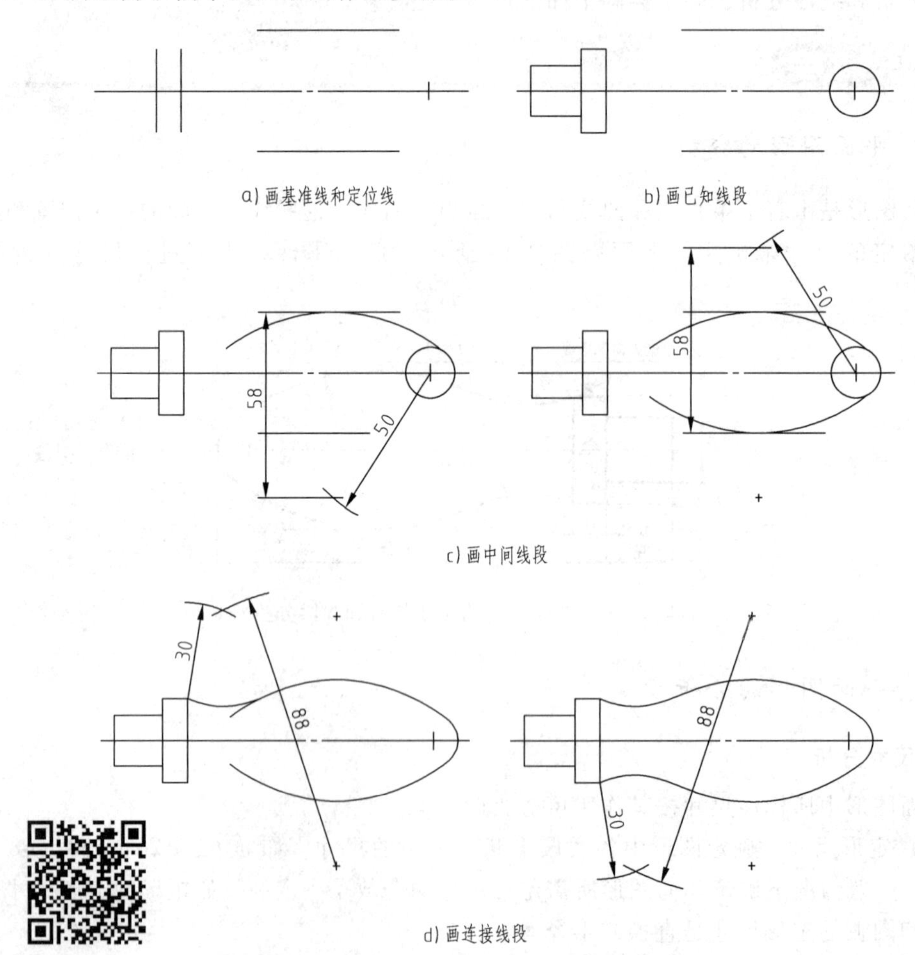

图2-15　手柄平面图形的作图步骤

想一想：

平面图形的作图误差是如何变化的？

任务单

做习题集上课堂作业第10题。

学习评价

自评	互评	老师评价	总分

单元3 识读并绘制基本体及切割后的视图

学习目标

1. 了解正投影的基本性质和投影规律。
2. 熟悉三视图中的“上下、左右和前后”6个方位。
3. 能作出基本体的三视图及表面点的投影。
4. 能作出切割体、相贯体的投影。
5. 能正确进行尺寸标注。
6. 逐渐养成一丝不苟、严肃认真的工作作风。

任务1 认识投影

任务描述

活动在多媒体教室进行，学生应准备好手工绘图工具。通过活动让学生了解投影的概念，熟悉正投影的基本性质和投影规律，能正确说出三视图中的“上下、左右和前后”6个方位。

知识链接

一、投影法分类

1. 中心投影法

投射线汇交于投射中心的投影方法称为中心投影法，如图3-1所示。日常生活中的投影仪、照相机都是中心投影的实例。

想一想：

在日常生活中，还有哪些中心投影法的应用实例？

2. 平行投影法

投射线互相平行的投影方法称为平行投影法。按投射线与投影面倾斜或垂直，平行投影

法又分为斜投影法和正投影法，如图3-2所示。

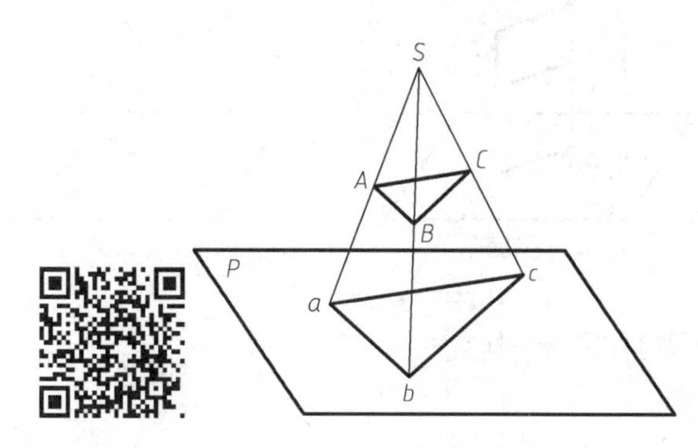

图3-1 中心投影法

（1）斜投影法 投射线与投影面倾斜的平行投影法。

（2）正投影法 投射线与投影面垂直的平行投影法。

由于正投影法所得到的正投影能准确反映物体的形状和大小，度量性好，作图简便，故机械图样采用正投影法绘制。

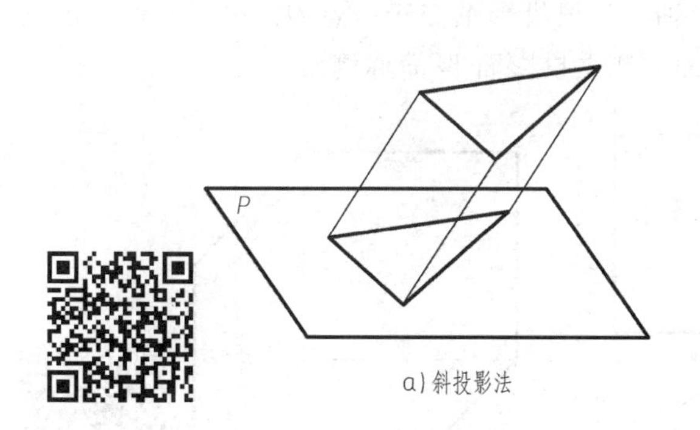

a）斜投影法

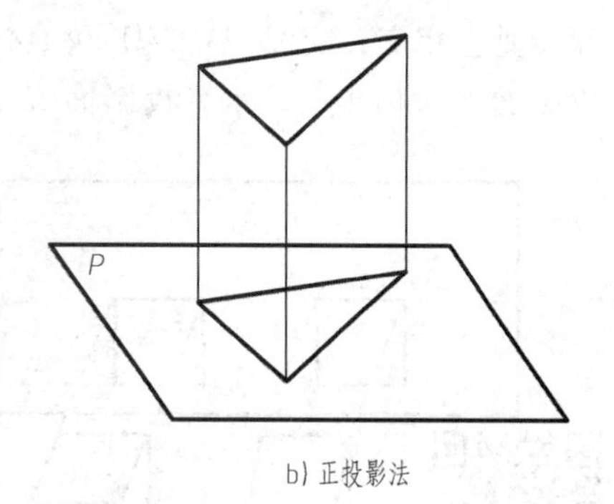

b）正投影法

图3-2 平行投影法

二、正投影法基本性质

1. 真实性

当直线或平面平行于投影面时，直线的投影反映实长，平面的投影反映实形，这种投影特性称为真实性，如图3-3a所示。

2. 积聚性

当直线或平面垂直于投影面时，直线的投影积聚成点，平面的投影积聚成一条直线，这种投影特性称为积聚性，如图3-3b所示。

3. 类似性

当直线或平面倾斜于投影面时，直线的投影仍为直线，但小于实长，平面的投影是其原图形的类似形，这种投影特性称为类似性，如图3-3c所示。

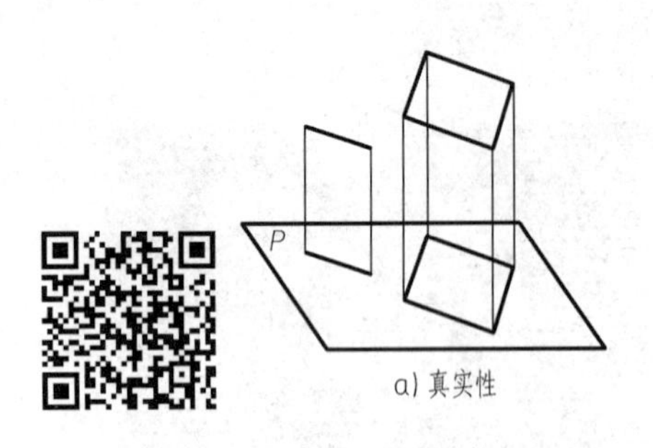

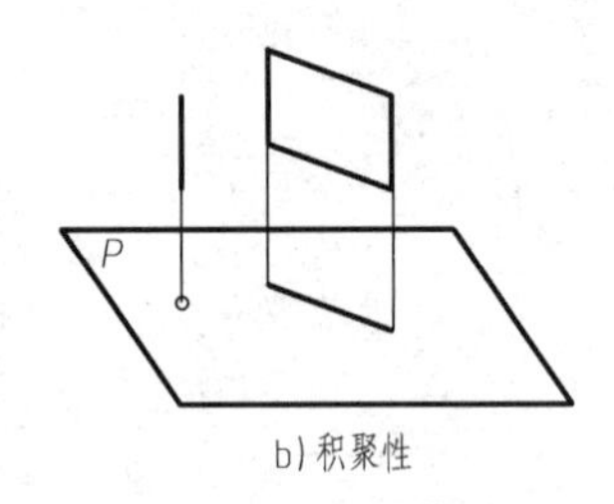

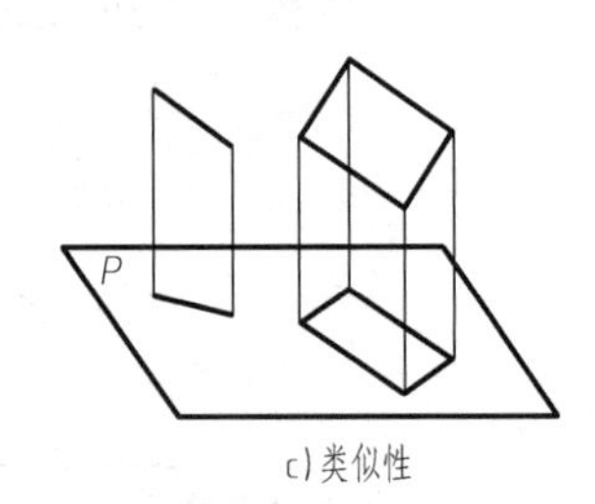

图 3-3　正投影法的基本性质

三、三视图的形成及投影规律

1. 三视图的由来

只有一个视图是不能完整地表达物体形状的，如图 3-4 所示。所以，要反映物体的完整形状，必须增加由不同投射方向得到的投影图，互相补充，才能将物体表达清楚。工程上常用三投影面体系来表达简单物体的形状，如图 3-5 所示。三投影面体系中的三个投影面两两互相垂直相交，交线 *OX*、*OY* 和 *OZ* 称为投影轴，三根投影轴交于一点 *O*，称为原点。正立投影面 *V* 简称正面，水平投影面 *H* 简称水平面，侧立投影面 *W* 简称侧面。

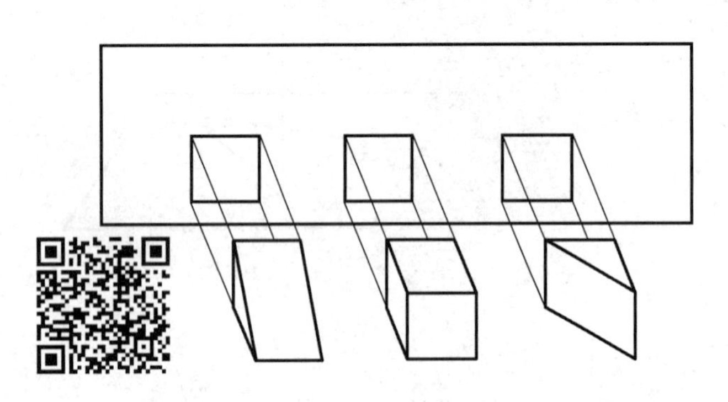

图 3-4　一个视图不能确定物体形状

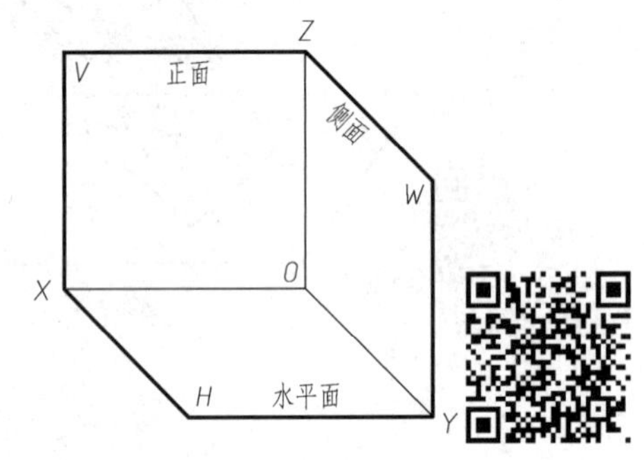

图 3-5　三投影面体系

2. 三视图的形成

三投影面体系中的方位关系，如图 3-6a 所示。由前向后投射，物体在正面上的投影叫主视图；由上向下投射，物体在水平面上的投影叫俯视图；由左向右投射，物体在侧面上的投影叫左视图。为了画图和看图方便，必须使处于空间位置的三视图在同一个平面上表示出来。为此作出如下变动：*V* 面保持不动，*H* 投影面绕 *X* 轴向下旋转 90°与 *V* 面在同一平面内，*W* 投影面绕 *Z* 轴向右旋转 90°与 *V* 面在同一平面内，如图 3-6b 所示。空间的点、线和面所用字母一律大写，如 *A*，*B*，*C*…。在 *H* 面上的投影用相应的小写字母表示，如 *a*，*b*，*c*…；*V* 面上的投影用小写字母加一撇表示，如 a'，b'，c'…；*W* 面上的投影用小写字母加两撇表示，如 a''，b''，c''…。从图 3-6b 中可以看出，主视图反映物体的左右、上下方位，俯视图反映物体的左右、前后方位，左视图反映物体的上下、前后方位。机械制图规定：左右方向为物体的“长”，前后方向为物体的“宽”，上下方向为物体的“高”。

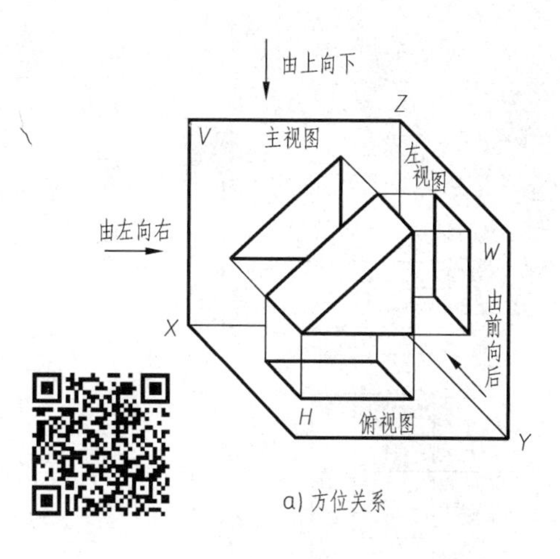

a) 方位关系

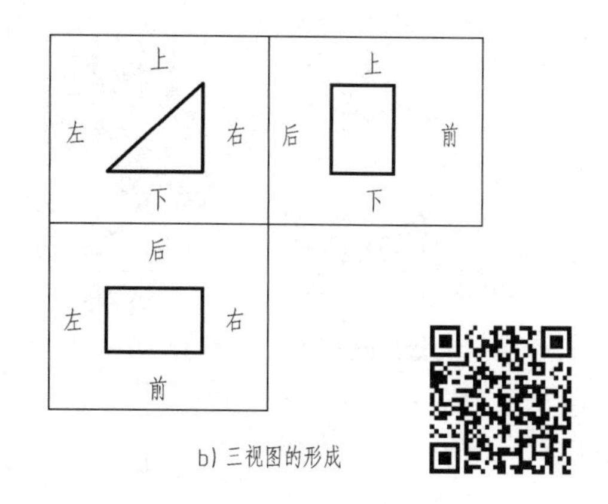

b) 三视图的形成

图 3-6　三视图

3. 三视图的投影规律

三视图之间的相对位置是固定的，即主视图定位后，俯视图在主视图的正下方，左视图在主视图的正右方，各视图的名称不需标注。主视图和俯视图都反映物体的长度，主视图和左视图都反映物体的高度，俯视图和左视图都反映物体的宽度。因为一个物体只有一个长、宽和高，由此得出三视图具有“长对正、高平齐、宽相等”(3 等) 的投影规律。

作图时，为了实现“俯视图和左视图宽相等”，可利用由原点 O（或其他点）作 45°辅助线，求其对应关系，如图 3-7 所示。应当指出，无论是整个物体或物体的局部，在三视图中，其投影都必须符合“长对正、高平齐、宽相等”的关系。

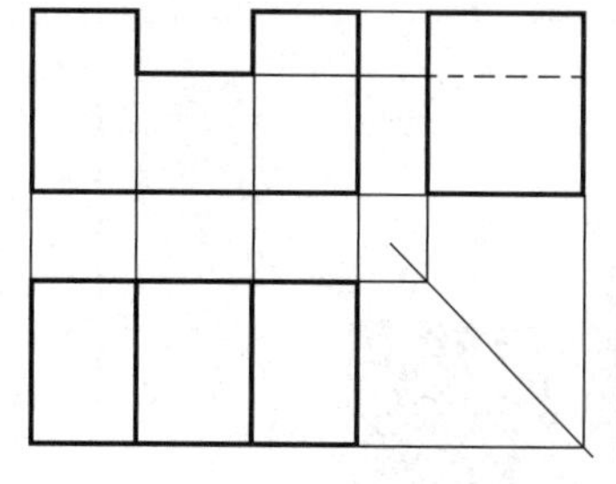

图 3-7　宽相等作法

想一想：

还有其他方法保证宽相等吗？

四、物体三视图的画法及作图步骤

画物体三视图时，首先要分析其形状特征，选择主视图的投射方向，并使物体的主要表面与相应的投影面平行，主视图的选择原则后面有详细介绍。如图 3-8 所示的物体，以图示方向作为主视图的投射方向。画三视图时，应先画反映形状特征的视图，再按投影关系画出其他视图。

任务单

做习题集上课堂作业第 1 题和第 2 题。

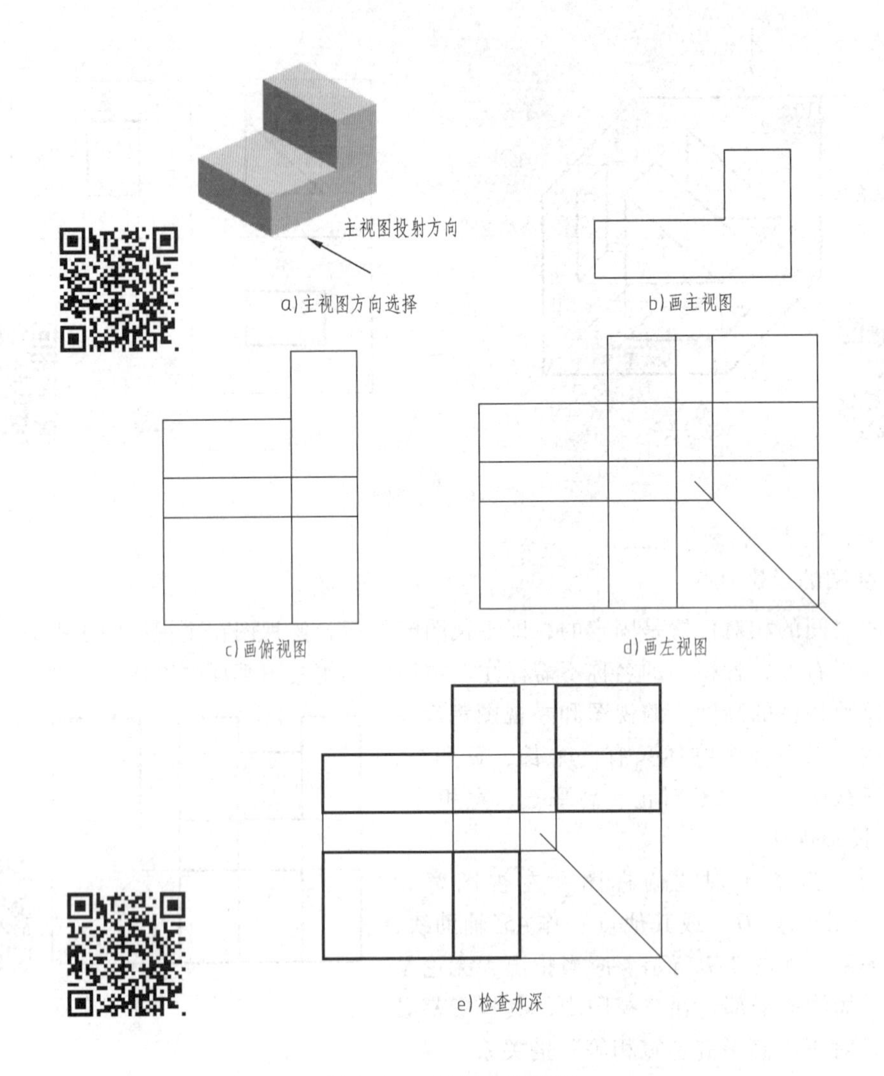

图 3-8 三视图作图步骤

学习评价

自评	互评	老师评价	总分

任务2 识读并绘制基本体的投影

任务描述

活动在多媒体教室进行，学生应准备好手工绘图工具。通过活动让学生了解基本体的投影规律，并能作出基本体及表面点的投影。

知识链接

一、棱柱的三视图及表面点的投影

1. 棱柱的应用

棱柱在生活中的一些应用，如图 3-9 所示。

a)塔

b)螺栓和螺母

图 3-9 棱柱的应用

想一想：

在日常生活中，还有哪些棱柱的应用实例？

2. 棱柱的投影分析及其三视图

棱柱体属于平面立体，其表面均是平面。图 3-10 所示为一个正六棱柱，它由 6 个侧面和上下两个面一共 8 个面构成。6 个侧面为全等的长方形且与上下两个面均垂直，上下两个面为全等且相互平行的正六边形。投影作图时（以侧面 2 作为主视图方向），俯视图是一个正六边形线框，6 个侧面均具有积聚性，顶面 1 和底面反映实形。主视图是 3 个矩形线框，其中侧面 2 具有真实性且遮住后面那个侧面，侧面 3 和 4 相对于 V 面倾斜，具有相似性且各自遮住后面那个侧面，顶面 1 和底面都具有积聚性。左视图是两个矩形线框，前、后两个侧面和上、下平面 4 个面具有积聚性，其余 4 个侧面具有相似性。

正六棱柱投影作图时，首先画出俯视图，其次根据正六棱柱的高度和“长对正”规律画出主视图，最后根据“高平齐”和“宽相等”规律画出左视图，如图 3-10 所示。

3. 棱柱体表面点的投影

例： 图 3-11 所示为棱柱表面点 A 的一个投影，求其另外两个投影。

提示：空间点用大写字母表示，俯视图投影用小写字母表示，主视图投影用小写字母加一撇表示，左视图投影用小写字母加两撇表示，以示区别。

通过分析可知，空间点 A 在正六棱柱的顶面上，顶面在主视图中的投影具有积聚性，

a)正六棱柱立体图

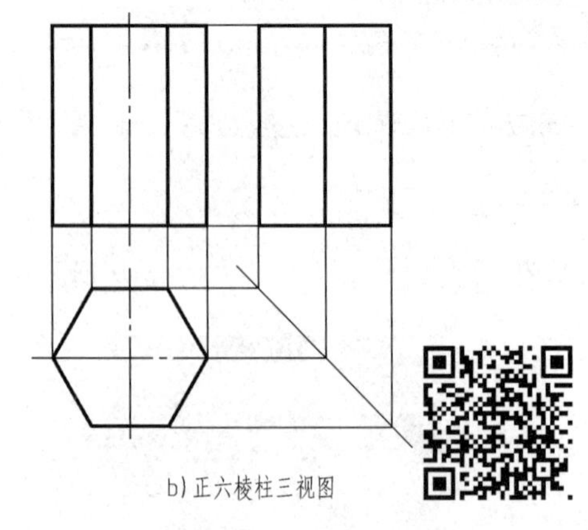
b)正六棱柱三视图

图 3-10　正六棱柱

积聚成为一条直线，可很方便地利用“长对正”作出点 A 的主视图投影 a'。然后可利用“高平齐”和“宽相等”的投影规律作出点 A 的左视图投影 a''，作法如图 3-11 所示。

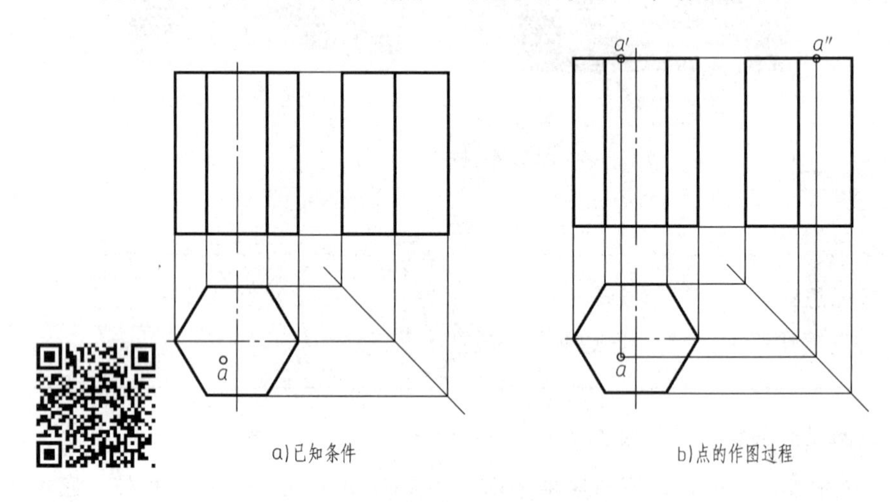

a)已知条件　　b)点的作图过程

图 3-11　求棱柱表面点的其余投影

二、棱锥的三视图及表面点的投影

1. 棱锥的应用

棱锥在生活中的一些应用，如图 3-12 所示。

想一想：

在日常生活中，还有哪些棱锥的应用实例？

2. 棱锥的投影分析及其三视图

棱锥体属于平面立体，其表面均是平面。图 3-13 所示为一个正三棱锥，它由 3 个侧面

和一个底面一共4个面构成。3个侧面为全等的等腰三角形，3条棱线相交于一点，即锥顶。投影作图时，俯视图是3个等腰三角形线框，3个侧面均具有相似性；底面投影反映实形，为一个等边三角形。主视图是两个直角三角形线框，3个侧面均具有相似性，底面投影具有积聚性，积聚为一条直线。左视图是一个三角形线框，后面那个侧面具有积聚性，积聚为一条直线；其余两个侧面具有相似性，底面投影具有积聚性，积聚为一条直线。

a) 金字塔

b) 打米机

图3-12　棱锥的应用

正三棱锥投影作图时，首先画出俯视图，其次根据正三棱锥的高度和“长对正”的规律画出主视图，最后根据“高平齐”和“宽相等”的规律画出左视图，如图3-13所示。

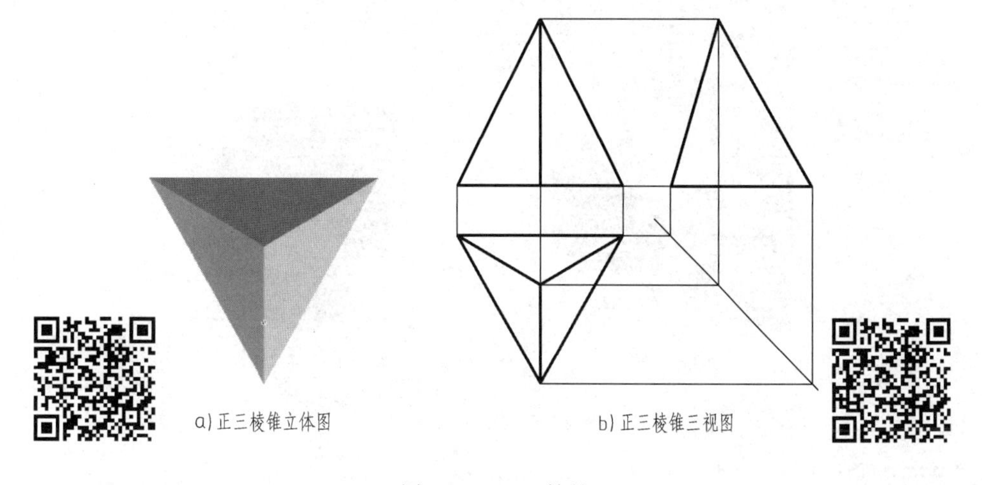

a) 正三棱锥立体图

b) 正三棱锥三视图

图3-13　正三棱锥

3. 棱锥体表面点的投影

例： 图3-14所示为棱锥表面点 C 的一个投影，求其另外两个投影。

通过分析可知，空间点 C 在正三棱锥右前方的一个侧面上，可利用辅助直线法作出点 C 的另外两个投影。具体作图过程如图3-14所示，先由点1过点 c 作直线12，再作出直线12的主视图投影 $1'2'$。点 c 在直线12上，则点 C 的主视图投影也在 $1'2'$ 上。由“长对正”的规律可作出点 C 的主视图投影 c'，然后由“高平齐”和“宽相等”的规律可作出点 C 的左视图投影 c''，因为不可见，应加上括号。

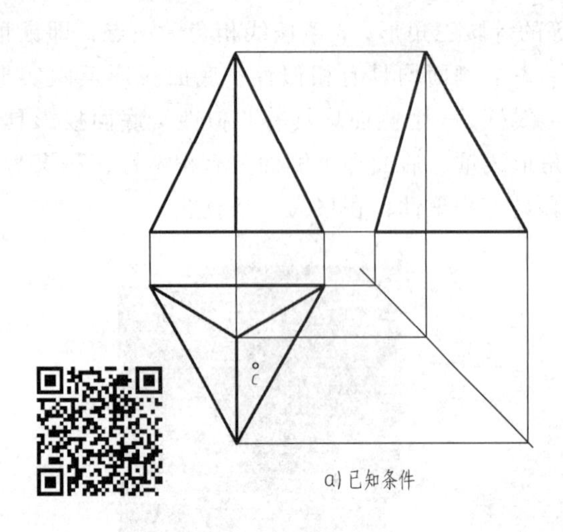

a) 已知条件

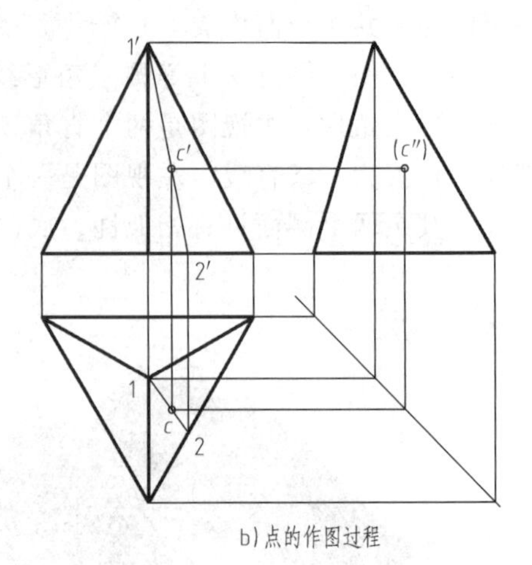

b) 点的作图过程

图 3-14　求棱锥表面点的其余投影

三、圆柱的三视图及表面点的投影

1. 圆柱的应用

圆柱在生活中的一些应用，如图 3-15 所示。

a) 房层柱子

b) 圆柱滚子轴承

图 3-15　圆柱的应用

想一想：

在日常生活中，还有哪些圆柱的应用实例？

2. 圆柱的投影分析及其三视图

圆柱体属于曲面立体，由圆柱面和上下两个平面构成，如图 3-16 所示。投影作图时，俯视图是一个圆，上下两个平面具有真实性，反映其实形；圆柱面具有积聚性，积聚成为一个圆。主视图是一个矩形线框，上下两个平面投影具有积聚性，积聚为一条直线。左视图也

是一个矩形线框，只是反映的方位不一样。

圆柱体投影作图时，首先画出俯视图，其次根据圆柱体的高度和“长对正”的规律画出主视图，最后根据“高平齐”和“宽相等”的规律画出左视图，如图 3-16 所示。

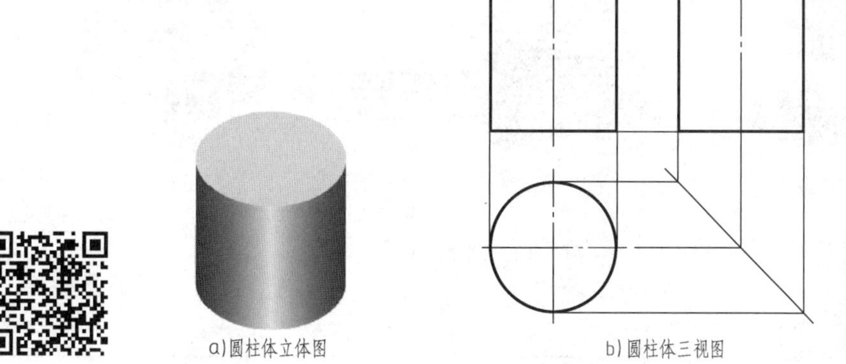

图 3-16　圆柱体

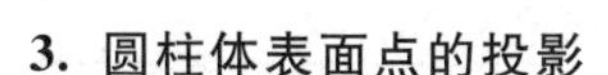

3. 圆柱体表面点的投影

例：图 3-17 所示为圆柱体表面点 D 的一个投影，求其另外两个投影。

通过观察可知，空间点 D 在主视图上的投影为不可见，由此可判断点 D 在圆柱体右后表面上。可利用圆柱面在俯视图上的投影具有积聚性的特点，先作出点 D 在俯视图上的投影 d，再利用“高平齐”和“宽相等”的规律作出点 D 的左视图投影 d''，判断其为不可见。具体作图过程如图 3-17 所示。

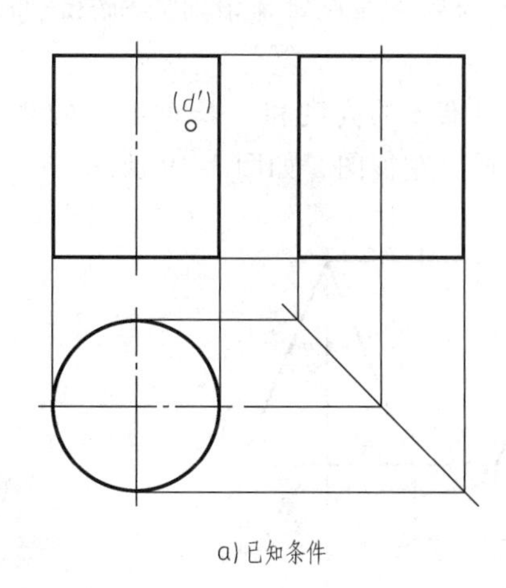

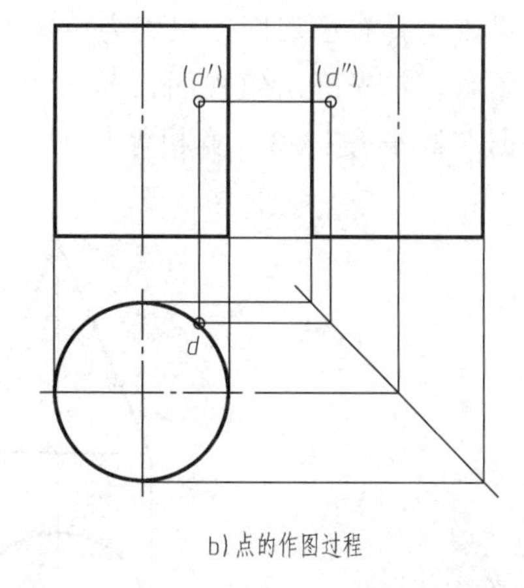

图 3-17　求圆柱表面点的其余投影

四、圆锥的三视图及表面点的投影

1. 圆锥的应用

圆锥在生活中的一些应用，如图 3-18 所示。

a）交通路锥

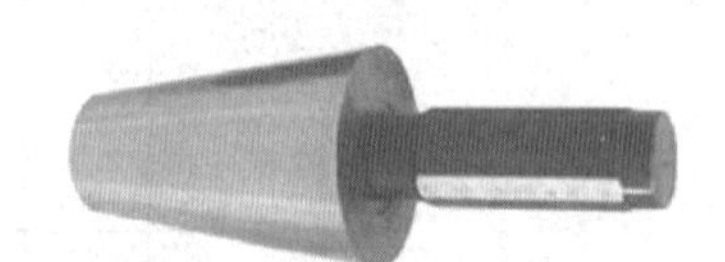

b）圆锥量规

c）圆锥滚子轴承

图3-18　圆锥的应用

想一想：

在日常生活中，还有哪些圆锥的应用实例？

2. 圆锥的投影分析及其三视图

圆锥体属于曲面立体，由圆锥面和底圆平面构成，如图3-19所示。投影作图时，俯视图是一个圆，底圆平面具有真实性，反映其实形。主视图是一个等腰三角形线框，其腰分别是圆锥体最左边和最右边的轮廓投影，底圆平面投影具有积聚性，积聚为一条直线。左视图也是一个等腰三角形线框，只是反映的方位不一样，其反映的是圆锥体最前面和最后面的轮廓投影；底圆平面投影也具有积聚性，积聚为一条直线。

圆锥体投影作图时，首先画出俯视图，其次根据圆锥体的高度和“长对正”的规律画出主视图，最后根据“高平齐”和“宽相等”的规律画出左视图，如图3-19所示。

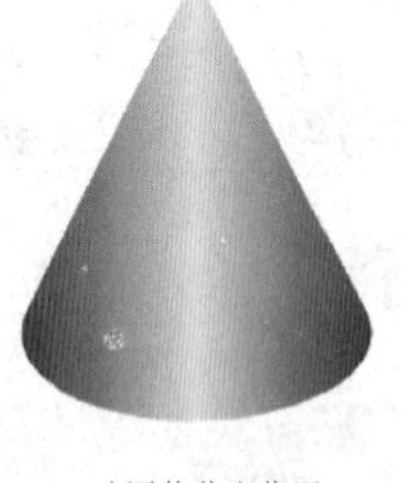

a）圆锥体立体图

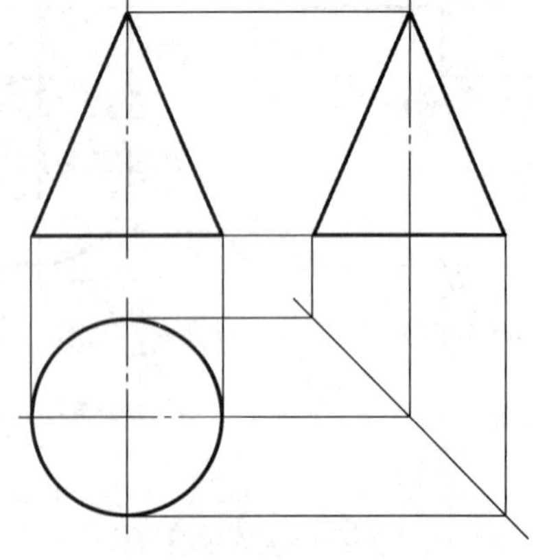

b）圆锥体三视图

图3-19　圆锥体

3. 圆锥体表面点的投影

例： 图 3-20 所示为圆锥体表面点 F 的一个投影，求其另外两个投影。

求圆锥体表面点 F 的另外两个投影的方法有两种：辅助直线法和辅助平面法。辅助直线法作图过程如图 3-20b 所示。辅助平面法就是把空间点 F 放到一个平面上去，先作出辅助平面的投影，再作出点的其余投影。具体作图过程如图 3-20c 所示。

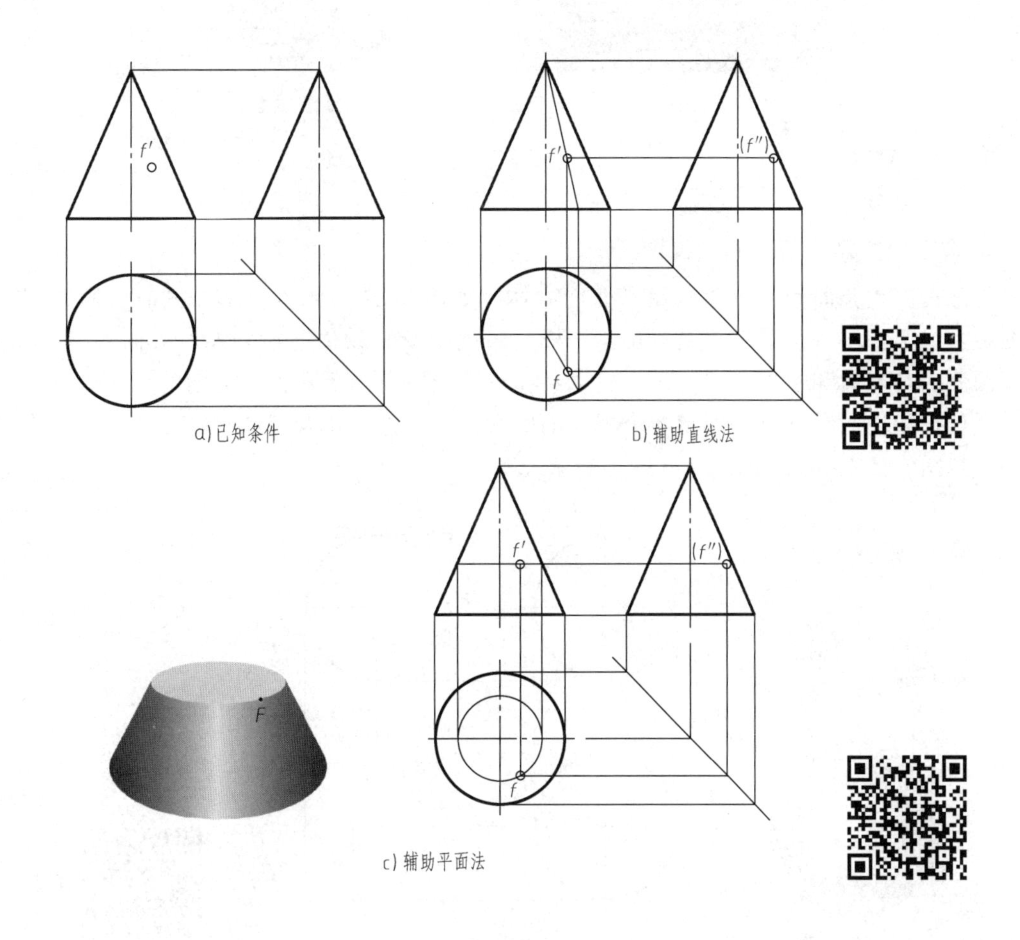

图 3-20　求圆锥表面点的其余投影

五、圆球的三视图及表面点的投影

1. 圆球的应用

圆球在生活中的一些应用，如图 3-21 所示。

想一想：

在日常生活中，还有哪些圆球的应用实例？

a) 石球

b) 角接触球轴承

图 3-21 圆球的应用

2. 圆球的投影分析及其三视图

圆球表面均是曲面，故圆球属于曲面立体，如图 3-22 所示。投影作图时，俯视图、主视图和左视图都是一个圆，只是方位不一样。俯视图反映物体前后和左右方向的最大轮廓，主视图反映其左右和上下方向的最大轮廓，左视图反映其前后和上下方向的最大轮廓。

圆球投影作图时，首先确定各个视图的圆心位置，然后用圆球的半径画圆，即可作出圆球的三视图，如图 3-22 所示。

a) 圆球立体图

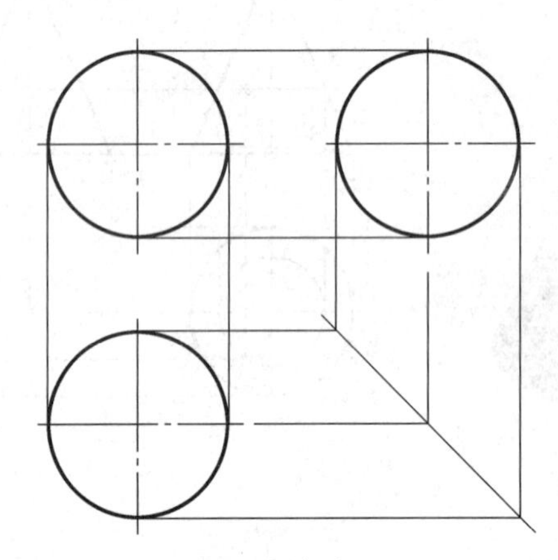
b) 圆球三视图

图 3-22 圆球

3. 圆球表面点的投影

例： 图 3-23 所示为圆球表面点 N 的一个投影，求其另外两个投影。

由于圆球的三个投影都没有积聚性，故点 N 的其余投影不能用积聚法求得。又由于圆球表面也不存在直线，因而点 N 的其余投影也不能用辅助直线法求得。此处可用辅助平面法求点 N 的其余投影。具体作图过程如图 3-23 所示。

任务单

做习题集上课堂作业第 3～12 题。

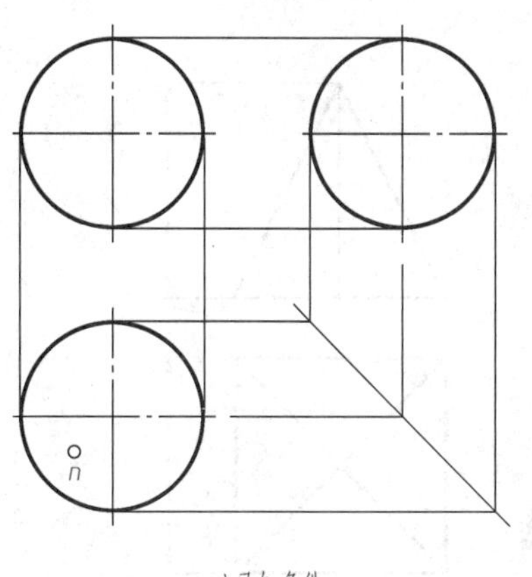

a) 已知条件

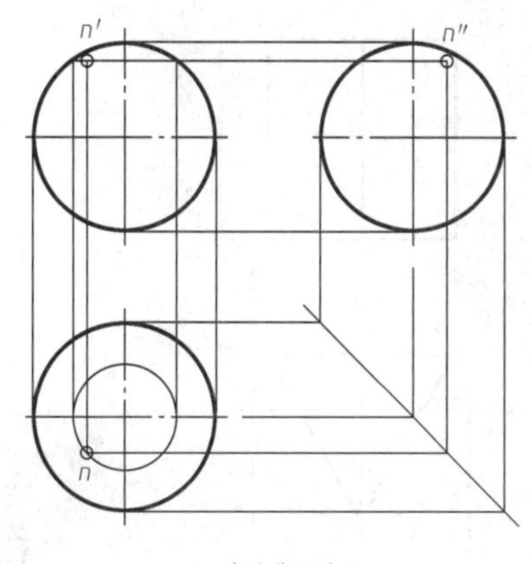

b) 点的作图过程

图 3-23　求圆球表面点的其余投影

学习评价

自评	互评	老师评价	总分

任务 3　标注基本体的尺寸

任务描述

活动在多媒体教室进行，学生应准备好手工绘图工具。通过活动让学生进一步熟悉国家标准关于尺寸标注的有关规定，并能正确进行尺寸标注。

知识链接

一、尺寸标注要求

在视图上标注基本几何体的尺寸时，应保证 3 个方向的尺寸标注齐全，既不能少，也不能重复和多余。

二、平面立体的尺寸标注

平面立体的尺寸标注，如图 3-24 所示。

三、曲面立体的尺寸标注

曲面立体的尺寸标注，如图 3-25 所示。

任务单

做习题集上课堂作业第 13 题。

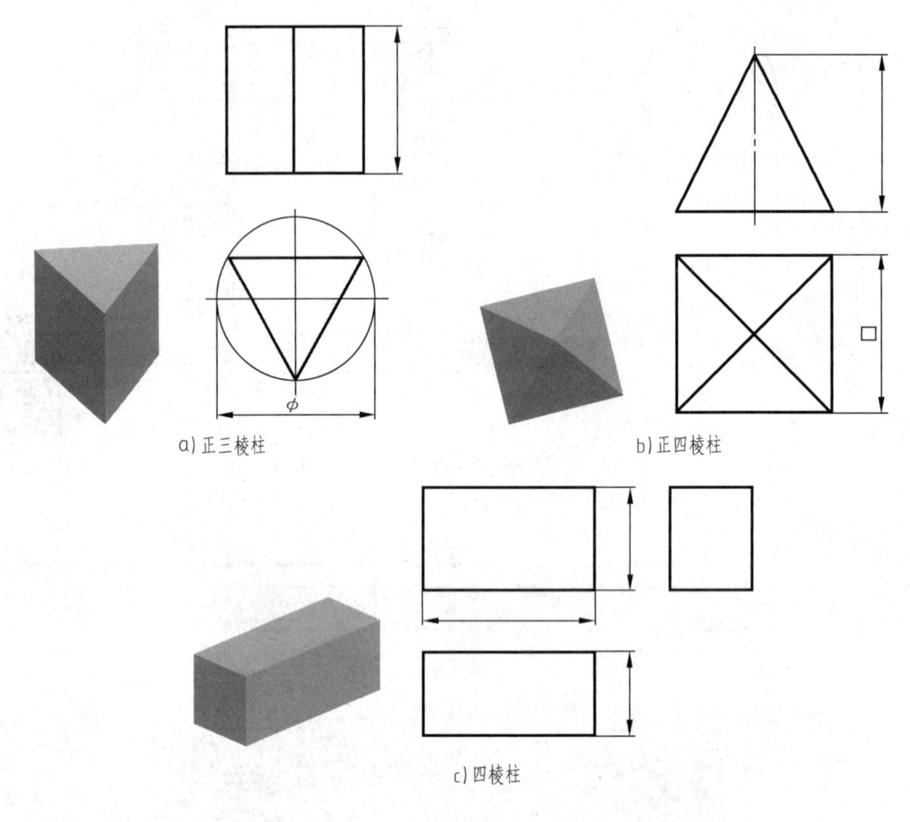

图3-24　平面立体的尺寸标注

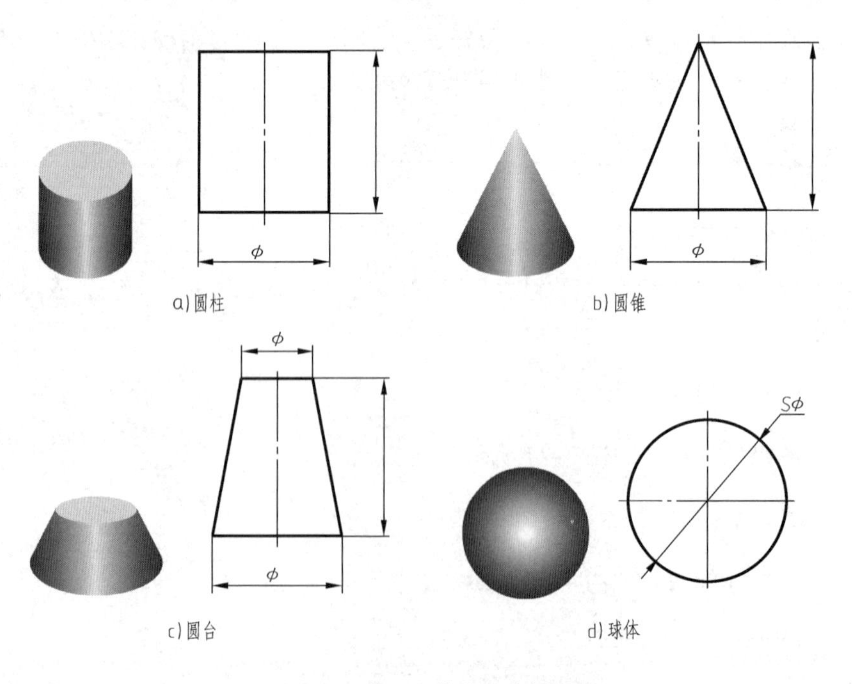

图3-25　曲面立体的尺寸标注

学习评价

自评	互评	老师评价	总分

任务4　识读并绘制基本体切割后的投影

任务描述

活动在多媒体教室进行，学生应准备好手工绘图工具。通过活动让学生了解基本体切割后的投影规律，并能作基本体切割后的投影。

知识链接

一、棱柱体切割后的投影作图

用平面切割立体，平面与立体表面的交线称为截交线，该平面为截平面，由截交线围成的平面图形称为截断面，如图3-26所示。

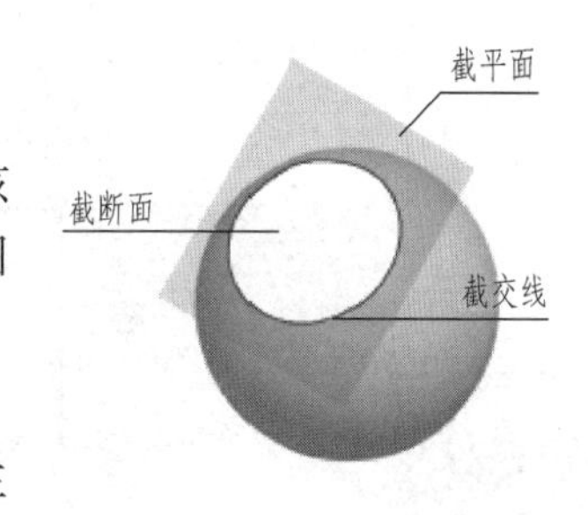

图3-26　截交线、截平面和截断面

平面切割棱柱体时，其截断面为一平面多边形。

例：如图3-27b所示，已知俯视图、左视图，补画主视图。

通过分析可知，该切口体可看成是由三棱柱通过切割而成。三棱柱切割后表面上有3个交点，只要作出3个交点的主视图投影，即可补全主视图。具体作图过程如图3-27c所示。

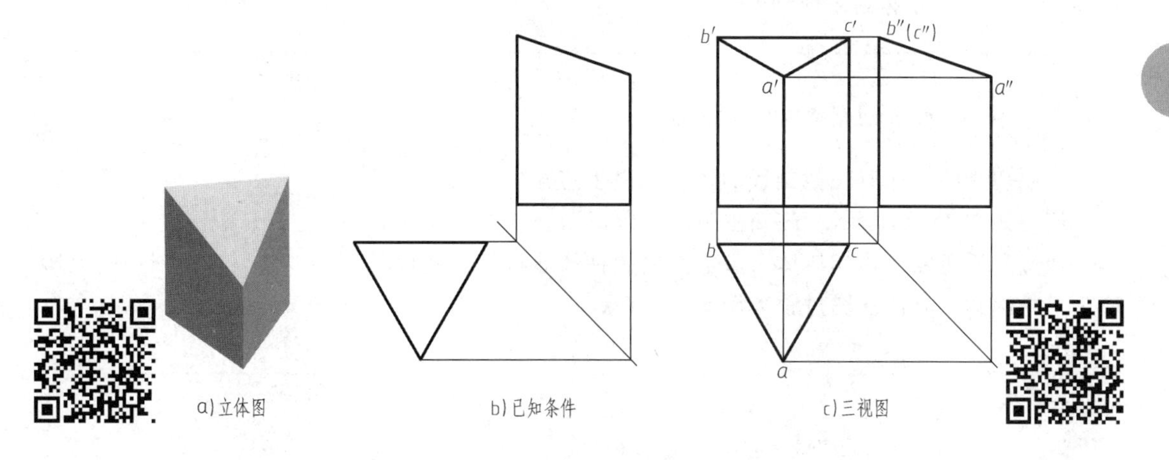

图3-27　棱柱体切割后的投影作图

想一想：

棱柱体还有哪些切割方式？

二、棱锥体切割后的投影作图

平面切割棱锥体时，其截断面为一个平面多边形。

例：如图3-28b所示，已知主视图、左视图，补画俯视图中的缺线。

通过分析可知，该切口体可看成是由四棱锥通过切割而成的棱锥台。四棱锥切割后表面上有4个交点，只要作出4个交点的俯视图投影，即可补出俯视图中的缺线。具体作图过程如图3-28c所示。

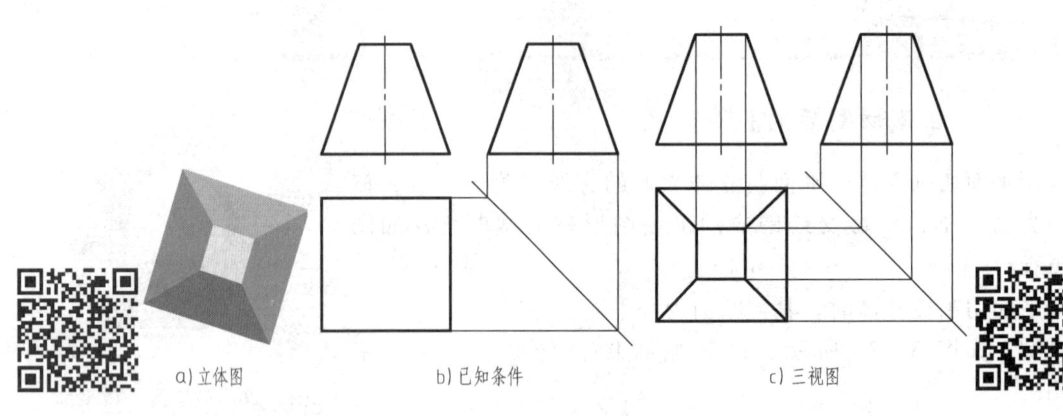

图3-28　棱锥体切割后的投影作图

想一想：

棱锥体还有哪些切割方式？

三、圆柱体切割后的投影作图

平面切割圆柱体时，截交线的形状取决于与圆柱体的相对位置。

例：如图3-29b所示，已知主视图、俯视图，补画左视图。

通过分析可知，该切口体可看成是由圆柱体通过切割而成，切割部分在左视图中的投影应为一个椭圆。具体作图过程如图3-29所示。

想一想：

圆柱体还有哪些切割方式？

四、圆锥体切割后的投影作图

平面切割圆锥体时，截交线的形状取决于与圆锥体的相对位置。

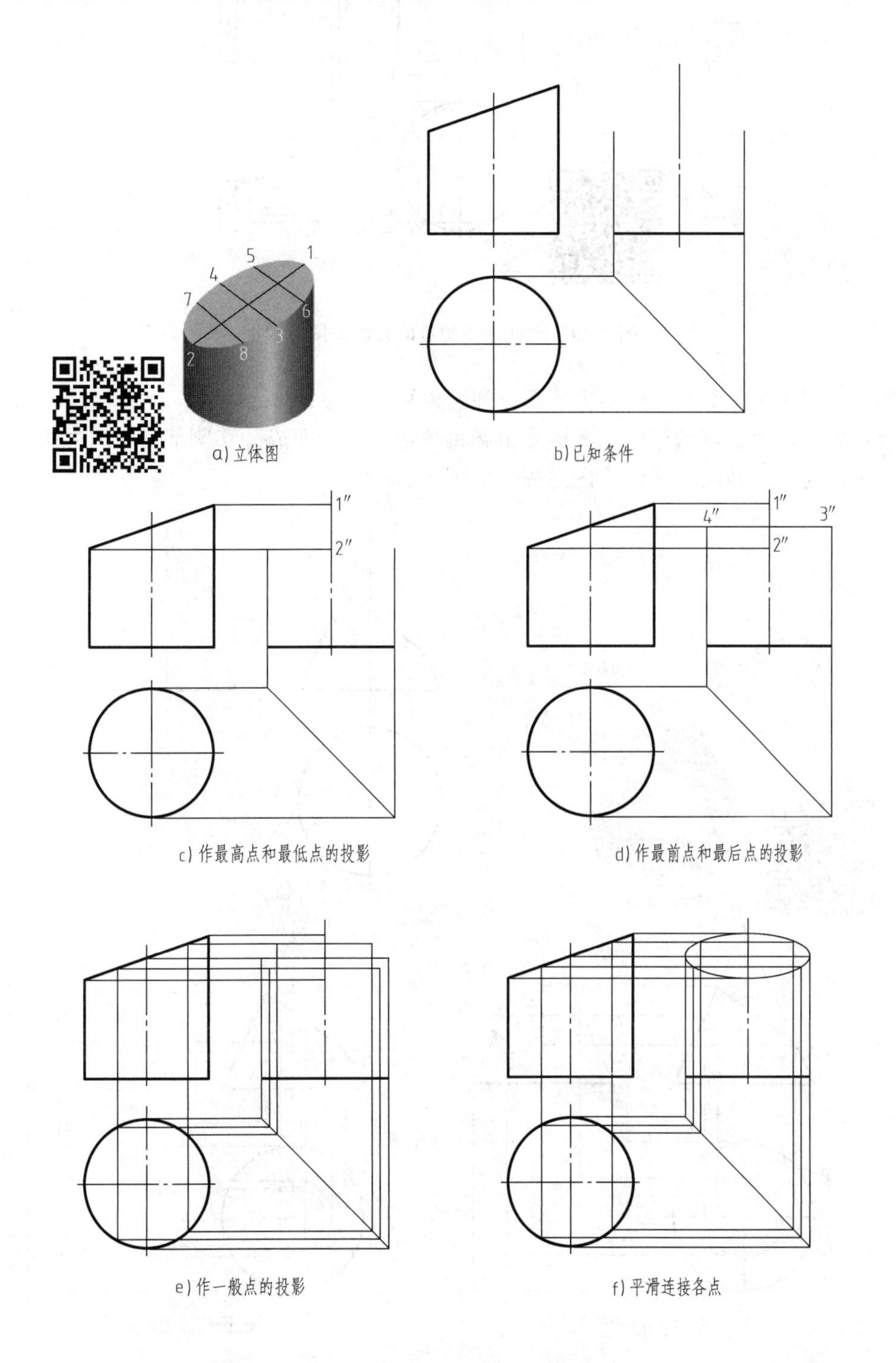

a) 立体图　b) 已知条件

c) 作最高点和最低点的投影　d) 作最前点和最后点的投影

e) 作一般点的投影　f) 平滑连接各点

图 3-29　圆柱体切割后的投影作图

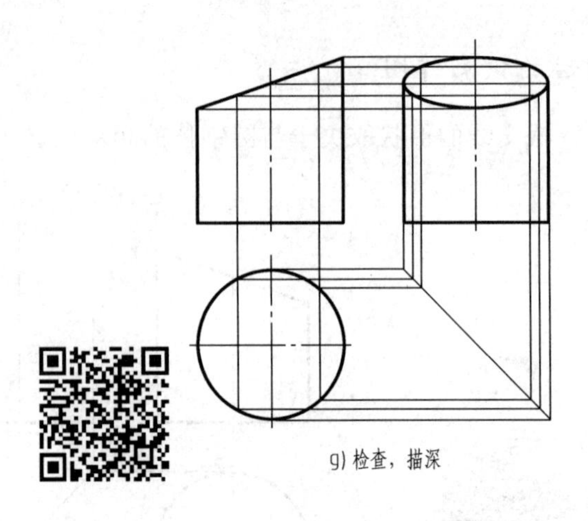

图 3-29 圆柱体切割后的投影作图（续）

例：如图 3-30b 所示，已知主视图，补画俯视图、左视图。

通过分析可知，该切口体可看成是由圆锥体通过切割而成，切割部分在俯视图、左视图中的投影应为一个椭圆。具体作图过程，如图 3-30 所示。

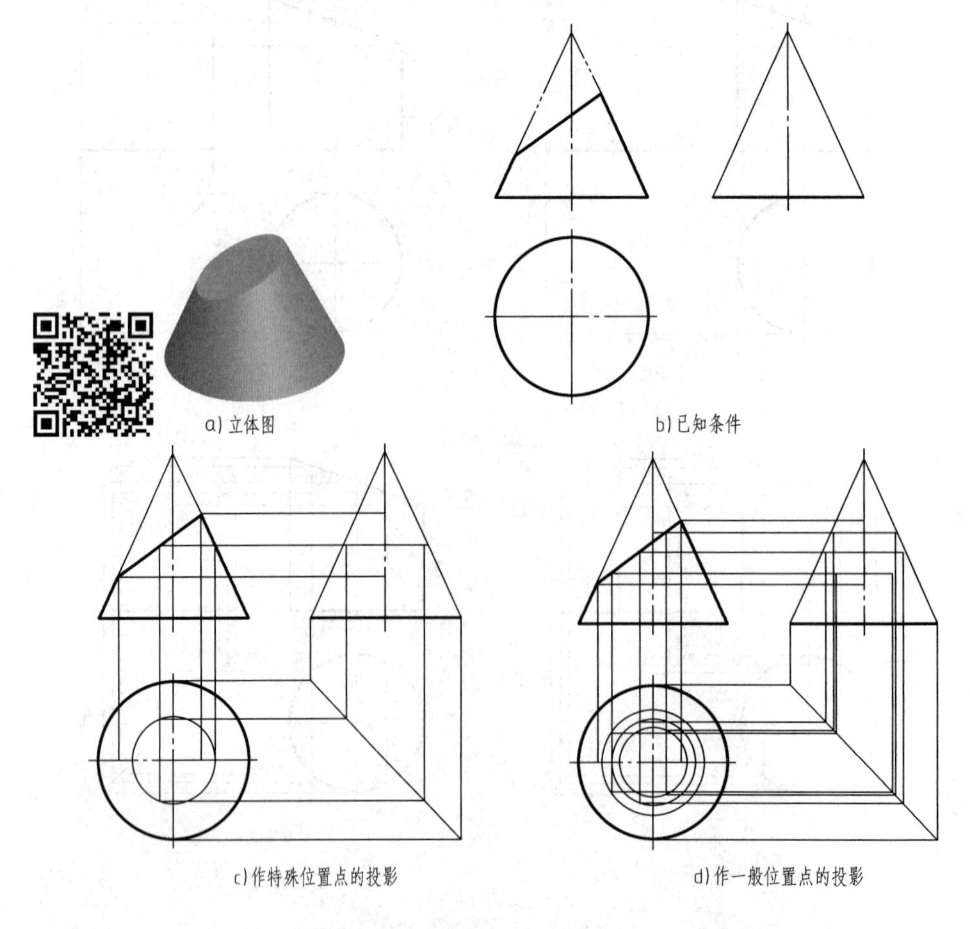

图 3-30 圆锥体切割后的投影作图

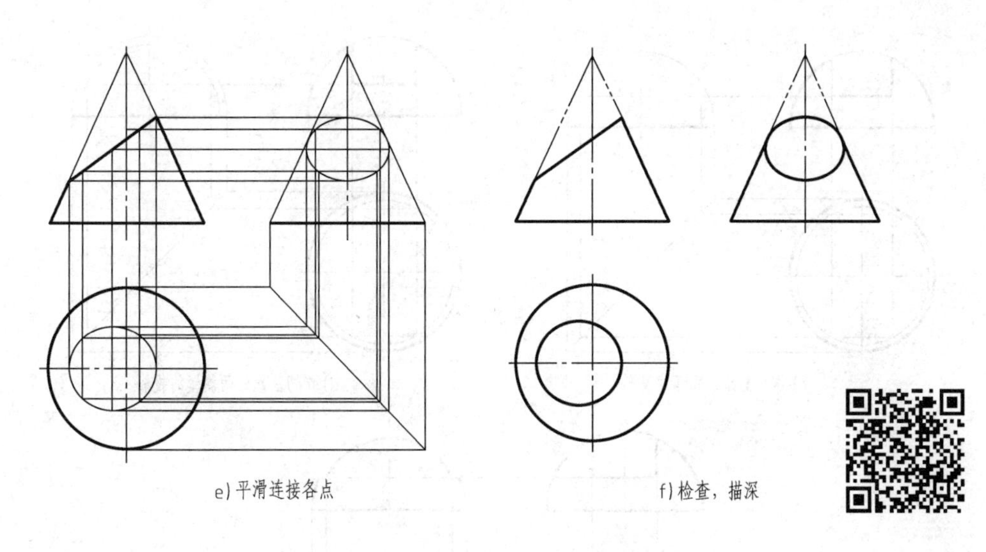

图 3-30　圆锥体切割后的投影作图（续）

想一想：

圆锥体还有哪些切割方式？

五、圆球切割后的投影作图

平面切割圆球时，截交线的形状取决于与圆球的相对位置。

例： 如图 3-31b 所示，已知主视图，补画俯视图、左视图中的缺线。

通过分析可知，该切口体可看成是由半球体通过切割而成。切割部分在俯视图、左视图中的投影可利用积聚性和辅助平面法求得，具体作图过程如图 3-31 所示。

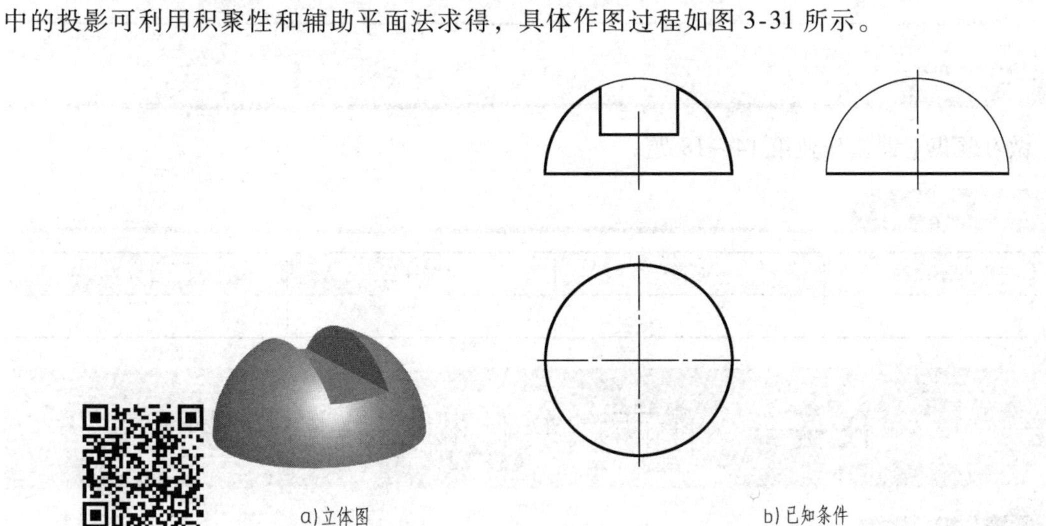

图 3-31　圆球切割后的投影作图

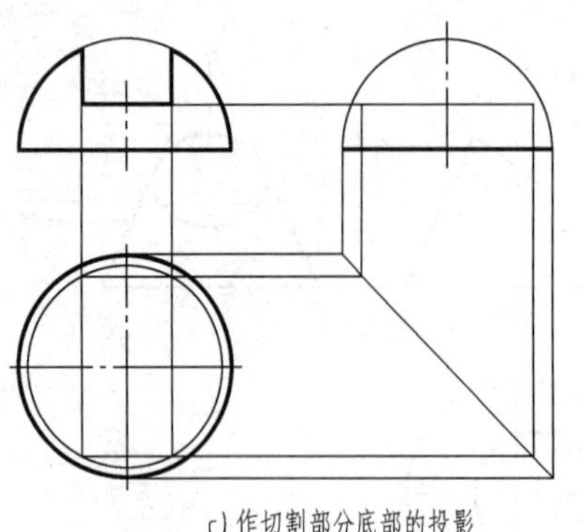
c) 作切割部分底部的投影

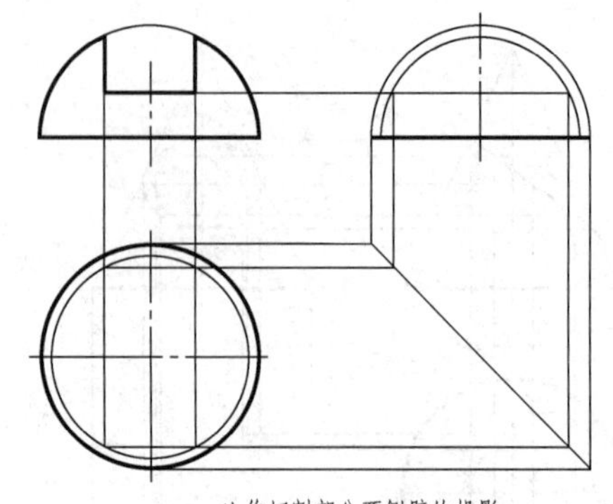
d) 作切割部分两侧壁的投影

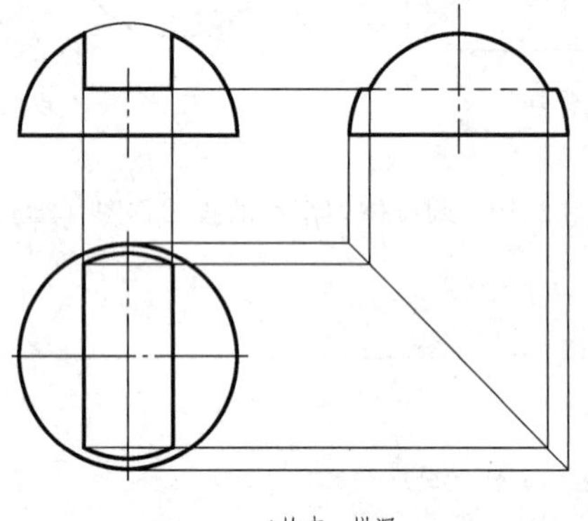
e) 检查，描深

图3-31　圆球切割后的投影作图（续）

想一想：

圆球还有哪些切割方式？

任务单

做习题集上课堂作业第14～18题。

学习评价

自评	互评	老师评价	总分

任务5　作两回转体相贯线的投影

任务描述

活动在多媒体教室进行，学生应准备好手工绘图工具。通过活动让学生了解相贯线的概念，熟悉相贯线的简化画法。

知识链接

一、相贯线概念及相贯类型

任何物体相交，其表面都要产生交线，这些交线称为相贯线。相交的物体称为相贯体，根据相贯体表面几何形状的不同，可分为两平面立体相交、平面立体与曲面立体相交以及两曲面立体相交 3 种情况。本教材主要介绍两曲面立体相交，两曲面立体相交最常见的是圆柱与圆柱相交、圆柱与圆锥相交，以及圆柱与圆球相交和圆锥与圆球相交。

二、圆柱与圆柱相交

1. 异径正交

异径正交如图 3-32 所示。异径三通管就是异径正交的实例。

图 3-32　异径正交

例： 两个直径不等的圆柱体正交，如图 3-33b 所示，求作相贯线的投影。

因为该相贯线前后对称，在其正面投影中，可见的前半部分与不可见的后半部分重合，且左右也对称。因此，求作相贯线的正面投影，只需作出前面的一半。具体作图过程如图 3-33 所示。

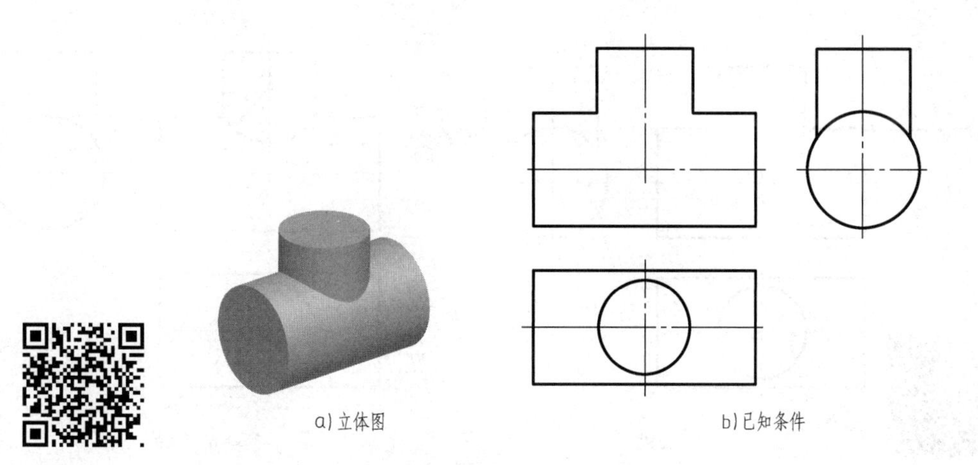

图 3-33　不等径两圆柱正交

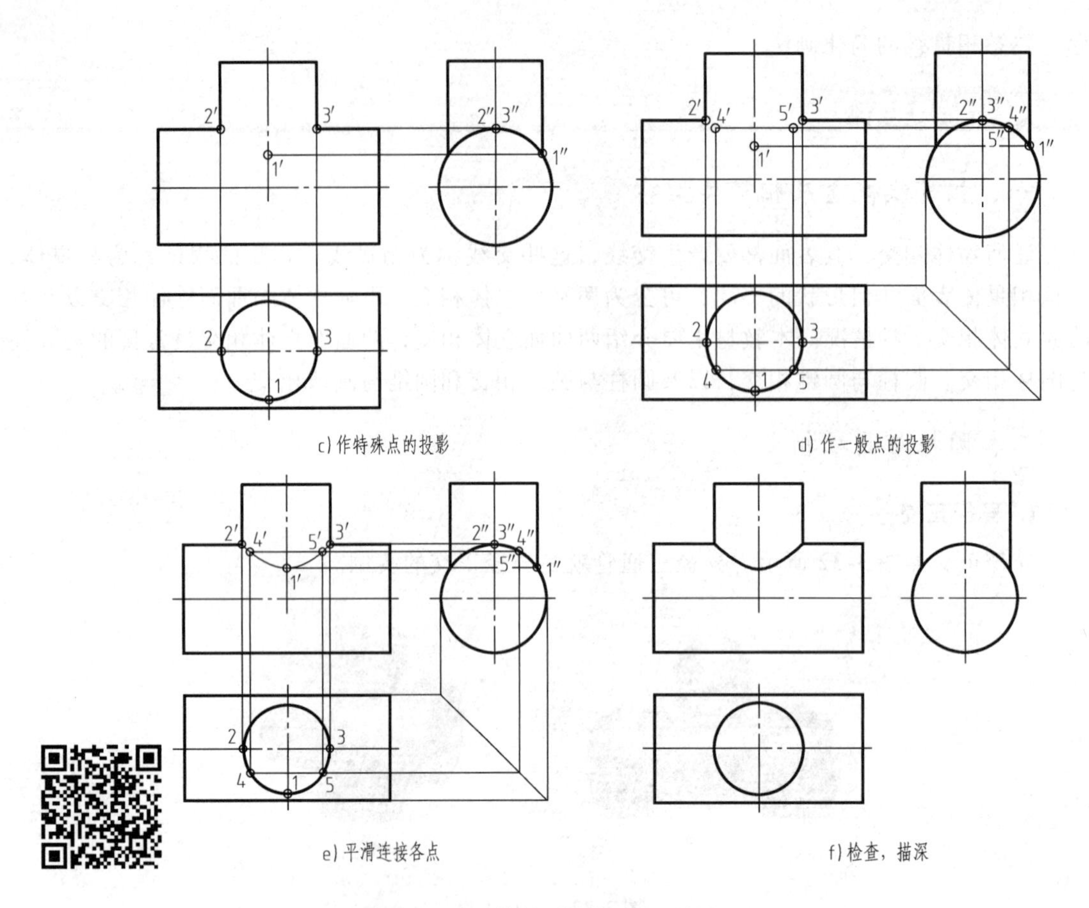

c) 作特殊点的投影　d) 作一般点的投影

e) 平滑连接各点　f) 检查，描深

图 3-33　不等径两圆柱正交（续）

两圆柱体正交，为了简化作图，国家标准规定，允许采用简化画法作出相贯线的投影，即以圆弧代替非圆曲线。当轴线垂直相交，且轴线均平行于正面的两个不等径圆柱体相交时，相贯线的正面投影以大圆柱体的半径为半径画圆弧即可。简化画法的作图过程如图3-34所示。

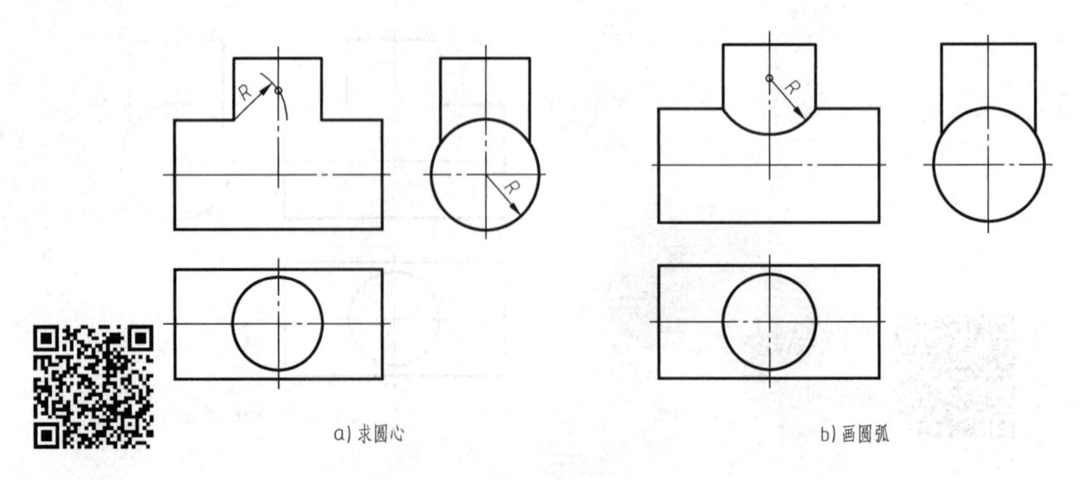

a) 求圆心　b) 画圆弧

图 3-34　相贯线简化画法

2. 等径正交

等径正交如图 3-35 所示。等径三通管就是等径正交的实例。

等径正交如图 3-36 所示。其正面投影为两条相交的直线。

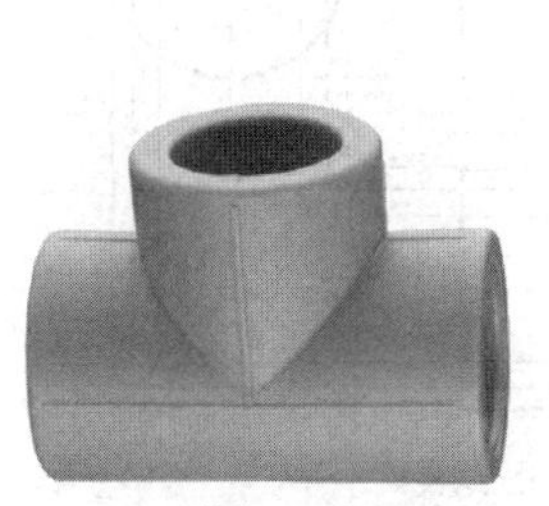

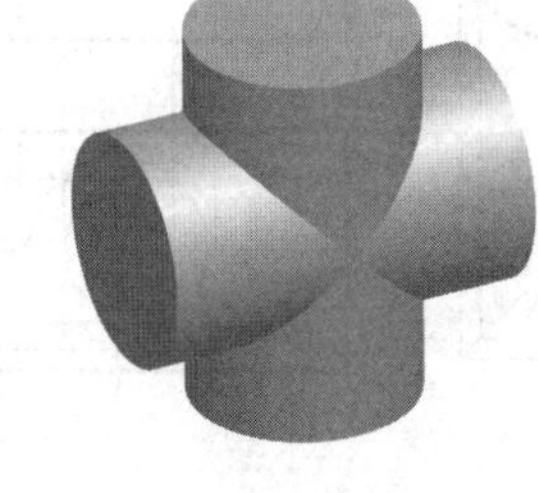

图 3-35　等径正交

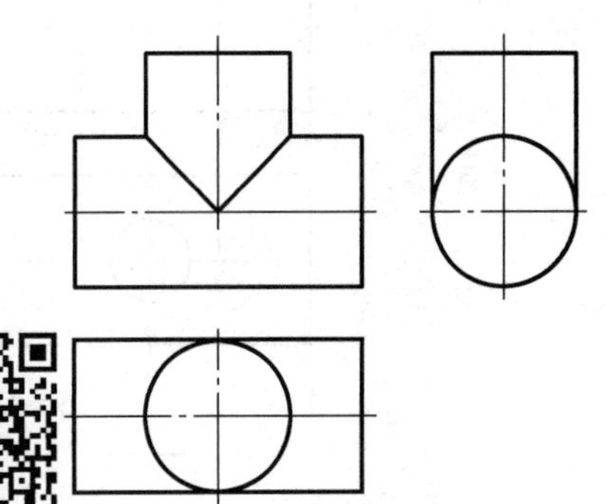

图 3-36　等径正交相贯线的投影

想一想：

圆柱与圆柱相交还有哪些形式？

三、圆柱与圆锥相交

例： 如图 3-37b 所示圆柱与圆锥正交，求相贯线的投影。

由于圆锥面的投影没有积聚性，求相贯线的投影时，可采用辅助平面法求得。具体作图过程如图 3-37 所示。

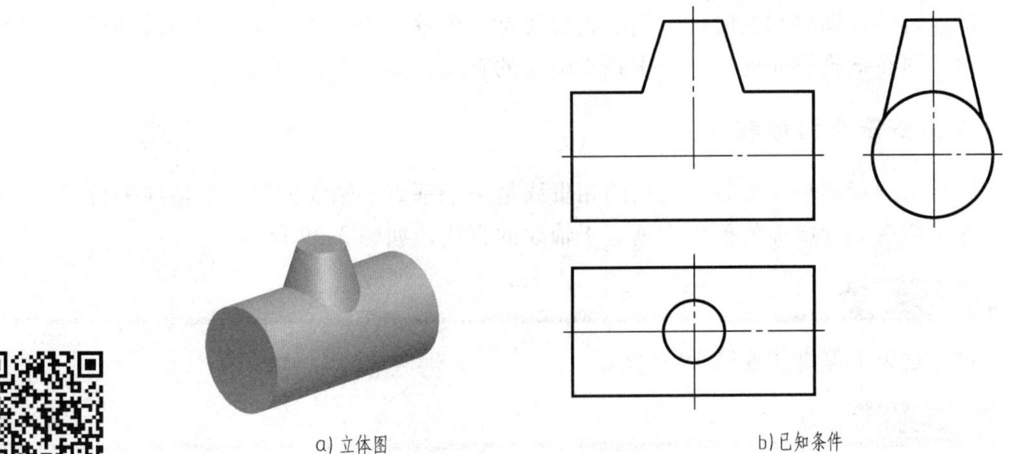

a) 立体图　　b) 已知条件

图 3-37　圆柱与圆锥正交

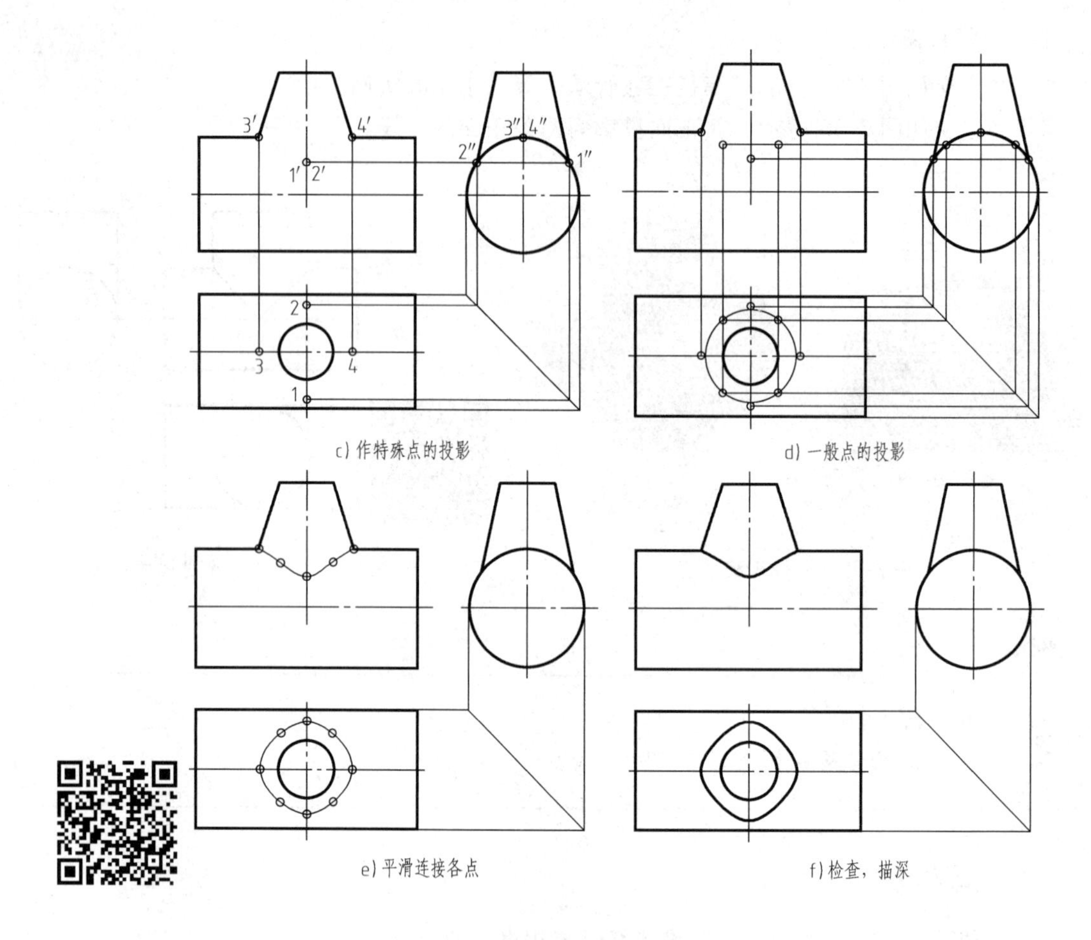

c) 作特殊点的投影　d) 一般点的投影

e) 平滑连接各点　f) 检查，描深

图 3-37　圆柱与圆锥正交（续）

四、圆柱与圆球相交

圆柱与圆球同轴相交时，它们的相贯线是一个垂直于轴线的圆，当轴线平行于某投影面时，这个圆在该投影面的投影为垂直于轴线的直线，如图 3-38 所示。

五、圆锥与圆球相交

圆锥与圆球同轴相交时，它们的相贯线是一个垂直于轴线的圆，当轴线平行于某投影面时，这个圆在该投影面的投影为垂直于轴线的直线，如图 3-39 所示。

任务单

做习题集上课堂作业第 19～22 题。

学习评价

自评	互评	老师评价	总分

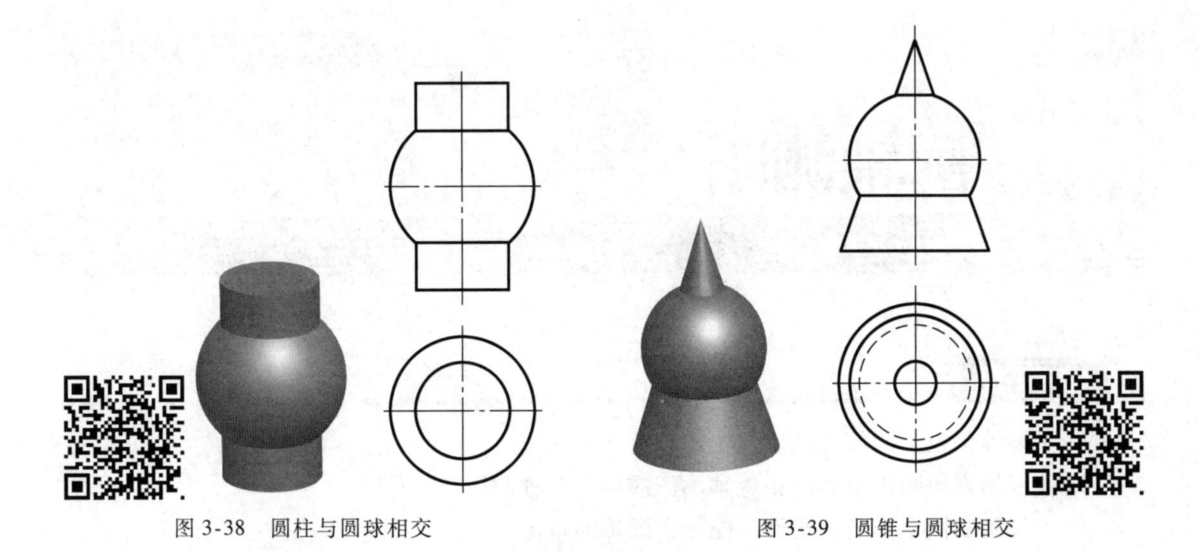

图 3-38　圆柱与圆球相交　　　　图 3-39　圆锥与圆球相交

画轴测图

学习目标

1. 了解轴测投影的概念及轴测图的种类。
2. 能根据视图画出形体的正等轴测图或斜二等轴测图。
3. 了解画轴测草图的重要性，能徒手画轴测草图。
4. 逐渐养成一丝不苟、严肃认真的工作作风。

任务1　认识轴测图

任务描述

活动在多媒体教室进行，学生应准备好手工绘图工具。通过活动让学生熟悉轴测图的基本知识。

知识链接

一、轴测图的形成（GB/T 4458.3—1984）

1. 轴测图的术语

轴测投影是将物体连同直角坐标体系，沿不平行于任意一坐标平面的方向，用平行投影法将其投射在单一投影面上所得到的图形，简称为轴测图。

1）轴测投影的单一投影面称为轴测投影面，如图4-1中的P平面。

2）在轴测投影面上的坐标轴OX、OY、OZ，称为轴测投影轴，简称轴测轴。

3）轴测投影中，任意两根轴测轴之间的夹角称为轴间角。

4）轴测轴上的单位长度与相应直角坐标轴上的单位长度的比值称为轴向伸缩系数。OX、OY、OZ轴上的轴向伸缩系数分别用p_1、q_1、r_1表示。

2. 正等轴测图的形成

正等轴测图的形成，如图4-2所示，可以这样理解：

1）如图4-2a所示，正方体的前后面平行于一个投影面P时，从前往后能看到一个正方形。

2）如图4-2b所示，将正方体绕OZ轴转一个角度，从前往后就能看到正方体的两个面。

3）如图4-2c所示，将正方体再向前倾斜一个角度（至三个轴间角同为120°），从前往

后就能看到正方体的三个面。

这种轴测图称为正等轴测图，简称正等测。

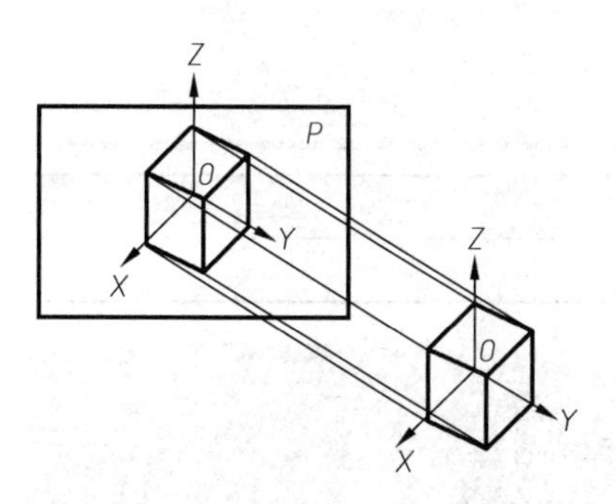

图 4-1　轴测图

图 4-2　正等轴测图的形成

3. 斜二等轴测图的形成

如图 4-3 所示，使正方体的 $X_1O_1Z_1$ 坐标面平行于轴测投影面 P，投射方向倾斜于轴测投影面 P，并且所选择的投射方向使 OX 轴与 OY 轴的夹角为 135°，这种轴测图称为斜二等轴测图，简称斜二测。

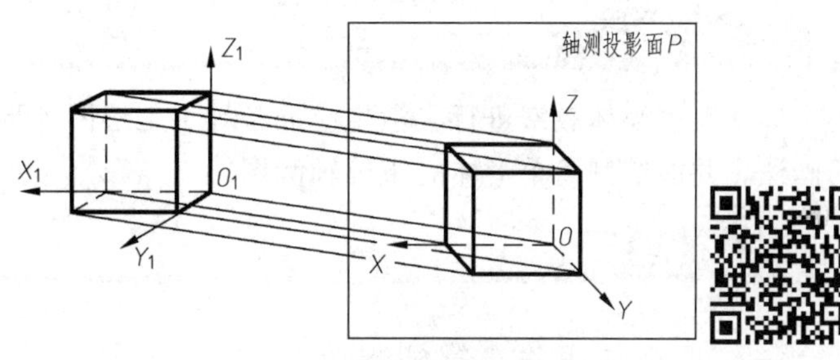

图 4-3　斜二等轴测图的形成

二、轴测图的种类

工程上常用的轴测图有正等轴测图和斜二等轴测图。

为了便于作图，绘制轴测图时，对轴向伸缩系数进行简化，使其比值成为简单的数值。简化伸缩系数分别用 p、q、r 表示。常用轴测图的轴间角和简化伸缩系数见表 4-1。

表 4-1　常用的轴测投影

	正等轴测图	斜二等轴测图
轴间角		
轴向伸缩系数	$p_1=q_1=r_1=0.82$	$p_1=r_1=1\quad q_1=0.5$
简化伸缩系数	$p=q=r=1$	无
图例		

任务单

做习题集上课堂作业第1题。

学习评价

自评	互评	老师评价	总分

任务2　绘制正等轴测图

任务描述

活动在多媒体教室进行，学生应准备好手工绘图工具。通过活动让学生了解正等轴测图的画法，并能绘制简单形体的正等轴测图。

知识链接

一、用坐标法作正等轴测图

正等轴测图的轴间角$\angle XOY=\angle XOZ=\angle YOZ=120°$。画图时，一般使$OZ$轴处于垂直位置，$OX$、$OY$轴与水平成30°角。可利用30°三角板，方便地画出3根轴测轴。然后根据物体的特点，建立合适的坐标系，按照坐标法画出物体上各顶点的轴测投影，再由点连成物体的轴测图。

例：如图4-4所示，用坐标法作正六棱柱的正等轴测图。

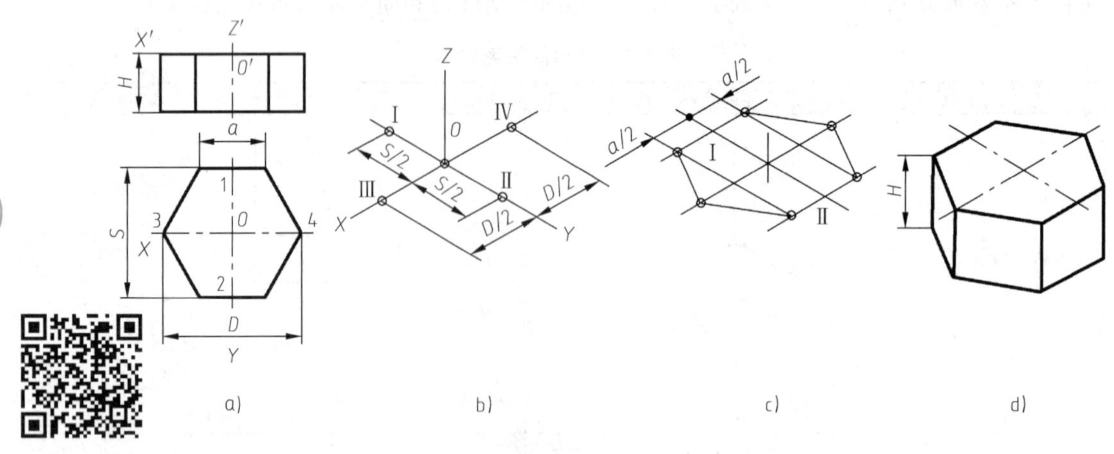

图4-4　用坐标法作正等轴测图

作图方法及步骤：

1）在视图上确定坐标原点和坐标轴。由于正六棱柱前后、左右对称，故选择顶面的中心为坐标原点，两对称线分别为X、Y轴，棱柱的轴线作为Z轴，如图4-4a所示。

2）画出轴测轴，根据尺寸S和D确定Ⅰ、Ⅱ、Ⅲ、Ⅳ各点，如图4-4b所示。

3）过Ⅰ、Ⅱ两点作直线平行于 OX 轴，并各取其 $a/2$ 距离点，依次连接各棱端点，得到顶面的轴测图，如图4-4c所示。

4）过各顶点向下画侧棱，取尺寸 H 为其厚度；画底面各边，依次连接各棱端点，得到底面的轴测图，擦去多余的图线并描深，即完成正六棱柱的正等轴测图，如图4-4d所示。

二、用叠加法作正等轴测图

对于叠加形物体，运用形体分析法将物体分成几个简单的形体，然后根据各形体之间的相对位置依次画出各部分的轴测图，即可得到该物体的轴测图。

例：根据图4-5a所示平面立体的三视图，用叠加法作其正等轴测图。

将物体看作由Ⅰ、Ⅱ、Ⅲ部分叠加而成。

1）画轴测轴，定原点位置，按Ⅰ部分的长、宽、高画出Ⅰ部分的正等轴测图，如图4-5b所示。

2）在Ⅰ部分的正等轴测图的相应位置上画出Ⅱ部分的正等轴测图，如图4-5c所示。

3）在Ⅰ、Ⅱ部分的正等轴测图的相应位置上画出Ⅲ部分的正等轴测图，然后整理、描深即得这个物体的正等轴测图，如图4-5d、e所示。

作图过程如图4-5所示。

注意：用叠加法绘制轴测图时，应首先进行形体分析，并注意各形体的相对叠加位置。

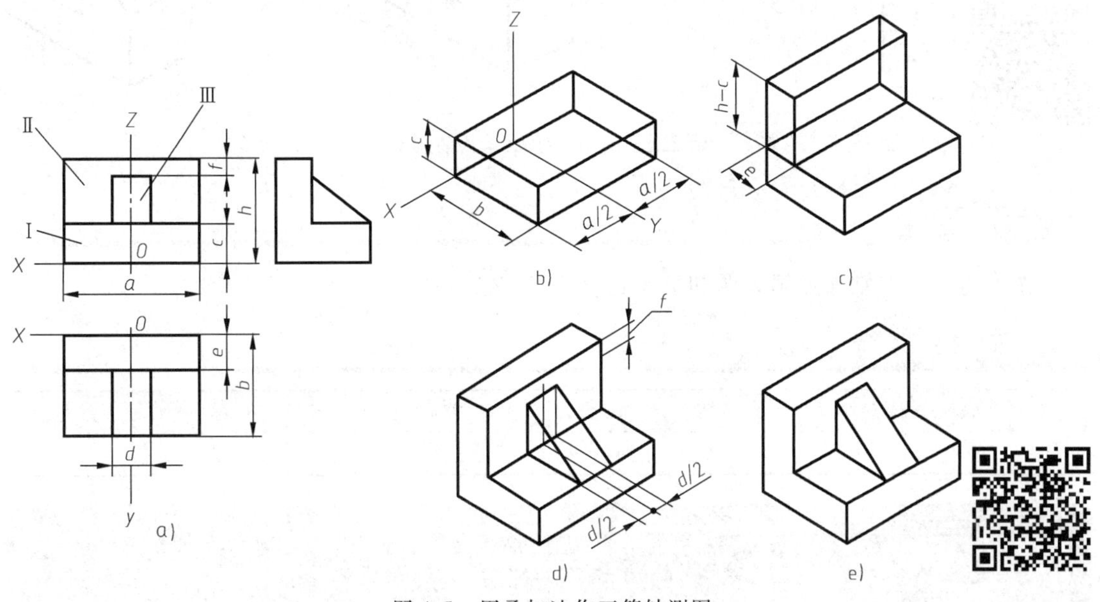

图4-5　用叠加法作正等轴测图

三、用切割法作正等轴测图

对于切割形物体，首先将物体看成是一定形状的整体，并画出其轴测图，然后再按照物体的形成过程，逐一切割，相继画出被切割后的形状。

例：用切割法作图4-6所示物体的正等轴测图。

作图方法及步骤：

1）在主视图，俯视图上选坐标轴，如图4-6a所示。

2）画轴测轴，如图4-6b所示。

3）按物体的总长、宽、高画出辅助长方体正等轴测图，如图4-6c所示。

4）画顶部的对称缺角，如图4-6d所示。

5）画中间长方槽，如图4-6e所示。

6）擦去多余线，描深，如图4-6f所示。

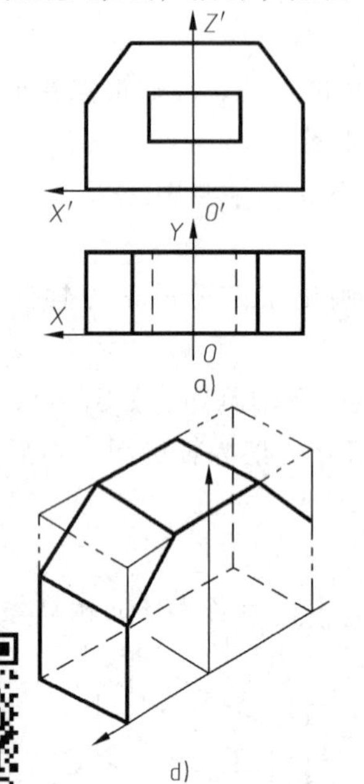

a)

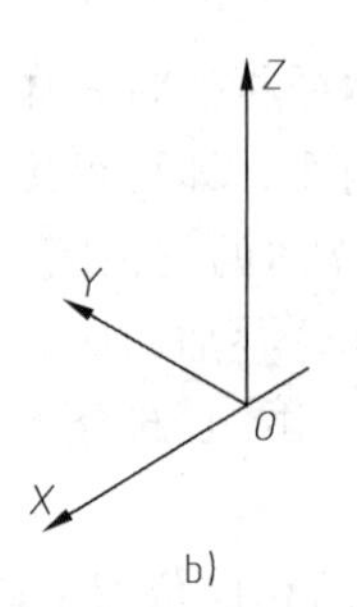

b)

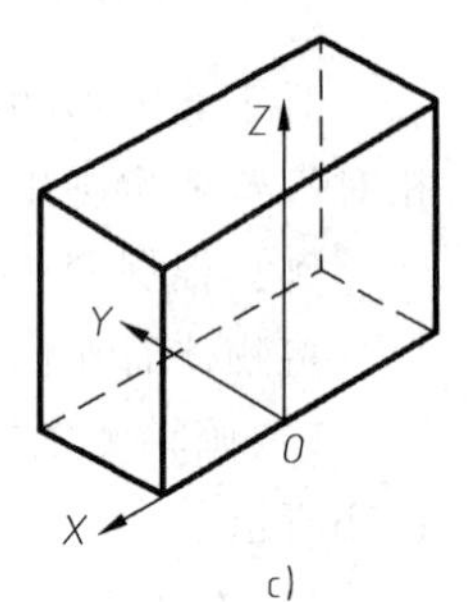

c)

d)

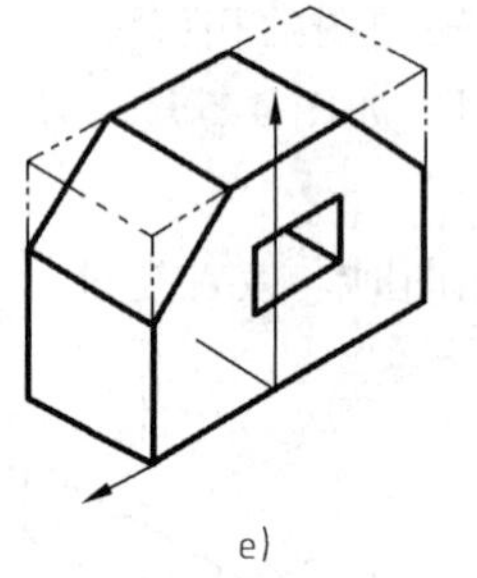

e)

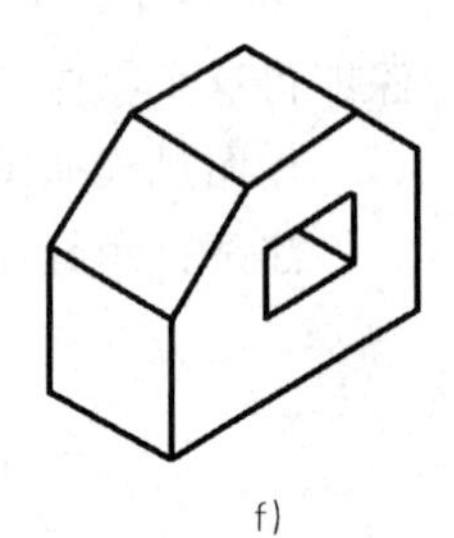

f)

图4-6　用切割法作正等轴测图

任务单

做习题集上课堂作业第2题和第3题。

学习评价

自评	互评	老师评价	总分

任务3　绘制斜二等轴测图

任务描述

活动在多媒体教室进行，学生应准备好手工绘图工具。通过活动让学生了解斜二等轴测图的画法，并能绘制斜二等轴测图。

知识链接

斜二等轴测图的轴间角$\angle XOZ = 90°$，$\angle XOY = \angle YOZ = 135°$，可利用45°三角板画出。

在绘制斜二等轴测图时，沿轴测轴 OX 和 OZ 方向的尺寸，可按实际尺寸，选取比例度量。沿 OY 方向的尺寸，选取比例缩短一半，进行度量。

例：如图 4-7a 所示，画凸形块的斜二等轴测图。

先画出物体的正面形状，如图 4-7b 所示，然后从各个角的顶点作 OY 轴的平行线，并量取宽度 15/2 取点，如图 4-7c 所示，连接各点即完成凸形块的斜二等轴测图。

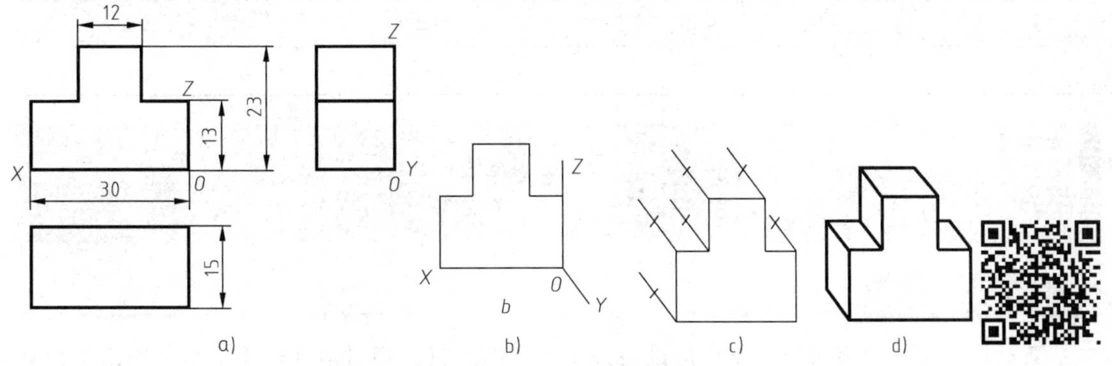

图 4-7　凸形块的斜二等轴测图画法

例：如图 4-8a 所示，画圆台的斜二等轴测图。

作图方法及步骤：

1）画出斜二等轴测图的坐标系，如图 4-8b 所示。

2）作前、后端面的轴测投影，如图 4-8c 所示。

3）作出两端面圆的公切线及前孔口和后孔口的可见部分，如图 4-8d 所示。

4）擦去多余的图线并描深，即得圆台的斜二等轴测图，如图 4-8e 所示。

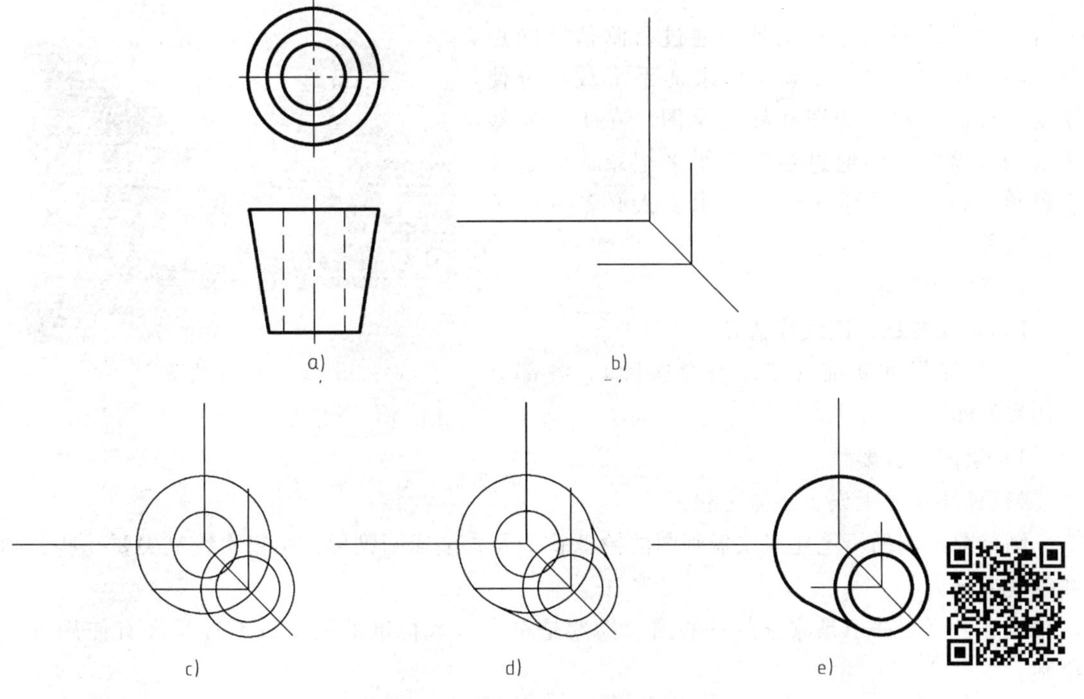

图 4-8　圆台的斜二等轴测图画法

任务单

做习题集上课堂作业第4题。

学习评价

自评	互评	老师评价	总分

任务4　画轴测草图

任务描述

活动在多媒体教室进行，学生应准备好手工绘图工具。通过活动让学生学会用铅笔绘制轴测草图。

知识链接

想一想：

大家观察一下图4-9？

不使用绘图仪器和工具，通过目测估计图形与实物的比例，按一定画法要求徒手（或部分使用绘图仪器）绘制的图样称为草图。在生产实践中，经常需要人们通过绘制草图来记录或表达技术思想，因此，徒手画图是技术工人必备的一项基本技能。

图4-9　素描图

画草图的要求。

1）画线要稳，图线要清晰。

2）目测尺寸要准（尽量符合实际），各部分比例要匀称。

3）绘图速度要快。

4）标注尺寸无误，字体工整。

画草图所用的铅笔比用仪器画图的铅笔软一号，削成圆锥形；画粗实线笔尖要秃些，画细线笔尖要尖些。

注意：草图并不是潦潦草草的图，仍然是符合国家标准的图，只不过是没有使用仪器绘制。

要画好草图，必须掌握徒手绘制各种线条的基本手法。

一、握笔的方法

手握笔的位置要比用仪器绘图时高些，以利于运笔和观察目标。

笔杆与纸面成45°~60°角，执笔要稳而有力。

二、直线的画法

画直线时，手腕要靠着纸面，沿着画线方向移动，保证图线画得直。眼睛应注意终点方向，以便于控制图线。

徒手绘图的手法如图4-10所示。

1）画水平线时，图纸可放斜一点，不要将图纸固定，以便随时可将图纸转动到画线最为顺手的位置，如图4-10a所示。

2）画垂直线时，自上而下运笔，如图4-10b所示。

3）画斜线时的运笔方向如图4-10c所示。

为了便于控制图形大小比例和各图形间的关系，可利用方格纸画草图。

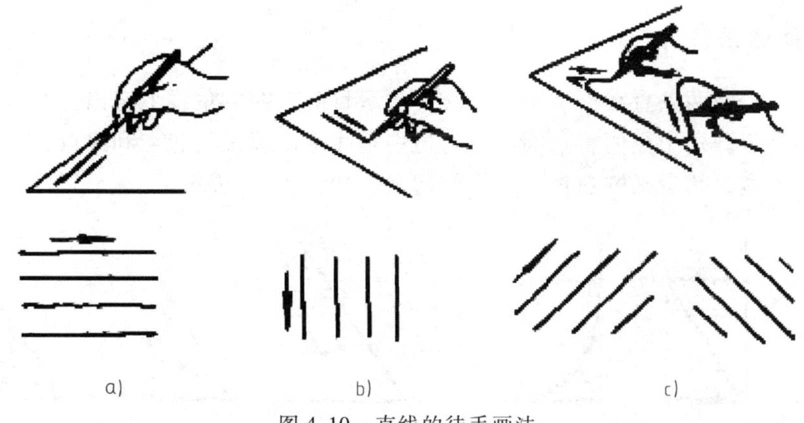

图4-10　直线的徒手画法

三、常用角度的画法

画30°、45°、60°等常用角度，可根据两直角边的比例关系，在两直角边上定出几点，然后连线而成，如图4-11 a、b、c所示。

若画10°、15°、75°等角度，可先画出30°角后再二等分、三等分得到，如图4-11d所示。

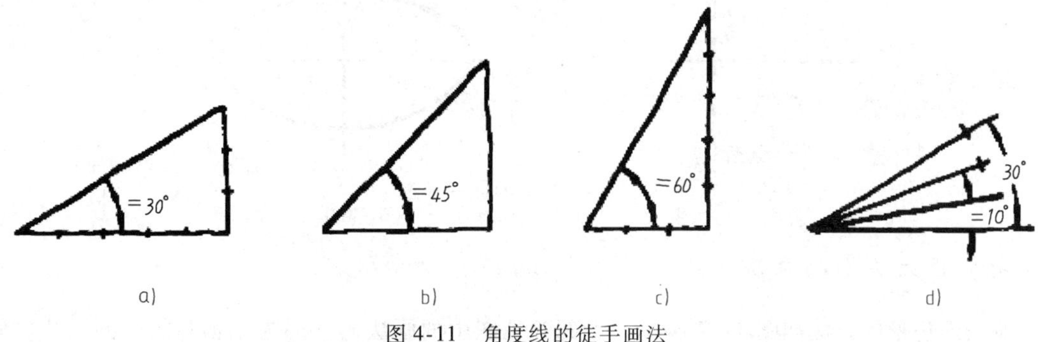

图4-11　角度线的徒手画法

四、圆的画法

画小圆时，先定圆心，画中心线，再按半径的尺寸在中心线上定出四个点，然后过四点分两半画出，如图4-12a所示。

画较大的圆时，可增加两条45°斜线，在斜线上再根据半径的尺寸定出四个点，然后分段画出，如图4-12b所示。

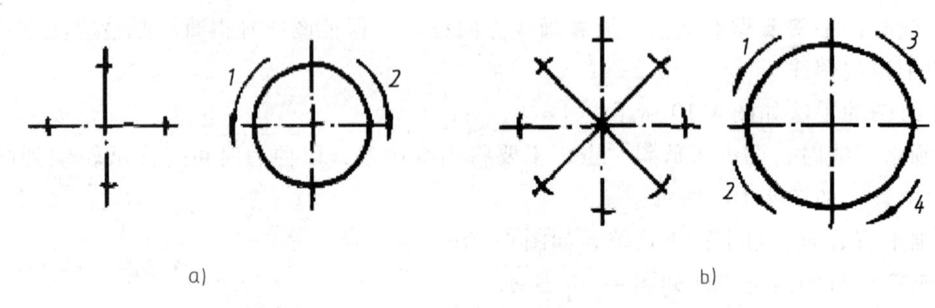

图4-12　圆的徒手画法

五、圆弧的画法

画圆弧时，先将两条直线徒手画成相交，然后目测，在分角线上定出圆心位置，使它与角两边的距离等于圆角半径值，过圆心向两边引垂线定出圆弧的起点和终点，并在分角线上也定出一个圆周点，然后画圆弧把三点连接起来，如图4-13所示。

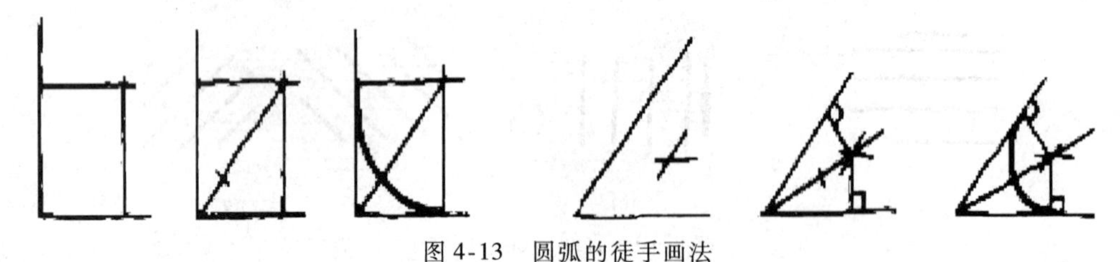

图4-13　圆弧的徒手画法

六、椭圆的画法

画椭圆时，先目测定出其长、短轴上的4个端点，然后分段画出4段圆弧，画图时应注意图形的对称性，如图4-14所示。

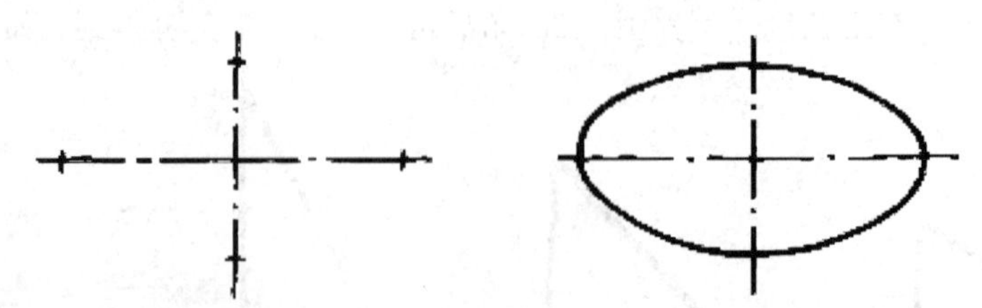

图4-14　椭圆的徒手画法

七、正六边形的画法

画正六边形的方法如图4-15所示，上部为视图中的画法，下部为正轴测图中的画法。先

画一条水平的中心线，如图 4-15a、a′所示；过水平中心线上的第三个等分点画铅垂线，过铅垂中心线上的第五个等分点画水平线，如图 4-15b、b′所示；接着利用对称性再画其他线，如图 4-15c、c′、d、d′、e、e′所示；至此，正六边形可确定，如图 4-15f、f′、g、g′所示。

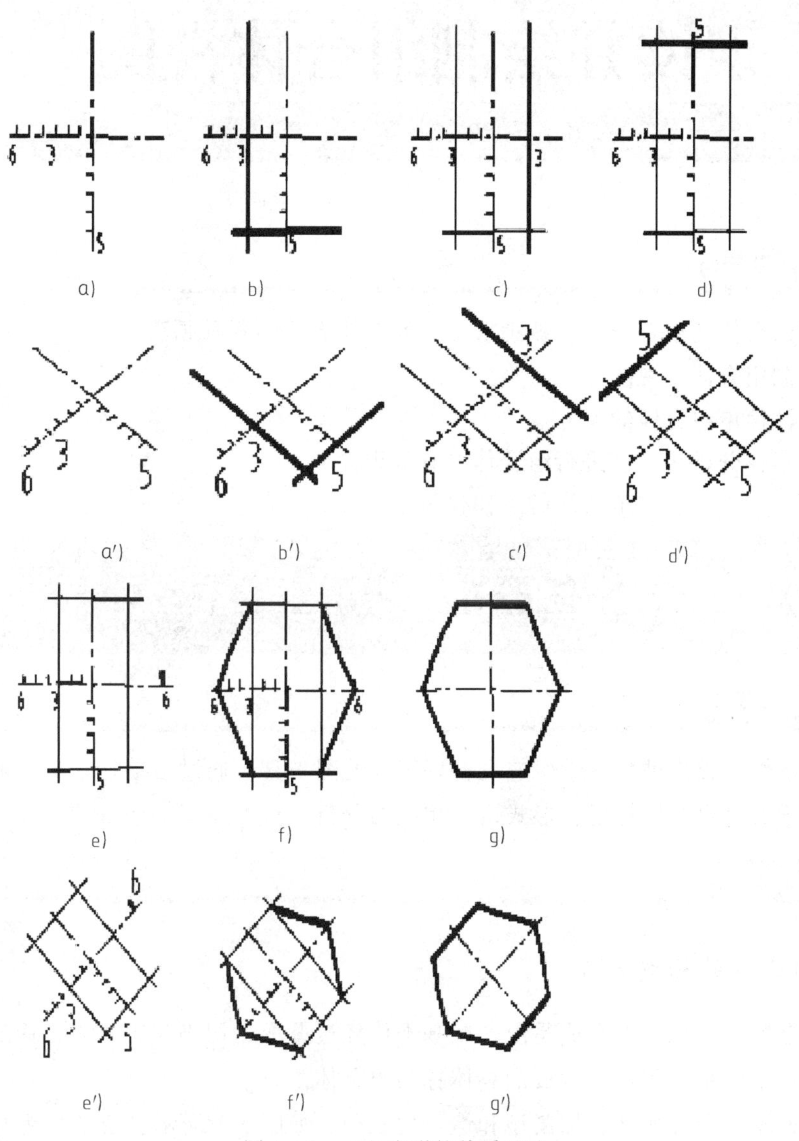

图 4-15　正六边形的徒手画法

任务单

在习题集上空白地方练习草画直线、斜线、平行线、圆和椭圆。

学习评价

自评	互评	老师评价	总分

单元5 识读并绘制组合体视图

学习目标

1. 认识组合体的组合形式，熟悉形体表面连接方式的各种画法。
2. 能绘制组合体三视图。
3. 能标注简单组合体的尺寸。
4. 熟悉形体分析法，能进行组合体的有效识读。
5. 养成一丝不苟、严肃认真的工作作风。

任务1 认识组合体

任务描述

活动在多媒体教室进行，学生应准备好手工绘图工具。通过活动让学生了解组合体的组合方式，并学会对组合体的组合形式进行相应的分析。

知识链接

一、组合体的构成方式

任何复杂物体，都可以看成是由一些基本体经过叠加、切割等方式组合而成的，这种由两个或两个以上的基本体组合构成的整体称为组合体。

组合体通常分为叠加型、切割型和综合型三种，如图5-1所示。叠加型组合体是由若干基本体叠加而成，如图5-1a所示的螺栓（毛坯）是由六棱柱、圆柱和圆台叠加而成。切割型组合体则可看成由基本体经过切割或穿孔后形成的，如图5-1b所示的压块（模型）是由四棱柱经过多次切割再穿孔以后形成的。多数组合体则是既有叠加又有切割的综合型，如图5-1c所示的支座。

二、组合体上相邻表面之间的连接关系

从组合体的整体来看，构成组合体的各基本体之间都有一定的相对位置，并且组合体上相邻表面之间也存在一定的连接关系。

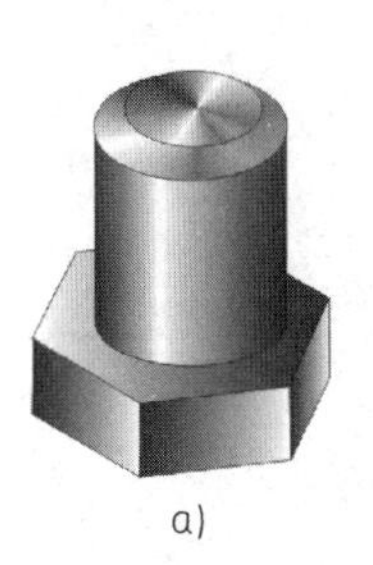

a)

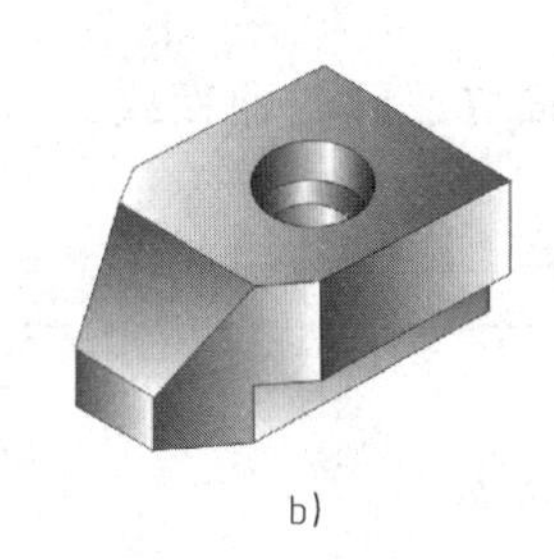

b)

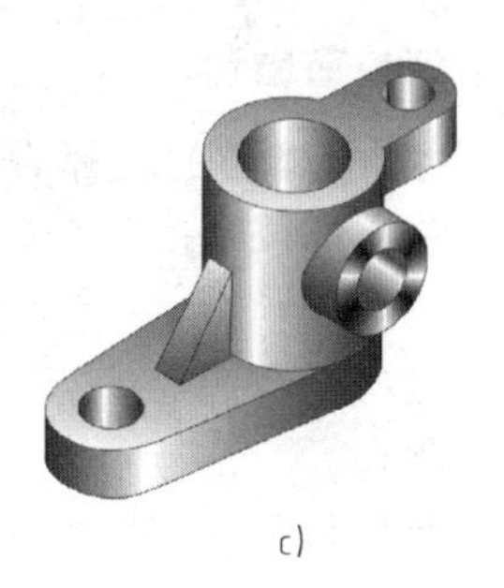

c)

图 5-1　组合体的构成方式

1. 两基本体表面平齐或相错

当相邻两基本体的表面互相平齐，连成一个平面时，结合处没有界线。在画图时，主视图的上下形体之间不应画线，如图 5-2a 所示。

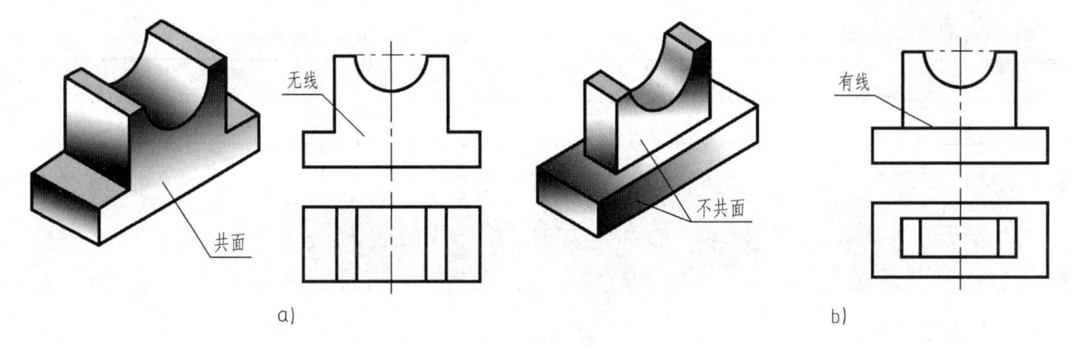

图 5-2　两基本体表面平齐或相错

如果两基本体的表面不共面而是相错开，如图 5-2b 所示，在主视图上要画出两表面间的界线。

2. 两基本体表面相交

两个基本体表面相交所产生的交线（截交线或相贯线），应在视图中画出其投影，如图 5-3a 所示。

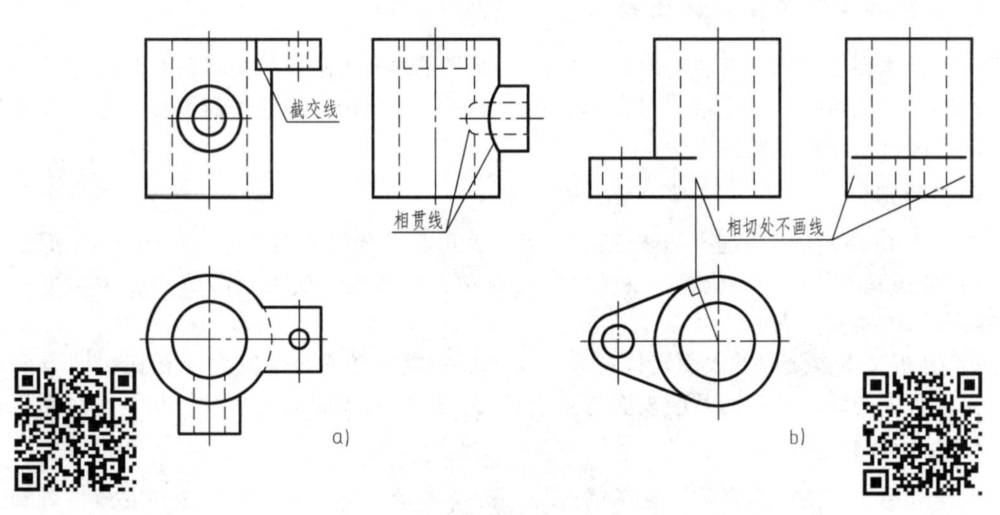

图 5-3　两基本体表面相交或相切

3. 两基本体表面相切

相切是指两个基本体的相邻表面（平面与曲面或曲面与曲面）光滑过渡，相切处不存在轮廓线，在视图上不画出分界线，如图5-3b所示。

想一想：

如何识别组合体的组合形式？

任务单

做习题集上课堂作业第1题和第2题。

学习评价

自评	互评	老师评价	总分

任务2　绘制组合体视图

任务描述

活动在多媒体教室进行，学生应准备好手工绘图工具。通过活动让学生了解形体分析法，并运用形体分析法对组合体进行形体分析，然后绘制出组合体的视图。

知识链接

一、叠加型组合体的视图画法

画组合体视图的基本方法是形体分析法。所谓形体分析法，就是将组合体假想分解成若干基本形体，判断它们的形状、组合形式和相对位置，分析它们的表面连接关系以及投影特性，从而进行画图和读图的方法。

1. 分析形体

如图5-4a所示的轴承座，根据其形体特点，可将其分解为四部分，如图5-4b所示。

1）分析基本体的相对位置：轴承座左右对称，支承板和底板与圆筒的后表面平齐，圆筒前端面伸出肋板前表面。

2）分析基本体之间的表面连接关系：支承板的左右侧面与圆筒表面相切，前表面与圆筒相交；肋板的左、右侧面及前表面与圆筒相交，底板的顶面与支承板、肋板的底面重合。

2. 选择视图

首先选择主视图。组合体主视图的选择一般应考虑两个因素：组合体的安放位置和主视图的投射方向。为了便于作图，一般将组合体的主要表面和主要轴线尽可能平行或垂直于投

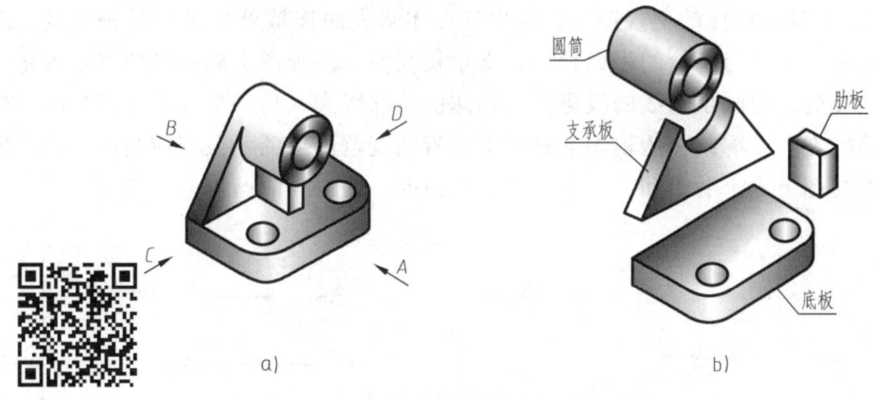

图 5-4　组合体的形体分析

影面。选择主视图的投射方向时，应能较全面地反映组合体各部分的形状特征以及它们之间的相对位置。按图 5-4a 所示 *A*、*B*、*C*、*D* 四个投射方向进行比较，结果如图 5-5 所示。若以 *B* 向作为主视图，虚线较多，显然没有 *A* 向清楚；*C* 向和 *D* 向虽然虚线情况相同，但若以 *C* 向作为主视图，则左视图上会出现较多虚线，没有 *D* 向好；再比较 *D* 向和 *A* 向，*A* 向反映轴承座各部分的轮廓特征比较明显，所以确定以 *A* 向作为主视图的投射方向。

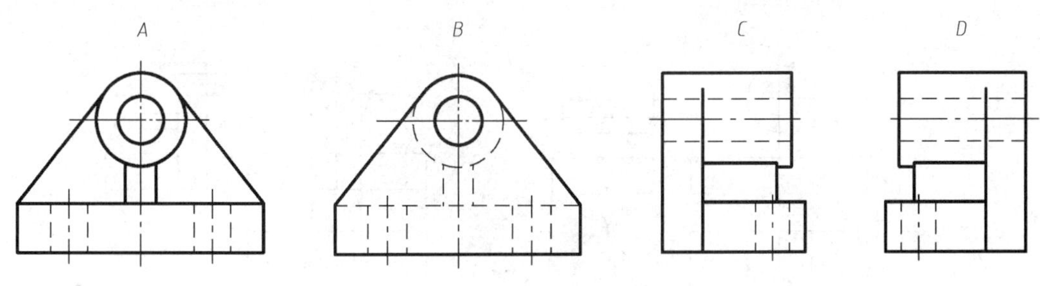

图 5-5　分析主视图的投射方向

主视图选定以后，俯视图和左视图也随之确定下来。俯、左视图补充表达了主视图上未表达清楚的部分，如底板的形状及通孔的位置在俯视图上反映出来，肋板的形状则由左视图表达。

3. 布置视图

根据组合体的大小，定比例，选图幅，确定各视图的位置，画出各视图的基线，如组合体的底面、端面和对称中心线等。

4. 画图步骤

画图的一般步骤是先画主要部分，后画次要部分；先定位置，后定形状；先画基本形体，再画切口、穿孔、圆角等局部形状。

画图时应注意以下几点。

1）运用形体分析法逐个画出各部分基本形体，同一形体的三个视图，应按投影关系同时进行，而不是先画完一个视图后再画另一个视图。这样可减少投影错误，也能提高绘图速度。

2）画每一部分基本形体的视图时，应先画反映该部分形状特征的视图。例如，先画圆筒的主视图，再画俯、左视图。对于底板上的圆孔和圆角，则应先画俯视图，再画主、左视图。

3）完成各基本形体的三视图后，应检查形体间表面连接处的投影是否正确。图5-6所示支承板的左右侧面与圆筒的表面相切，支承板在俯、左视图上应画到切点处为止。肋板与圆筒表面相交处，应画出交线的投影。回转体的轮廓线穿入另一形体实体部分的一段不应画出，如圆筒的左右轮廓线在俯视图上处于支承板宽度范围内的一段不应画出，圆筒最下面的轮廓线在左视图上处于肋板和支承板宽度范围内的一段也不应画出。

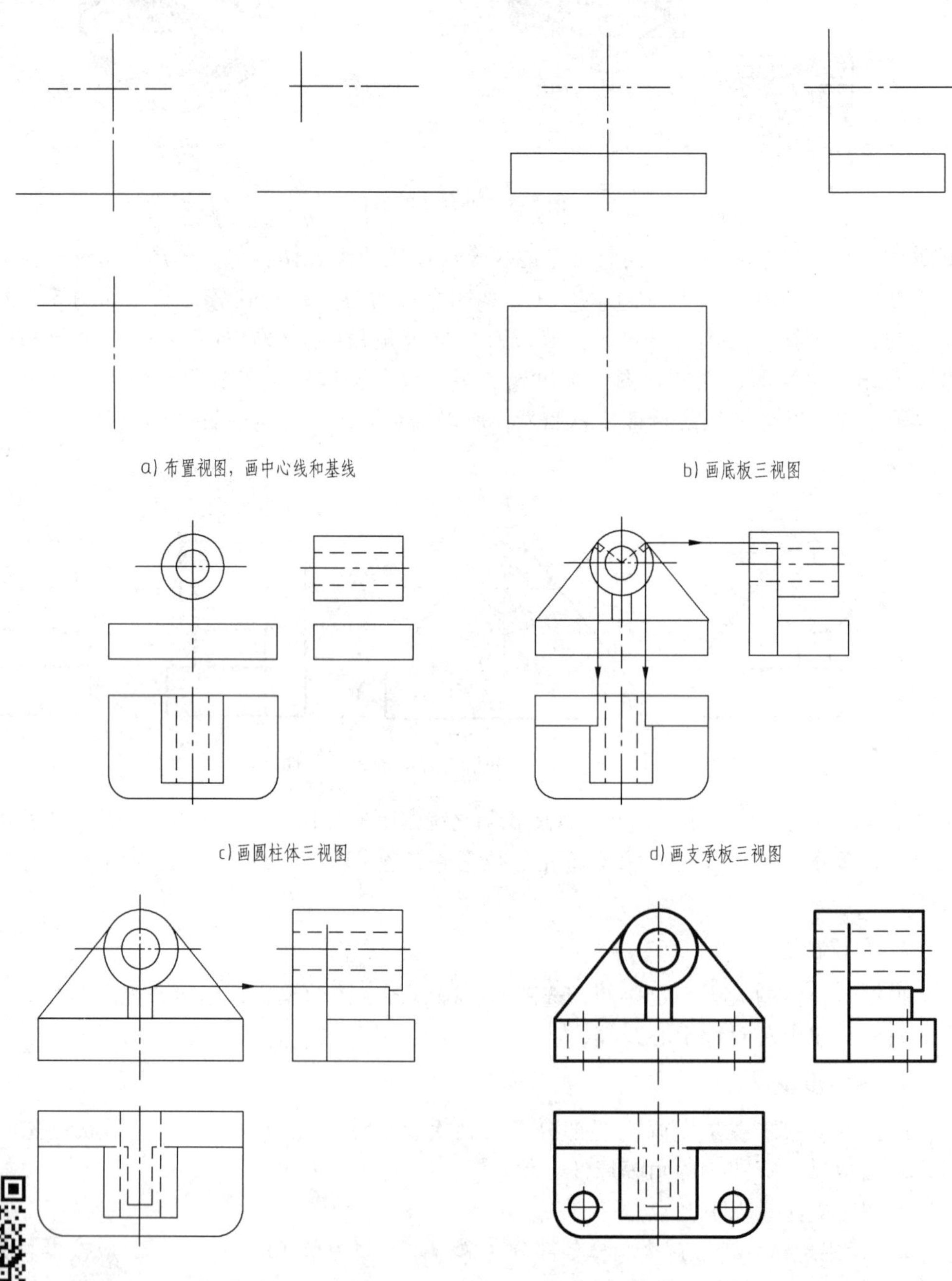

图5-6　轴承座的作图过程

二、切割型组合体的视图画法

图 5-7 所示组合体可看作由长方体切去基本形体 1、2、3 而形成。切割型组合体视图的画法可以利用面形分析法。所谓面形分析法，是根据表面的投影特性来分析组合体表面的性质、形状和相对位置进行画图和读图的方法。

画切割型组合体视图的作图过程，如图 5-8 所示。

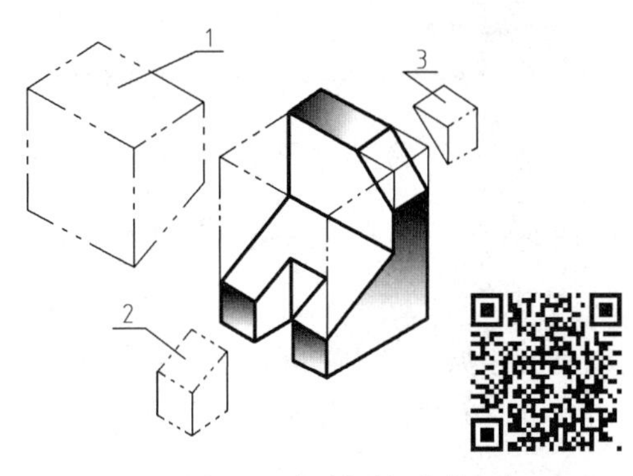

图 5-7　切割型组合体

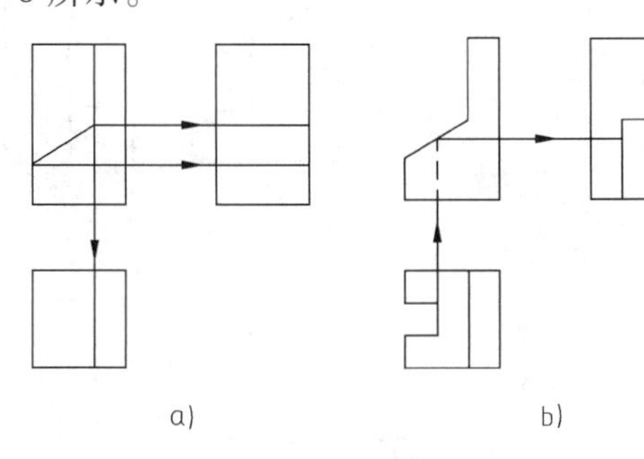

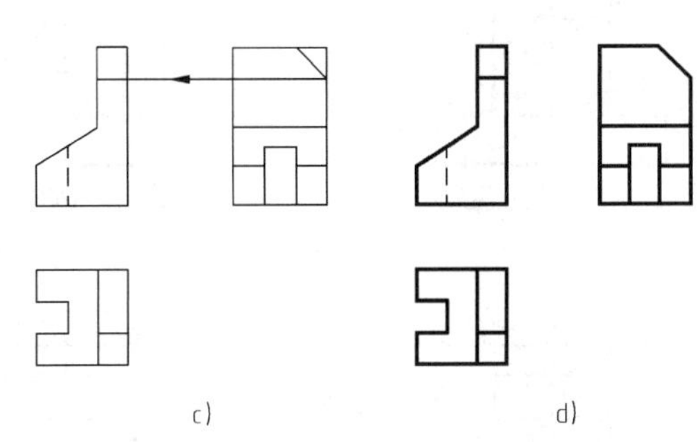

图 5-8　画切割型组合体视图的作图过程

想一想：

如何应用形体分析法画组合体视图?

任务单

做习题集上课堂作业第 3 题。

学习评价

自评	互评	老师评价	总分

任务 3　标注组合体的尺寸

任务描述

活动在多媒体教室进行，学生应准备好手工绘图工具。通过活动让学生掌握组合体尺寸的标注方法。

知识链接

一、组合体的尺寸标注

以图5-9所示组合体为例，说明组合体尺寸标注的基本方法。

1. 尺寸齐全

要使尺寸标注齐全，既不遗漏，也不重复，应先按形体分析的方法注出各基本形体的尺寸，再确定它们之间的相对位置尺寸，最后根据组合体的结构特点注出总体尺寸。

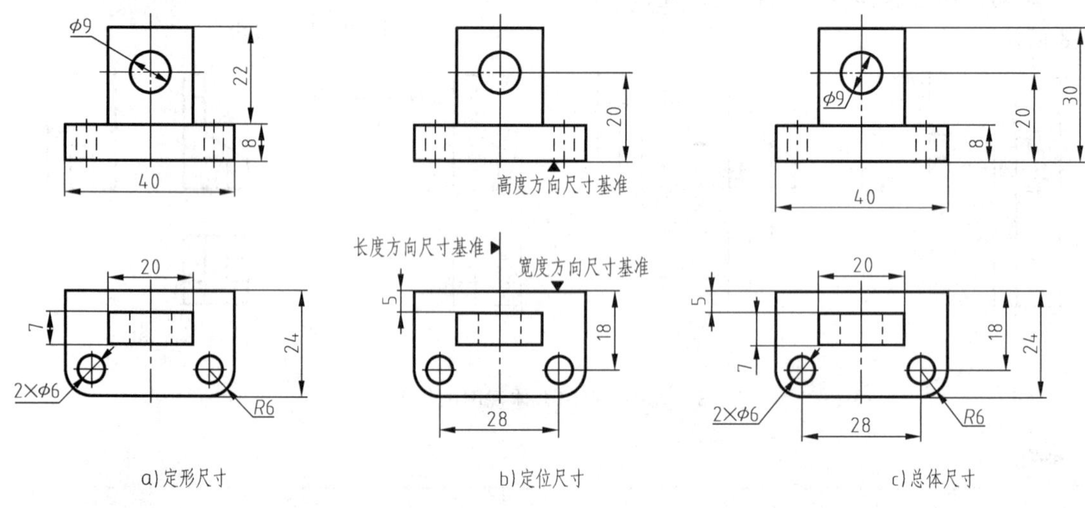

图5-9　组合体的尺寸标注

(1) 定形尺寸　确定组合体中各基本形体大小的尺寸，如图5-9a所示。

底板长、宽、高尺寸（40、24、8），底板上圆孔和圆角尺寸（2×ϕ6、R6）。必须注意，相同的圆孔ϕ6要注出数量，如2×ϕ6，但相同的圆角R6不注数量，两者都不必重复标注。

竖板长、宽、高尺寸（20、7、22）和圆孔直径ϕ9。

(2) 定位尺寸　确定组合体中各基本体之间相对位置的尺寸，如图5-9b所示。

标注定位尺寸时，必须在长、宽、高三个方向分别选定尺寸基准，每个方向至少有一个尺寸基准，以便确定各基本形体在各方向上的相对位置。通常选择组合体的底面、端面或对称平面以及回转轴线等作为尺寸基准。如图5-9b所示，组合体的左右对称平面为长度方向尺寸基准；底板后端面为宽度方向尺寸基准；底面为高度方向尺寸基准（图中用符号"▼"表示基准的位置）。

由长度方向尺寸基准注出底板上两圆孔的定位尺寸28；由宽度方向尺寸基准注出底板上圆孔与后端面的定位尺寸18，竖板与底板后端面的定位尺寸5；由高度方向尺寸基准注出竖板上圆孔与底面的定位尺寸20。

(3) 总体尺寸　确定组合体在长、宽、高三个方向的总长、总宽和总高的尺寸，如图5-9c所示。

组合体的总长和总宽尺寸即底板的长40和宽24，不再重复标注。总高尺寸30应从高

度方向尺寸基准处注出。总高尺寸标注以后，原来标注的竖板高度尺寸 22 取消不注。

必须注意，当组合体一端为同轴圆孔的回转体时，通常仅标注孔的定位尺寸和外端圆柱面的半径，不标注总体尺寸。

图 5-10 所示为不标注总高尺寸的实例。

2. 尺寸清晰

为了便于读图和查找相关尺寸，尺寸的布置必须整齐、清晰，下面以尺寸已经标注齐全的组合体为例，说明尺寸布置应注意的几个方面。

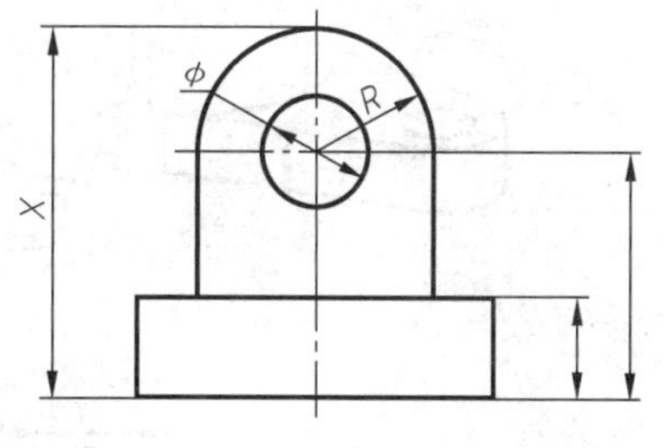

图 5-10　不标注总高尺寸示例

（1）突出特征　定形尺寸尽量标注在反映该部分形状特征的视图上。如底板的圆孔和圆角的尺寸应标注在俯视图上。

（2）相对集中　形体某部分的定形和定位尺寸，应尽量集中标注在一个视图内，便于看图时查找。如底板的长、宽尺寸，圆孔的定形、定位尺寸集中标注在俯视图内；竖板上圆孔的定形、定位尺寸标注在主视图上。

（3）布局整齐　尺寸尽量标注在两视图之间，便于对照。同方向的平行尺寸，应使小尺寸在内，大尺寸在外，间隔均匀，避免尺寸线与尺寸界线相交。同方向的串联尺寸应排列在一直线上，既整齐，又便于画图，如图 5-9c 所示主视图中的 8、20 和俯视图中的 18、24。

圆的直径最好标注在非圆的视图上，但由于虚线上应避免标注尺寸，所以竖板上圆孔的尺寸标注在主视图上。圆弧的半径必须标注在投影为圆弧的视图上，如图 5-9c 所示底板圆角半径 *R*6 标注在俯视图上。

例：标注支座尺寸，如图 5-11 所示。

（1）逐个注出各基本形体的定形尺寸　将支座分解为六个基本形体，分别标注其定形尺寸。这些尺寸应标注在哪个视图上，要根据具体情况而定。如直立圆柱的尺寸 80 和 ϕ40 可分别标注在主、俯视图上，但 ϕ72 在主视图上标注不清楚，所以标注在左视图上。底板的尺寸 ϕ22 和 *R*22 标注在俯视图上最适当，而厚度尺寸 20 只能注在主视图上。其余部分尺寸请读者对照轴测分解图自行分析。

（2）标注确定各基本形体之间相对位置的定位尺寸　先选定支架长、宽、高三个方向的尺寸基准。支座长度方向的尺寸基准为直立空心圆柱的轴线；宽度方向的尺寸基准为底板与直立空心圆柱的前后对称面；高度方向的尺寸基准为直立空心圆柱的上表面。如图 5-11b 所示，标注各基本形体之间的五个定位尺寸：直立圆柱与底板圆孔长度方向上的定位尺寸 80；肋板、耳板与直立圆柱轴线之间长度方向上的定位尺寸 56、52；水平圆柱与直立圆柱在高度方向上的定位尺寸 28；宽度方向上的定位尺寸 48。

（3）总体尺寸　如图 5-11c 所示，支座的总高尺寸为 86（注意：支座底部扁圆柱的高度尺寸 6 应省略）。总长和总宽尺寸则由于组合体的端部为同轴的圆柱和圆孔（底板左端和耳板右端），有了定位尺寸后，一般不再标注其总体尺寸。如标注了定位尺寸 80、52，以及圆弧半径 *R*22、*R*16，则不再标注总长尺寸。在左视图上标注了定位尺寸 48，则不再标注总宽尺寸。

支座齐全的尺寸标注如图 5-11c 所示。

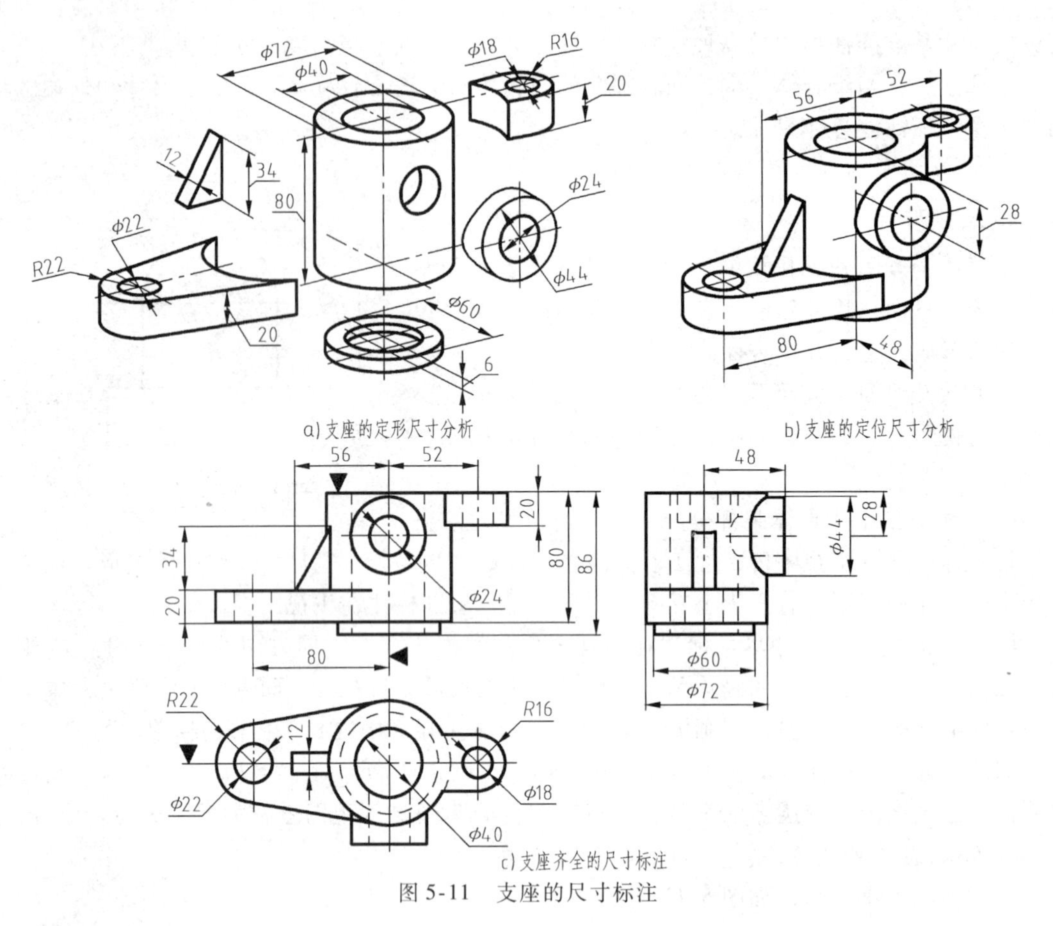

a) 支座的定形尺寸分析

b) 支座的定位尺寸分析

c) 支座齐全的尺寸标注

图 5-11　支座的尺寸标注

想一想：

我们在生产中加工零件的大小，依据什么来加工呢？

任务单

做习题集上课堂作业第 4 题。

学习评价

自评	互评	老师评价	总分

任务 4　识读组合体视图

任务描述

活动在多媒体教室进行，学生应准备好手工绘图工具。通过活动让学生了解读图的基本

要领，明确线框和图线的意义，会运用形体分析法和线面分析法识读组合体视图。

知识链接

一、读图的基本要领

1. 熟练掌握基本体的形体表达特征

如图5-12所示，三视图中若有两个视图的外形轮廓形状为矩形，则该基本体为柱；若为三角形，则该基本体为锥；若为梯形，则该基本体为棱台或圆台。要明确判断上述基本体是棱柱（棱锥、棱台）还是圆柱（圆锥、圆台），还必须借助第三个视图的形状。若为多边形，该基本体为棱柱（棱锥、棱台）；若为圆，则该基本体为圆柱（圆锥、圆台）。

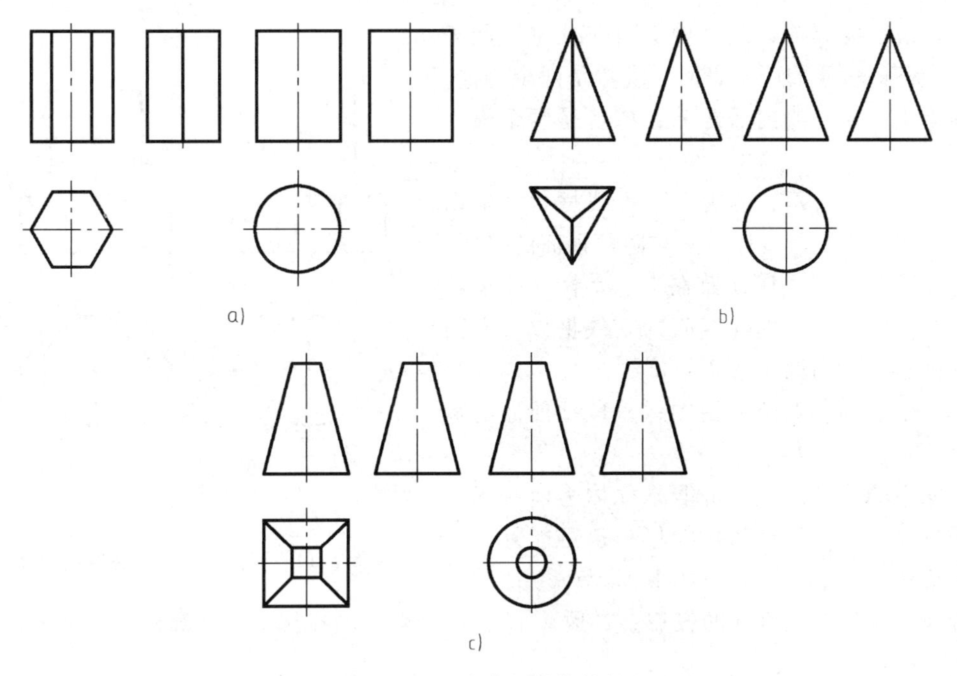

图5-12　基本体的形体特征

2. 几个视图联系起来识读才能确定物体形状

在机械图样中，机件的形状一般是通过几个视图来表达的，每个视图只能反映机件一个方向的形状，因此，仅由一个或两个视图往往不能唯一地确定机件的形状。

图5-13给出的四组图形，它们的主视图都相同，并且图5-13a、b的主、俯视图相同，图5-13c、d的主、左视图也相同，但实际上分别表示了四种不同形状的物体。由此可见，读图时必须将几个视图联系起来，互相对照分析，才能正确地想象出该物体的形状。

3. 理解视图中线框和图线的含义

视图中的每个封闭线框，通常都是物体上一个表面（平面或曲面）的投影。如图5-14a所示，主视图中有四个封闭线框，对照俯视图可知，线框a'、b'、c'分别是六棱柱前面三个棱面的投影；线框d'则是圆柱体前半圆柱面的投影。

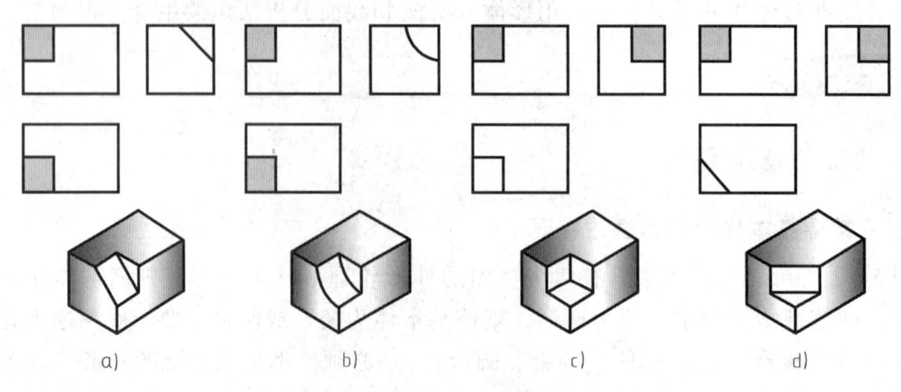

图5-13 几个视图联系起来分析才能确定物体形状

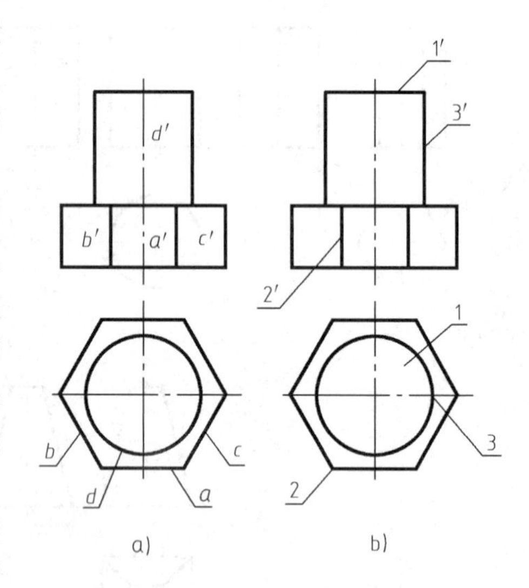

图5-14 视图中线框和图线的含义

若两线框相邻或大线框中套有小线框，则表示物体上不同位置的两个表面。既然是两个表面，就会有上下、左右或前后之分，或者是两个表面相交。

如图5-14a所示，俯视图中大线框六边形内的小线框圆，就是六棱柱顶面与圆柱顶面的投影。对照主视图分析，圆柱顶面在上，六棱柱顶面在下。主视图中的 a' 线框与左面的 b' 线框以及右面的 c' 线框是相交的两个表面；a' 线框与 d' 线框是相错的两个表面，对照俯视图，六棱柱前面的棱面 A 在圆柱面 D 之前。

视图中的每条图线，可能是立体表面有积聚性的投影，或两平面交线的投影，也可能是曲面转向轮廓线的投影。如图5-14b所示，主视图中的1′是圆柱顶面有积聚性的投影，2′是 A 面与 B 面交线的投影，3′是圆柱面转向轮廓线的投影。

想一想：

生产中要把零件加工出来，应该先读什么？怎样读？

二、读图的基本方法

1. 形体分析法

读图的基本方法与画图一样，主要也是运用形体分析法。对于形状特征比较复杂的组合体，在运用形体分析法读图的同时，还常用面形分析法来帮助想象和读懂不易看明白的局部形状。

运用形体分析法读图时，应将视图中的一个封闭线框看作一个基本形体的投影，找出另外两个视图中与之对应的两个线框，将三个线框联系起来想象该形体的形状。

如图5-15所示给出的主视图和俯视图，在反映形状特征比较明显的主视图上按线框将组合体划分为4个部分，然后利用投影关系，找到各线框在俯视图和左视图中与之对应的投影，从而分析各部分形状以及它们之间的相对位置，最后综合起来想象组合体的整体形状，过程如图5-16所示。

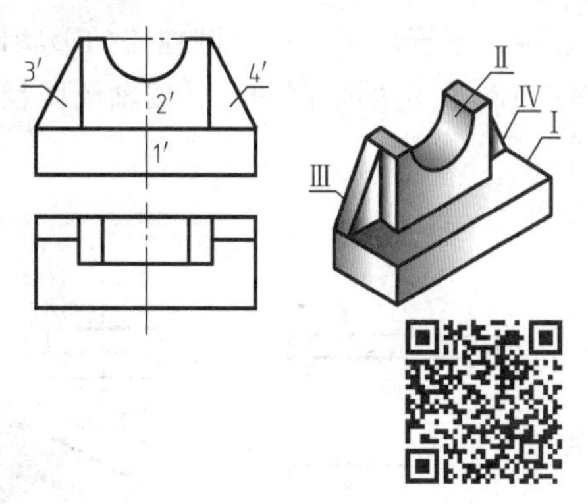

图5-15　将主视图划分为4个部分

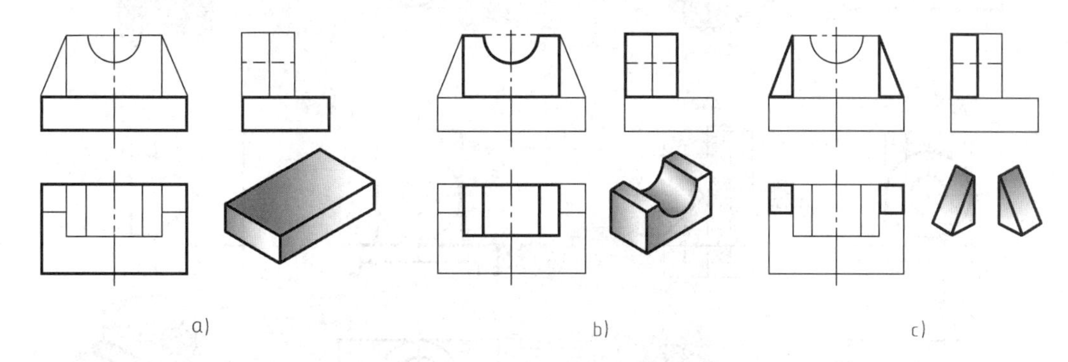

图5-16　运用形体分析法读图

例：已知支撑的主、左视图，想象出它的形状，补画俯视图，如图5-17所示。

分析：将主视图中的图形划分为三个封闭线框，看作是构成该组合体的三个基本形体的正面投影。1′是下部⊓形线框，2′是上部矩形线框，3′是圆形线框（线框中还有小圆线框）。在左视图中找到与之对应的图形，分别想象出它们的形状，再分析它们的相对位置，从而想象出整体形状，补画支撑的俯视图。

作图过程及步骤：

1）在主视图上分离出矩形线框1′，由主、左视图对照分析，可想象出它是一块⊓形底板。画出底板的俯视图，如图5-18a所示。

2）在主视图上分离出上部的矩形线框2′，因为在图5-17中注有直径ϕ，对照左视图可知，这是轴线垂直于水平面的圆柱体，中间有穿通底板的圆孔，圆柱与底板前后端面相切。补画圆柱体的俯视图，如图5-18b所示。

3）在主视图上分离出圆形线框3′，对照左视图也是一个中间有圆柱孔的轴线垂直于正面的圆柱体，其直径与垂直于水平面的圆柱体直径相同，而孔的直径比铅垂的圆孔小，它们的轴线垂直相交，且都平行于侧面。画出水平圆柱体的俯视图，如图5-18c所示。

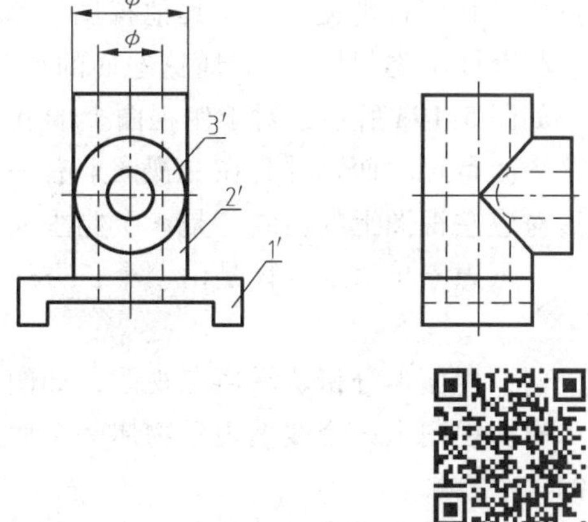

图5-17　支撑的主、左视图

4）根据底板和两个圆柱体的形状以及它们的相对位置，可想象出支撑的整体形状，如图5-18d所示的轴测图，并按轴测图校核补画的俯视图。

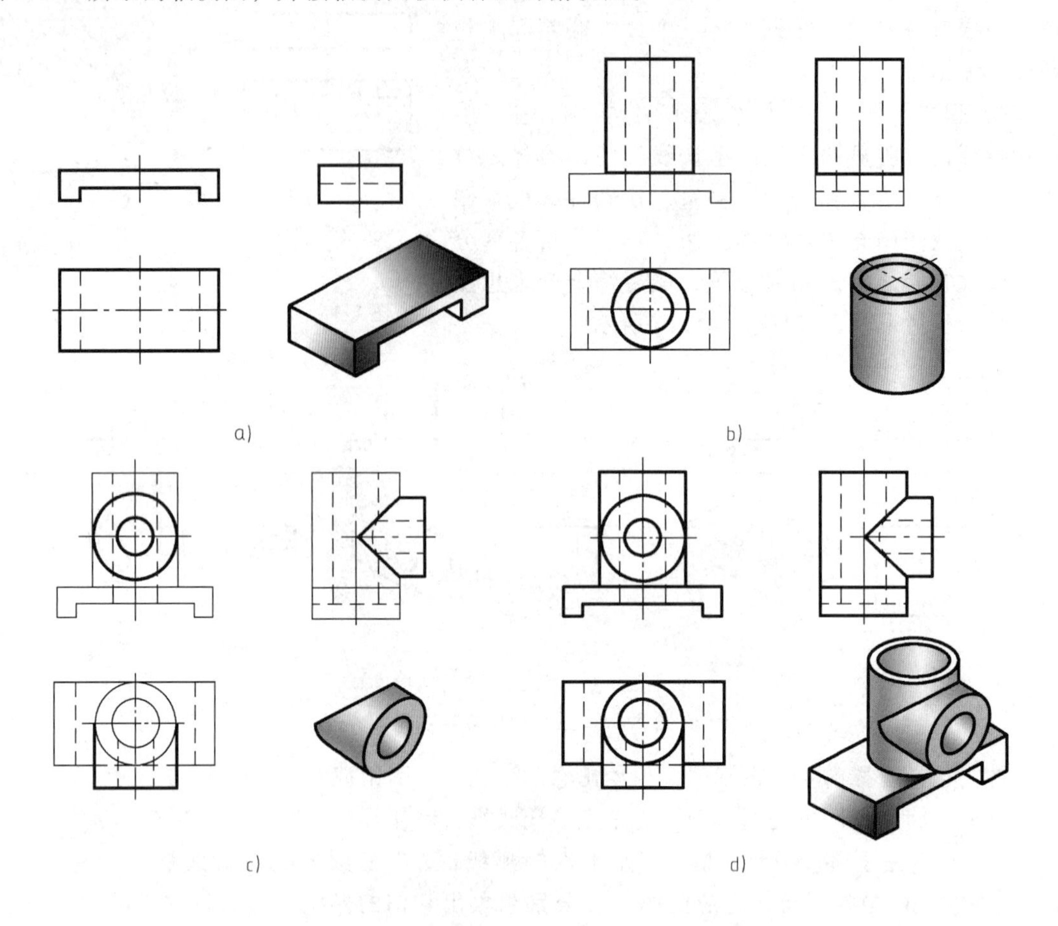

图5-18　想象支撑形状并补画俯视图

2. 用面形分析法读图

运用面形分析法读图时，应将视图中的一个线框看作物体上的一个面（平面或曲面）的投影，利用投影关系，在其他视图上找到对应的图形，再分析这个面的投影特性（真实性、积聚性、类似性），看懂这些面的形状，从而想象出组合体的整体形状。

如图5-19a所示，对于俯视图上的五边形，在主视图上可找到一条对应的斜线，由此判断这个面是正垂面，并且在左视图上有一个类似的五边形。同样，图5-19b中主视图上的四边形对应左视图上的斜线，是一个侧垂面，在俯视图上也对应一个类似的四边形。通过以上分析，可想象出该组合体是由一个长方体被正垂面和侧垂面切去两块而形成的，如图5-19c所示。

例：用面形分析法看懂三视图，如图5-20所示，想象压板的整体形状。

根据视图上一个线框表示物体一个面的规律进行分析，并按投影对应关系，找到每个表面的三个投影。

读图过程及步骤：

1）如图5-21a所示，由俯视图中的线框 p 对应主视图上的斜线 p'，可判断 P 面是垂直

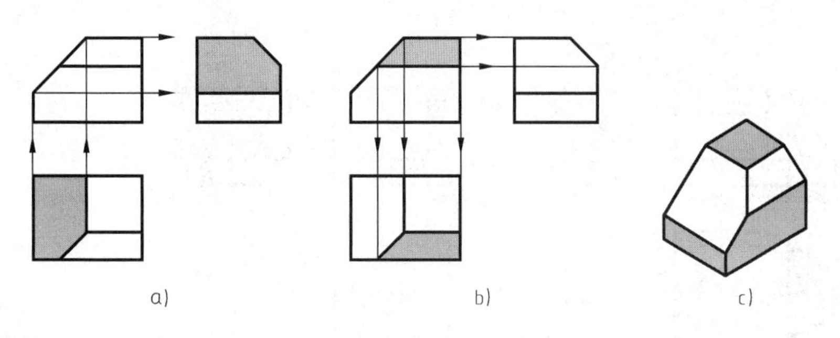

图 5-19　分析面的形状

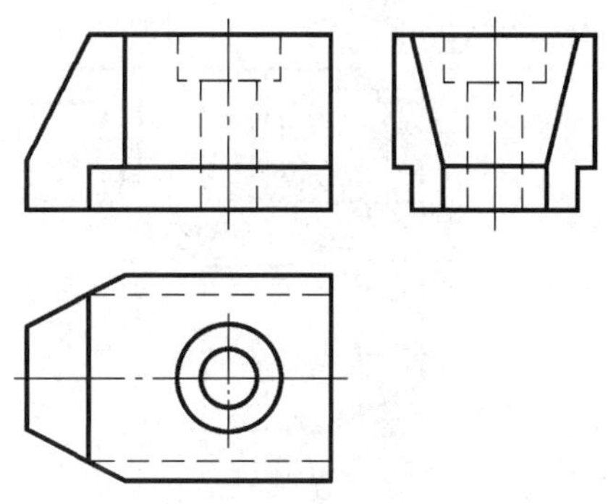

图 5-20　压板三视图

于正面的梯形平面，从而想象出压板的左上方切去一角。平面 p 对水平面和侧面都倾斜，不反映实形，但其水平投影和侧面投影是类似的梯形。

2）如图 5-21b 所示，由主视图中的七边形 q' 对应俯视图上的斜线 q，可知平面 Q 是铅垂面，压板左端切去前后对称的两角。平面 Q 对正面和侧面都倾斜，不反映实形，但其正面和侧面投影是类似的七边形。

3）如图 5-21c 所示，由主视图中的长方形 e' 对应左视图上的一条直线 e'' 和俯视图上的一条虚线 e，再从俯视图中的四边形 f 对应主、左视图上的 f'、f''，可判断它们分别是正平面和水平面，说明压板的前后被这两个平面切去对称的两块。

4）通过对压板整体及面形的投影关系所作的详细分析（中间阶梯孔的形状不需分析），可以对其整体及局部形状都有完整的概念，从而想象出压板的形状，如图 5-21d 所示。

例：已知架体的主、俯视图，补画左视图，如图 5-22 所示。

作图过程如图 5-22a ~ d 所示，叙述略。

三、补画视图中的缺线

以上所举的例题是通过已知两个视图补画第三视图来培养画图和读图能力。但是，在实际绘图过程中，难免会漏画某些图线。怎样检查这些遗漏的图线呢？下面通过实例加强这方面的训练。

如图 5-23a 所示，若已知某形体不完整的三视图，要求补全遗漏的图线。

分析：从已知三个视图的特征轮廓分析，该组合体是一个长方体被几个不同位置的平面切割形成的，可采用边切割、边补线的方法逐个补画三个视图中的每条缺线。在补线过程中，要充分运用“长对正、高平齐、宽相等”的投影规律。

作图过程及步骤：

1）从左视图中的一条斜线可想象出，长方体被侧垂面切去一角，在主、俯视图上补画相应的缺线，如图 5-23b 所示。

2）从主视图上的凹口可知，长方体的上部被两个侧平面及一个水平面开了一个方槽，

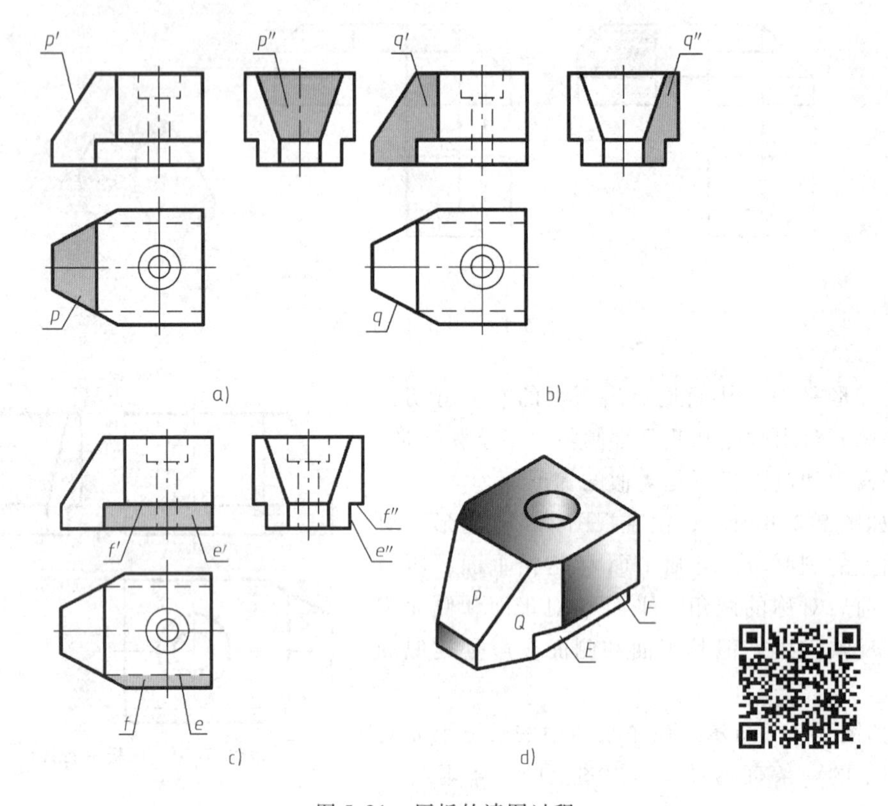

图5-21　压板的读图过程

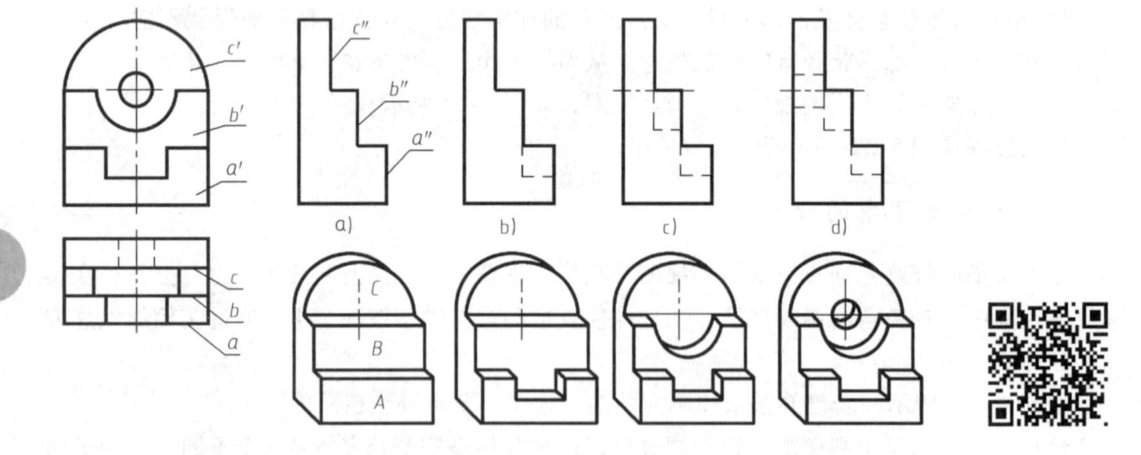

图5-22　补画架体左视图

补画俯、左视图中的缺线，如图5-23c所示。

3）从俯视图可看出，长方体的左、右被正平面和侧平面对称地切去一角。补全主、左视图中的缺线。按画出的轴测图作对照，补全缺线的三视图，检查无误后描深，作图结果如图5-23d所示。

图 5-23　补画三视图中的缺线

任务单

做习题集上课堂作业第 5 题。

学习评价

自评	互评	老师评价	总分

单元6 识读并绘制机械图样

学习目标

1. 熟悉机械图样常用的几种表达方法。
2. 能正确绘制零件的视图、剖视图、断面图等。
3. 了解局部放大图和图形的一些简化画法。

任务1 识读基本视图、局部视图和斜视图

任务描述

活动在多媒体教室进行，学生应准备好手工绘图工具。通过活动让学生熟悉基本视图、局部视图和斜视图的画法，并能熟练使用手工绘图工具来完成绘图任务。

知识链接

一、基本视图

1. 基本投影面

正六面体的六个面包括前表面、后表面、上表面、下表面、左表面和右表面。其展开如图6-1所示。

2. 基本视图

基本视图指物体向基本投影面投射所得的视图。将物体放在正六面体（正方体）中，由前、后、左、右、上、下六个方向，分别向六个基本投影面投射得到六个视图。

六个基本视图的名称和投射方向：零件由前向后投射所得的视图——主视图；零件由上向下投射所得的视图——俯视图；零件由左向右投射所得的视图——左视图；零件由右向左投射所得的视图——右视图；零件由下向上投射所得的视图——仰视图；零件由后向前投射所得的视图——后视图。

3. 基本视图的配置

六个基本投影面和六个基本视图可展开到一个平面上。方法是正面保持固定不动，按图6-1所示箭头方向，把基本投影面都展开到与正面在同一平面上。这样，六个基本视图的位

置也就确定了。

按上述位置摆放视图时，不需加任何标注。基本视图的配置关系如图 6-2 所示。

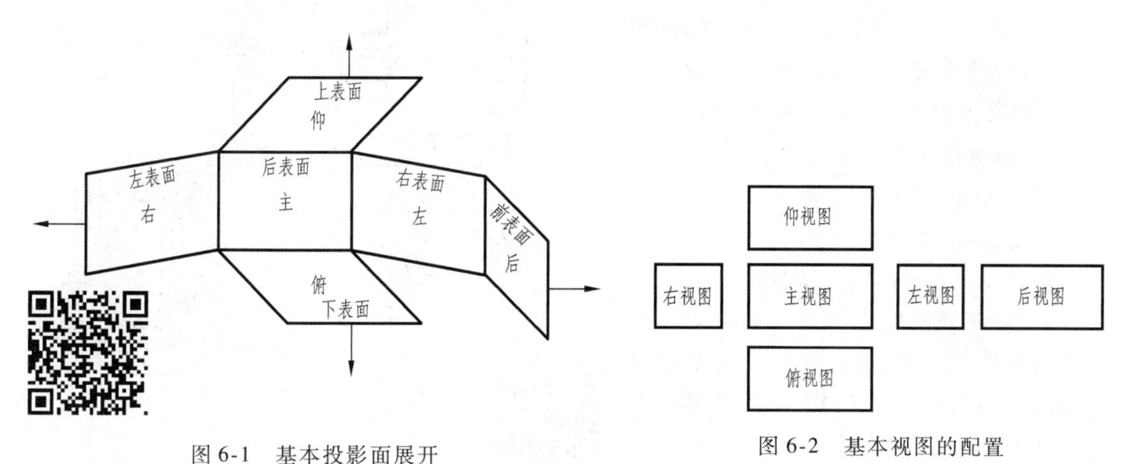

图 6-1　基本投影面展开

图 6-2　基本视图的配置

4. 基本视图的投影规律

六个基本视图之间，仍符合“长对正，高平齐，宽相等”的投影关系。

5. 基本视图的画法

画基本视图时，首先画出重要的主、左、俯视图，再根据投影规律（及对应关系）画出后、右、仰视图。左视图和右视图相对于主视图左右对称；俯视图和仰视图相对于主视图上下对称；主视图和后视图相对于左视图左右对称，如图 6-3 所示。

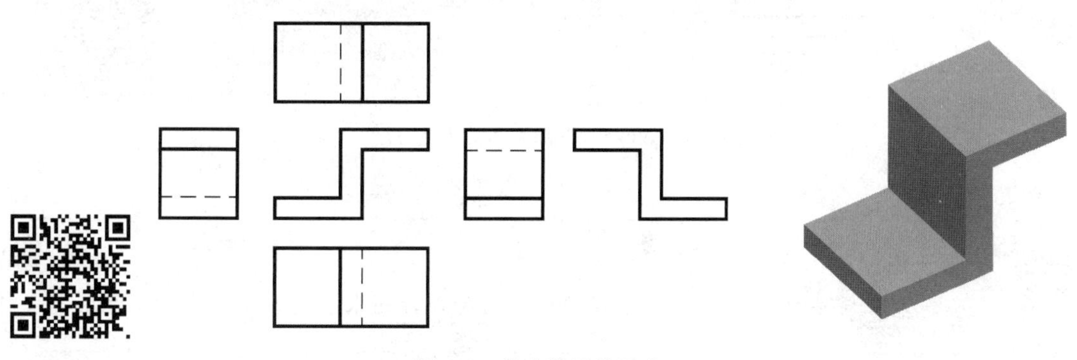

图 6-3　基本视图的画法

想一想：

在日常生活中，各种实体的基本视图如何绘制？

二、局部视图

如图 6-4 所示零件，仅用主视图和俯视图两个基本视图就能将零件的大部分形状表达清楚，只有圆筒左侧和右侧的凸缘部分未表达清楚，如果再画一个完整的左视图，则显得重复。因此，在左视图中可以只画出 2 个凸缘部分的图形，而省去其余部分。这种将物体的某

一部分向基本投影面投射所得的视图，称为局部视图。

局部视图的配置、标注及画法：

1）局部视图可按基本视图的配置形式配置。当局部视图按投影关系配置，中间又没有其他图形隔开时，可省略标注。

2）局部视图的断裂边界应以波浪线或双折线表示。当它们所表示的局部结构是完整的，且外轮廓线又呈封闭时，断裂边界线可省略不画，如图6-5所示。

3）局部视图应用起来比较灵活。当物体的其他部位都表达清楚，只差某一局部需要表达时，就可以用局部视图表达该部分的形状，这样不但可以减少基本视图，而且可以使图样简单、清晰。

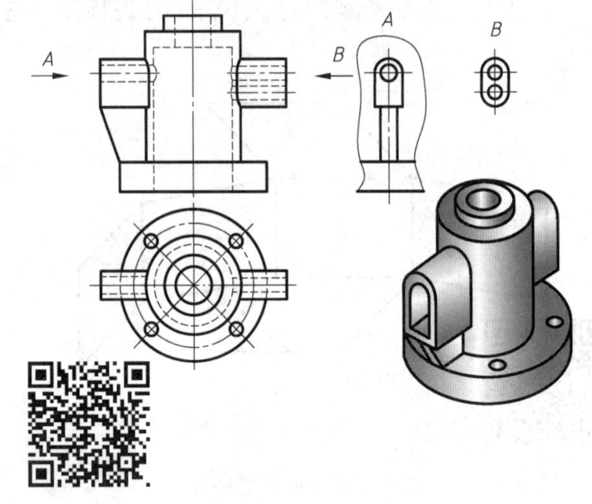

图6-4　局部视图

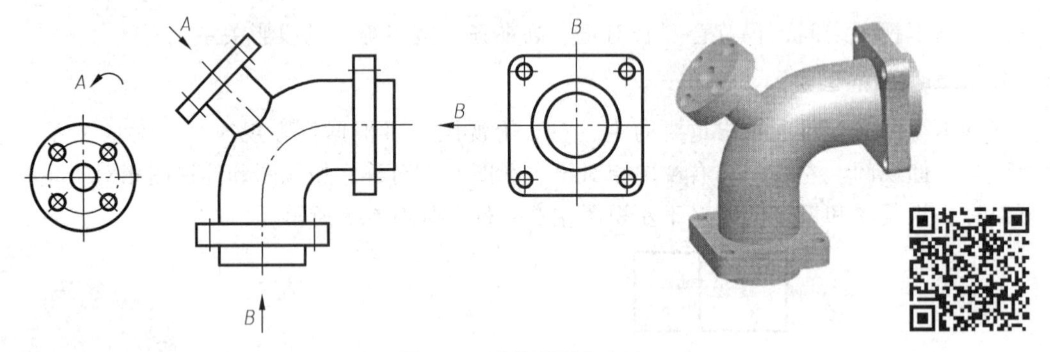

图6-5　局部视图的表达

想一想：

在日常生活中，实体哪些部位适合用局部视图来表达？如何绘制？

三、斜视图

如图6-6所示零件，具有倾斜部分，在基本视图中不能反映该部分的实形，这时可选用一个新的投影面，使它与零件上倾斜部分的表面平行，然后将倾斜部分向该投影面投影，就可得到反映该部分实形的视图。这种物体向不平行于基本投影面的平面投射所得的视图称为斜视图。

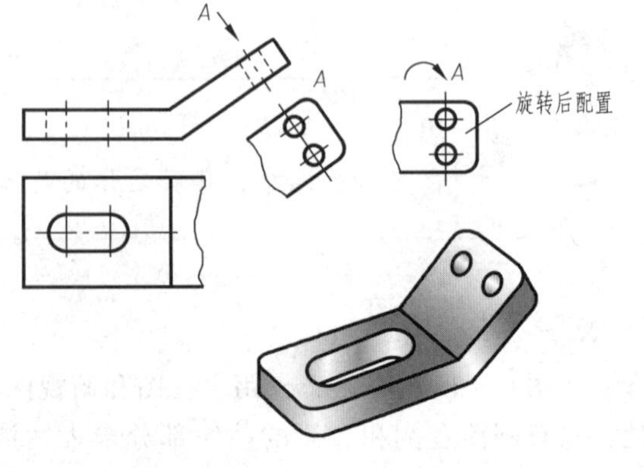

图6-6　斜视图

斜视图主要用来表达物体上倾斜部分的

实形，所以其余部分不必全部画出而用波浪线或双折线断开。

斜视图一般按向视图的配置形式进行配置和标注，必要时，允许将斜视图旋转配置。标注时表示该视图名称的大写字母应靠近旋转符号的箭头端，如图 6-6 所示。也允许将旋转角度标注在字母之后。

斜视图的特征：

1）如图 6-6 所示，*A* 向视图为斜视图，应反映倾斜面上的实形。

2）俯视图和斜视图中的“宽相等”，主视图和斜视图中的“长对正”。

斜视图的画法：

1）用带大写字母的箭头指明表达部位及投影方向，并在所画斜视图的上方注明大写字母；

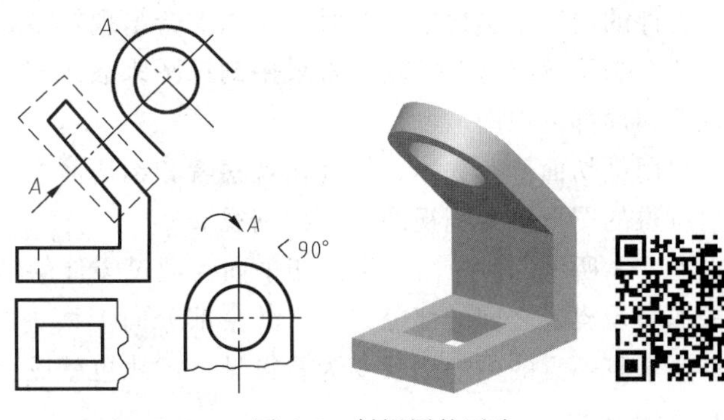

图 6-7　斜视图的画法

2）只画倾斜部分的形状，其余部分用波浪线断开。

3）若斜视图不在投影方向的延长线上，应转正后画出，并在其上方注明（旋转角度应小于 90°），如图 6-7 所示。

想一想：

在日常生活中，实体哪些部位适合用斜视图来表达？如何绘制？

任务单

做习题集上课堂作业第 1、2 和 3 题。

学习评价

自评	互评	老师评价	总分

任务 2　识读并绘制剖视图

任务描述

活动在多媒体教室进行，学生应准备好手工绘图工具。通过活动让学生了解剖视图的形成及规律，并能熟练绘制剖视图。

知识链接

一、剖视图概述

1. 剖视图的概念

当机件的内部结构比较复杂时，视图上会出现较多虚线，这样既不便于看图，也不便于标注尺寸。为了解决这个问题，常采用剖视图来表示机件的内部结构。剖视图有全剖视图、半剖视图和局部剖视图。

假想用剖切面剖开物体，将处在观察者和剖切面之间的部分移去，而将其余部分向投影面投射所得的图形称为剖视图，简称剖视。

如图6-8所示，假想用一个剖切平面，通过零件的轴线并平行于V面将零件剖开，移去剖切平面与观察者之间的部分，而将其余部分向V面进行投射，就得到一个剖视的主视图。这时，原来看不见的内部形状变为看得见，虚线也就成为粗实线了。

2. 有关术语

（1）剖切面　剖切被表达物体的假想平面或曲面称为剖切面。

（2）剖面区域　假想用剖切面剖开物体，剖切面与物体的接触部分称为剖切区域。

（3）剖切线　指示剖切面位置的线（用细点画线）称为剖切线。

（4）剖切符号　指示剖切面起、止和转折位置（用粗短画线表示）及投射方向（用箭头或粗短画线表示）的符号称为剖切符号。

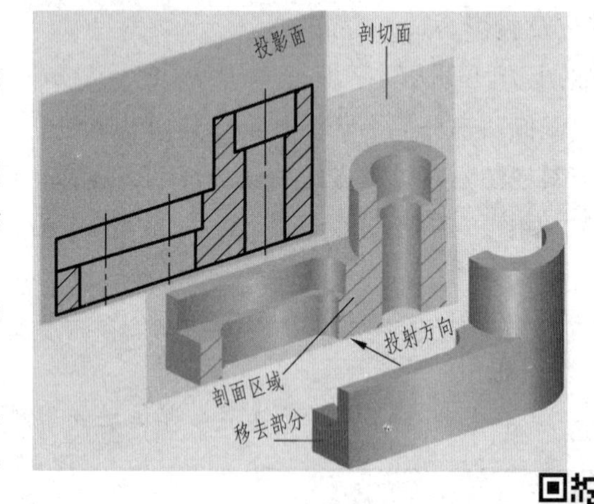

图6-8　剖视图

3. 剖面区域的表示法

（1）剖面符号　剖视图中，剖面区域一般应画出特定的剖面符号，物体材料不同，剖面符号也不相同。画机械图时应采用GB 4457.5—1984中规定的剖面符号，见表6-1。

表6-1　常见材料的剖面符号

材料类别	图例	材料类别	图例	材料类别	图例
金属材料（已有规定剖面符号者除外）		型砂、填砂、粉末冶金、砂轮、陶瓷刀片、硬质合金刀片等		木材纵剖面	
非金属材料（已有规定剖面符号者除外）		钢筋混凝土		木材横剖面	
转子、电枢、变压器和电抗器等的叠钢片		玻璃及供观察用的其他透明材料		液体	

（续）

材料类别	图例	材料类别	图例	材料类别	图例
线圈绕组元件		砖		木质胶合板（不分层数）	
混凝土		基础周围的泥土		格网（筛网、过滤网等）	

（2）通用剖面线　剖视图中，不需要在剖面区域中表示材料的类别时，可采用通用剖面线表示，即画成互相平行的细实线。通用剖面线应以适当角度的细实线绘制，最好与主要轮廓线或剖面区域的对称线呈 45°角，如图 6-9 所示。

同一物体的各个剖面区域，其剖面线画法应一致。相邻物体的剖面线必须以不同的方向或以不同的间隔画出，如图 6-10 所示。

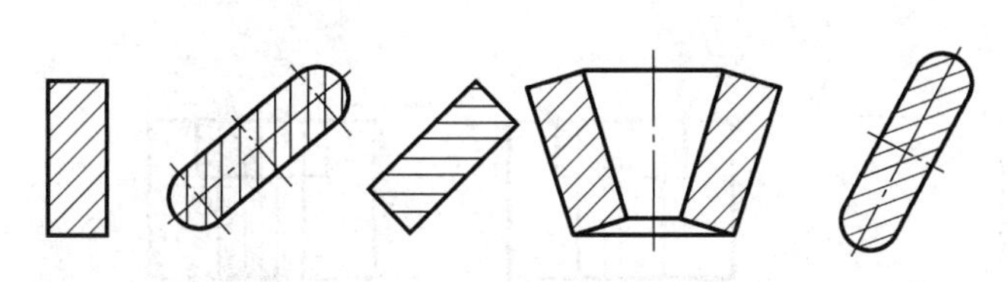

图 6-9　通用剖面线

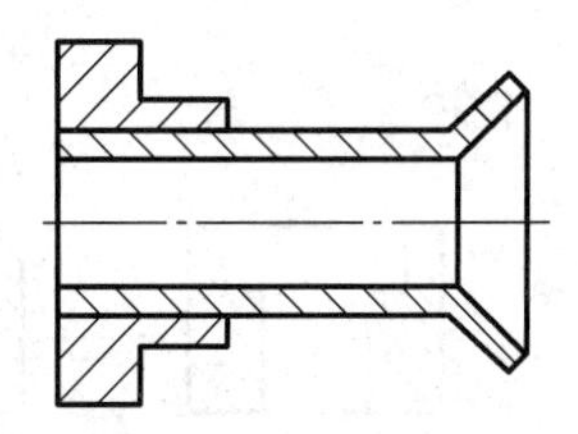

图 6-10　相邻物体的剖面线

二、全剖视图

1. 概念

用剖切面完全地剖开物体所得的剖视图，称为全剖视图。

全剖视图主要用于表达外部形状简单、内部形状复杂而又不对称的机件。对于外部形状简单的对称机件，也采用全剖视图。

2. 全剖视图的画法

若需将视图改画为全剖视图，首先确定剖切位置，并假想剖开机件，然后将遮挡部分移走，把剩下的向投影面投影，画出视图。再在断面位置画上相应的剖面符号。最后检查，描深图形。

3. 注意事项

1）全剖视图是机件内部结构的主要表达方法之一，它能把内部结构暴露出来，与外部形状一样表达。

2）图中的剖面符号和标注能说明断面形状、机件的材料类型、剖切位置和投影方向。

3）在剖切面后方的可见部分应全部画出，不能遗漏，也不能多画。图 6-11 所示是画剖视图时集中常见的漏线、多线现象。

4）剖视图是用剖切面假想的剖开物体，所以，当物体的一个视图画成剖视图后，其他视图的完整性应不受影响，仍按完整视图画出，如图 6-12 所示的俯视图仍画成完整视图。

5）在剖视图上，对于已经表达清楚的结构，其虚线可以省略不画。但如果仍有表达不清楚的部位，其虚线则不能省略，如图 6-12 所示。在没有剖切的视图上，虚线的问题也按同样原则处理。

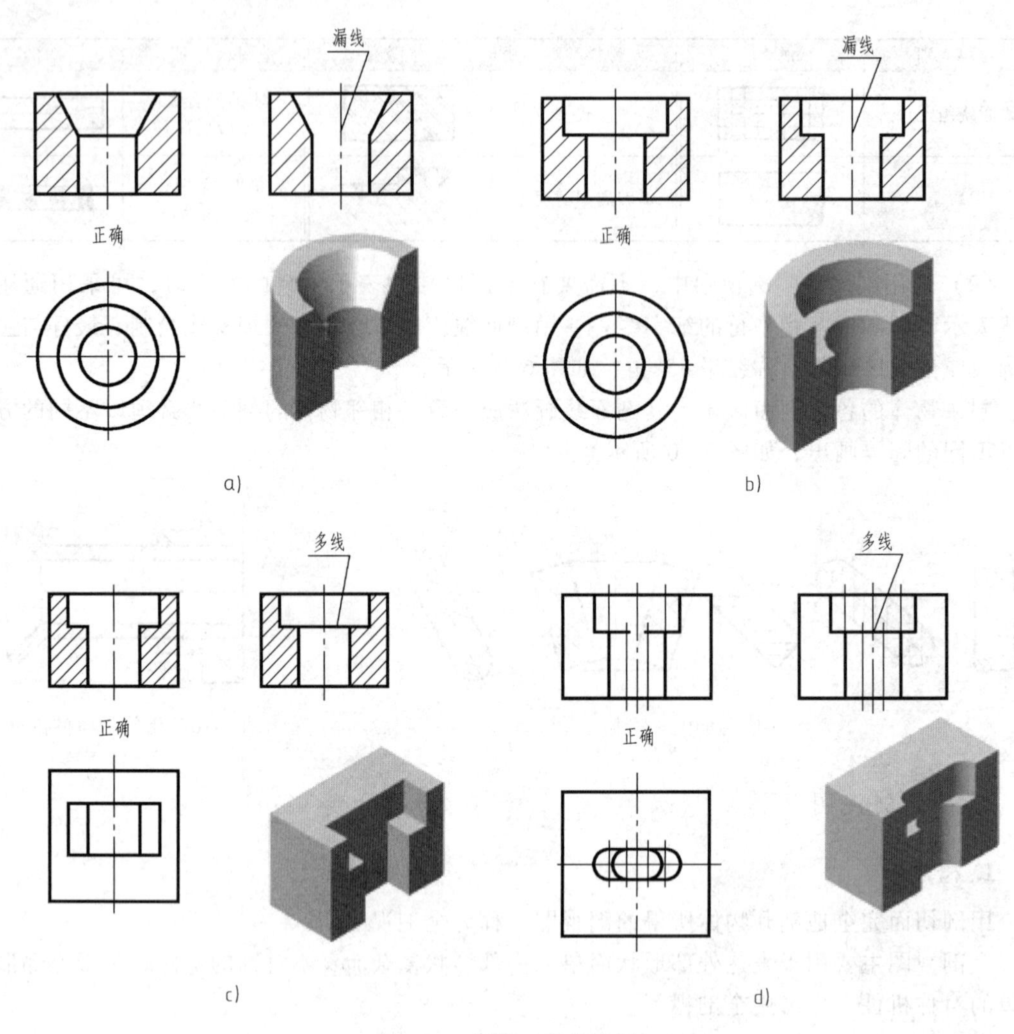

图6-11　漏线、多线示例

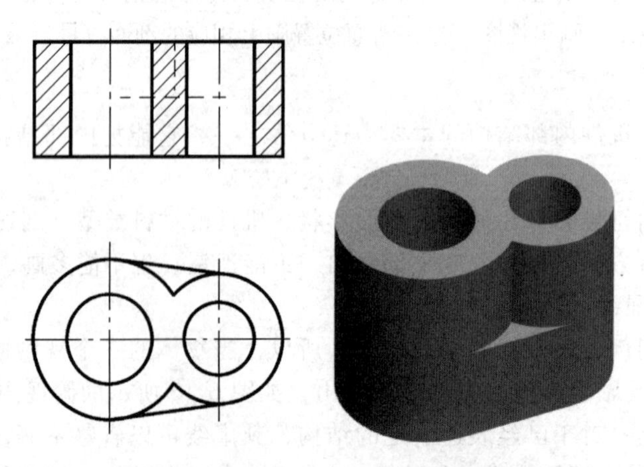

图6-12　剖视图的虚线

想一想：

在日常生活中，实体哪些部位适合用全剖视图来表达？如何绘制？

三、半剖视图

1. 概念

当零件具有对称平面时，向垂直于对称平面的投影面上投射所得的图形，以对称中心线为界，一半画成剖视图，另一半画成视图，这样的图形称为半剖视图。

如图6-13所示零件，其前后结构对称（对称平面是正平面），所以左视图可画成半剖视，其剖切情况如图6-13所示。

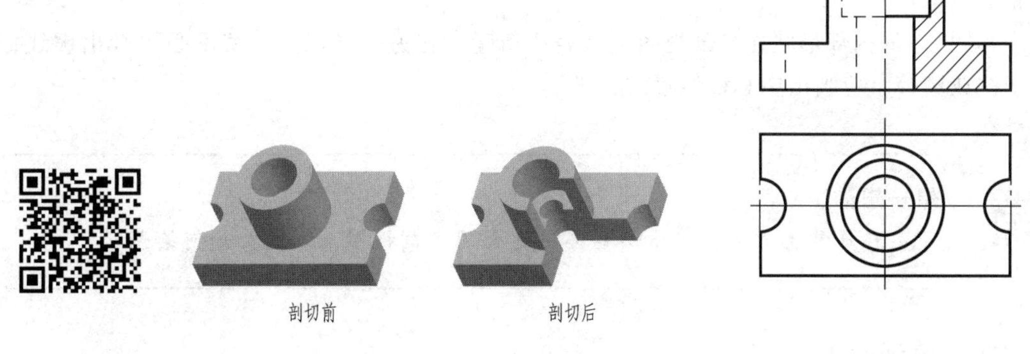

图6-13　半剖视图

由于半剖视图既充分地表达了机件的内部形状，又保留了机件的外部形状，所以常用它来表达内外形状都比较复杂的对称机件。

2. 半剖视图的画法

1）表示机件外形的半个视图按外形画出，表达机件内部结构的虚线不再画出，如图6-14所示。

2）用细点画线将半个视图与半个剖视图分开。

3）检查，描深。

4）一定要注意剖切面后面的结构，不要漏掉。

3. 注意事项

1）半剖视图能表达机件的内部和外部结构，可减少视图的数量，但运用时一定要注意机件的内外结构都是对称的。

2）当机件的形状接近于对称，且不对称部分已另有图形表达清楚时，也可以画成半剖视图，如图6-15所示。

3）视图与剖视图的分界线应是对称中心线（细点画线），而不应画成粗实线，也不应

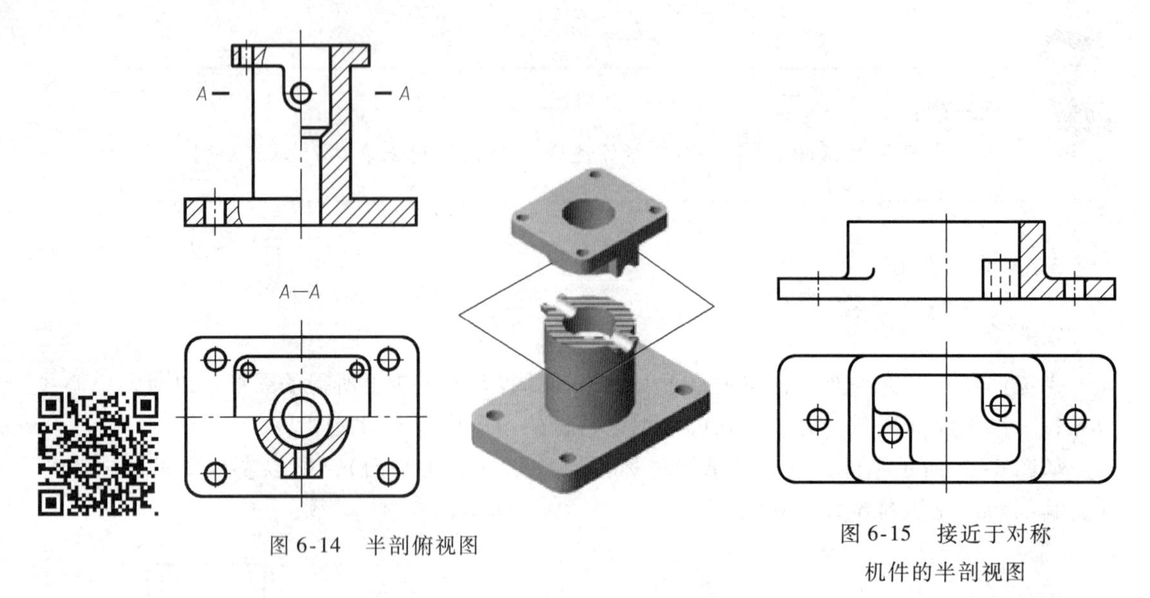

图 6-14　半剖俯视图

图 6-15　接近于对称机件的半剖视图

与轮廓线重合。

4）机件的内部形状在半剖视图中已表达清楚，在另一半视图上就不必再画出虚线，但对于孔或槽等，应画出中心线位置。

想一想：

在日常生活中，实体哪些部位适合用半剖视图来表达？如何绘制？

四、局部剖视图

1. 概念

局部剖视图是用剖切平面局部地剖开机件所得的视图，如图 6-16 所示。

2. 表达方法

局部视图用波浪线分界，波浪线不应和图样上的其他图线重合；当被剖结构为回转体时，允许将该结构的中心线作为局部剖视图与视图的分界线；如有需要，允许在视图的剖面中再作一次局部剖，采用这样的表达方法时，两个剖面的剖面线应该同一方向，同一间隔，但要互相错开，并用引出线标注其名称，如图 6-17 所示。

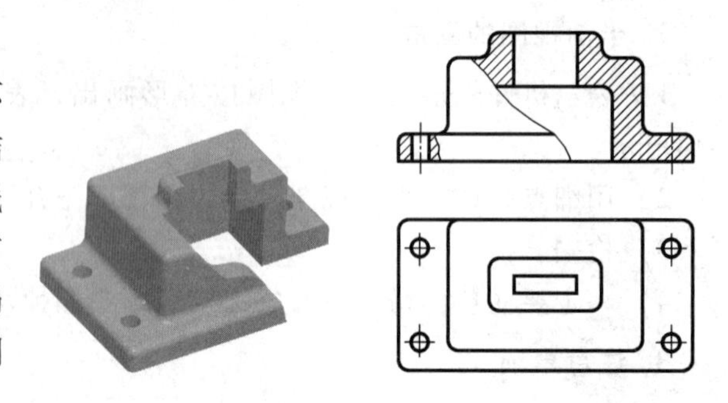

图 6-16　局部剖视图

3. 局部剖视图的画法

1）画出全剖主视图时一定要注意剖切面后面的结构，不要漏掉。

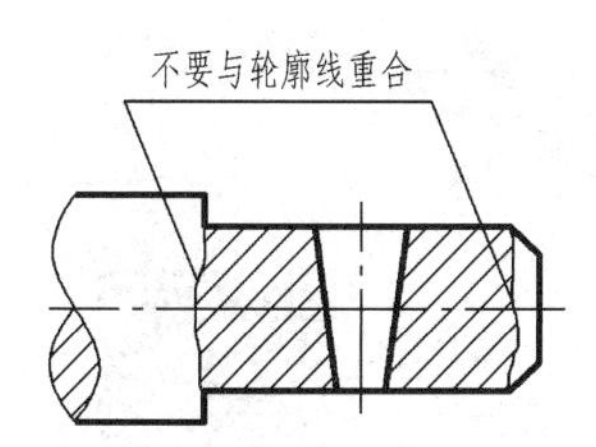

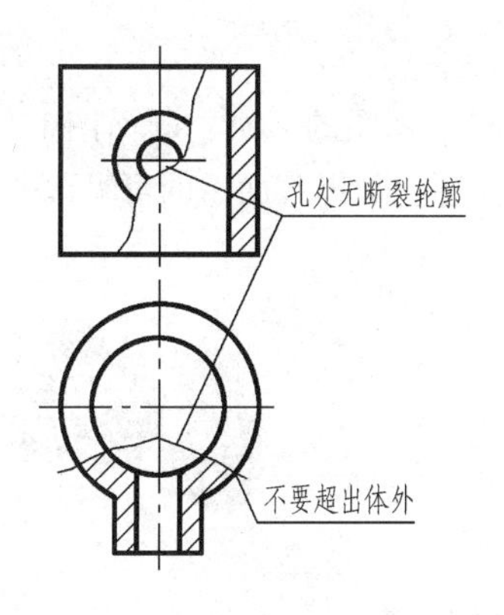

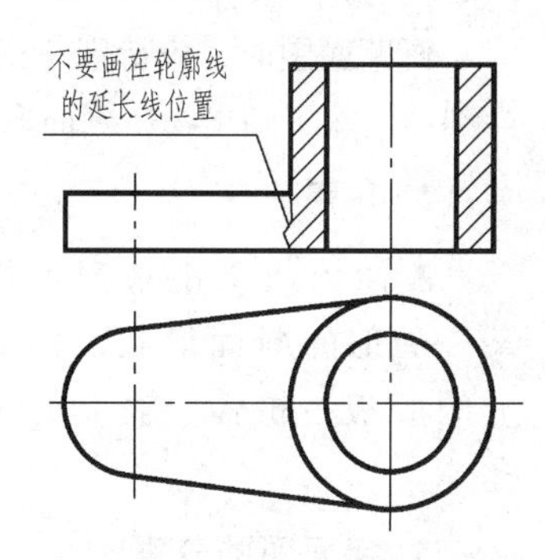

图 6-17 局部剖视图的若干错误画法

2）再画表示局部特殊结构的局部剖视图。

3）检查，描深。

局部剖视图的画法简单，运用灵活，是一种表示机件内外结构的表达方法。

想一想：

在日常生活中，实体哪些部位适合用局部剖视图来表达？如何绘制？

任务单

做习题集上课堂作业第 4 题。

学习评价

自评	互评	老师评价	总分

任务3 识读并绘制断面图

任务描述

活动在多媒体教室进行，学生应准备好手工绘图工具。通过活动让学生了解断面图与剖视图的区别，并能熟练使用手工绘图工具来完成断面图的绘制。

知识链接

一、断面图的概念及作用

1. 概念

假想用剖切面将物体的某处切断，仅画出该剖切面与物体接触部分的图形，称为断面图，简称断面，如图 6-18b 所示。

画断面图时，应特别注意断面图与剖视图的区别：断面图上只画出物体被切处的断面形状，而剖视图除了画出物体剖面形状之外，还应画出剖面后的可见部分的投影，如图6-18c 所示。

2. 作用

断面图通常用来表示物体上某一局部的断面形状，例如零件上的肋板、轮辐，轴上的键槽和孔等。

3. 断面图的分类

断面图可分为移出断面图和重合断面图。

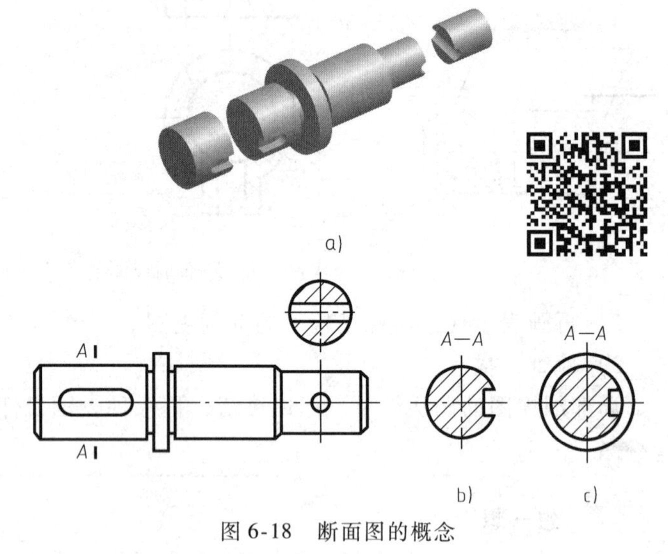

图 6-18 断面图的概念

二、移出断面图

移出断面图的图形应画在视图之外，轮廓线用粗实线绘制，配置在剖切线的延长线上或其他适当的位置，如图 6-19 所示。

1. 移出断面图的画法

1）当剖切平面通过由回转面形成的孔或凹坑的轴线时，这些结构应按剖视图绘制，如图 6-19 所示。

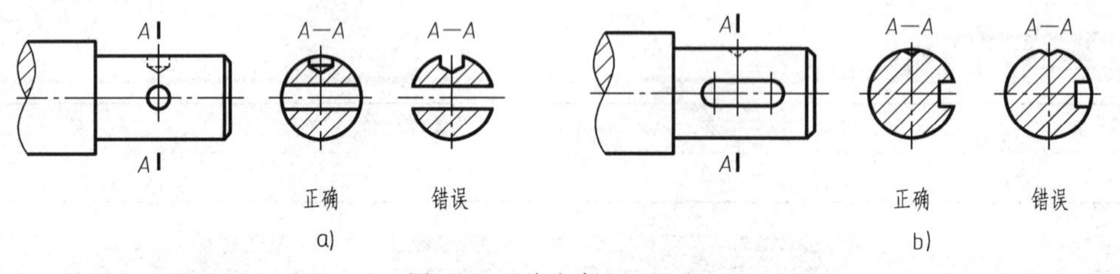

图 6-19 移出断面（一）

2）当剖切平面通过非圆孔时，会导致出现分离的两个断面图，则这些结构应按剖视图绘制，如图 6-20 所示。

3）由两个或多个相交的剖切平面剖切得出的移出断面图，中间一般应断开绘制，如图 6-21 所示。

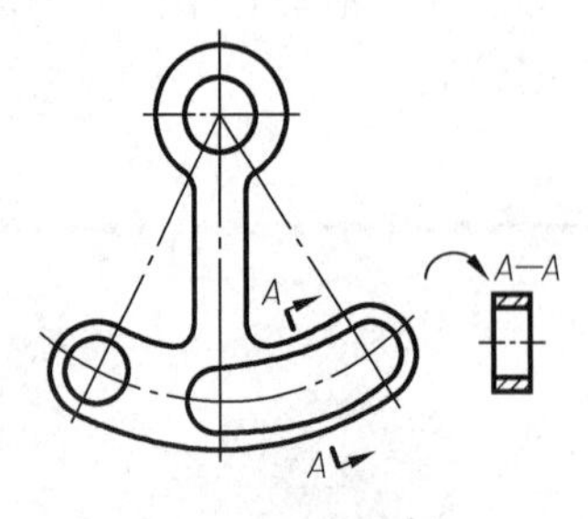

图 6-20 移出断面（二）

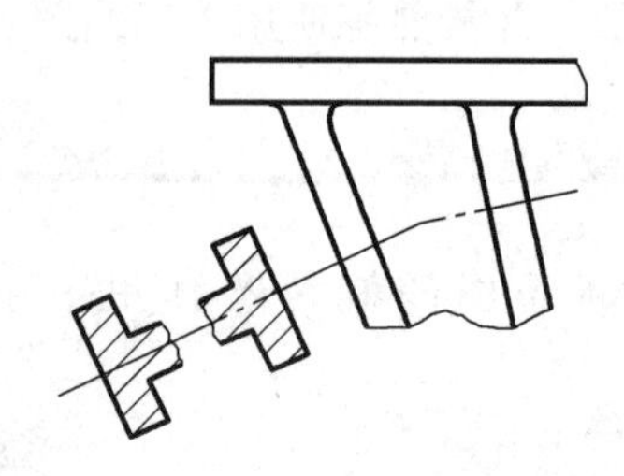
图 6-21 省略标注的移出断面

2. 移出断面图的标注

移出断面图的标注见表 6-2。

表 6-2　移出断面图的标注

剖面形状 / 剖面图 / 剖面位置	对称的移出断面	不对称的移出断面	
在剖切符号延长线上	省略标注剖切符号、字母	省略字母	
不在剖切符号延长线上	省略箭头	按投影关系配置	
		不按投影关系配置	标注剖切符号(含箭头)和字母

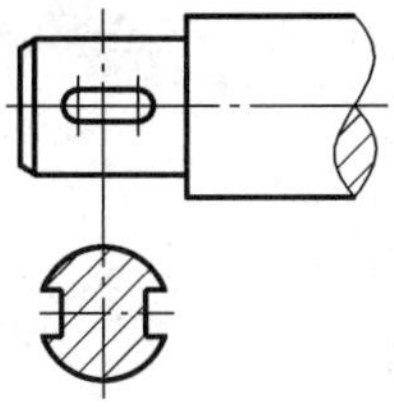

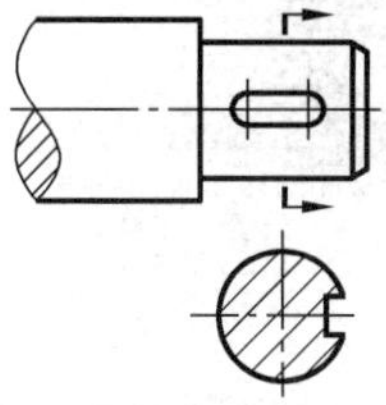

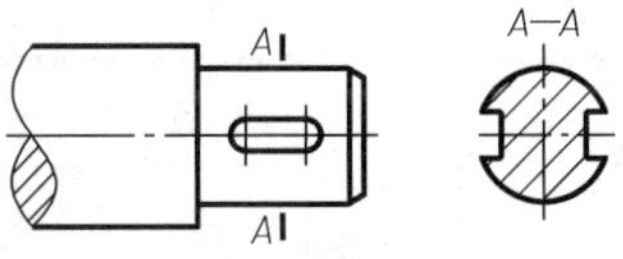

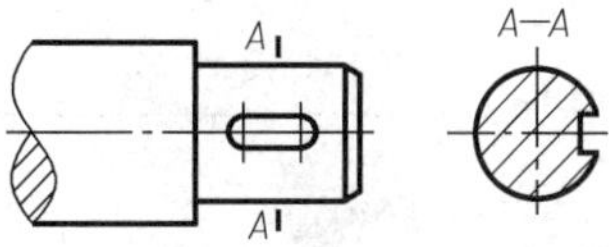

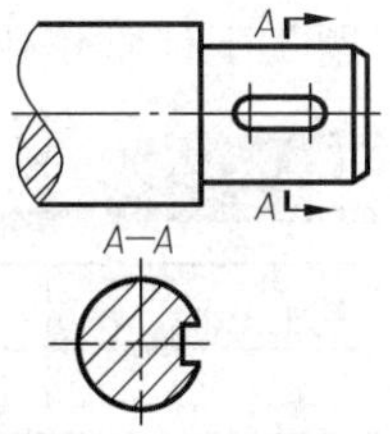

想一想：

在日常生活中，实体哪些情况适合用移出断面图来表达？如何绘制？

三、重合断面图

1. 概念

画在视图轮廓线之内的断面图称为重合断面图，如图 6-22 所示。

2. 重合断面图的画法

重合断面图的轮廓线规定用细实线绘制。当视图中的轮廓线与重合断面图重叠时，视图中的轮廓线仍应连续画出，不可间断。对称的重合剖面不必标注，如图 6-22a 所示。不对称的重合剖面可省略标注，如图 6-22b 所示。

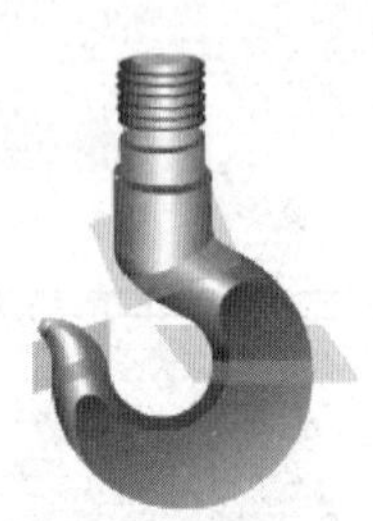
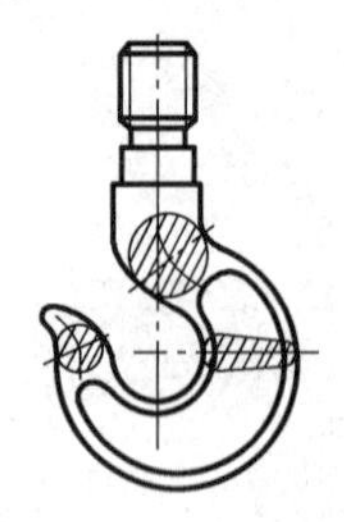
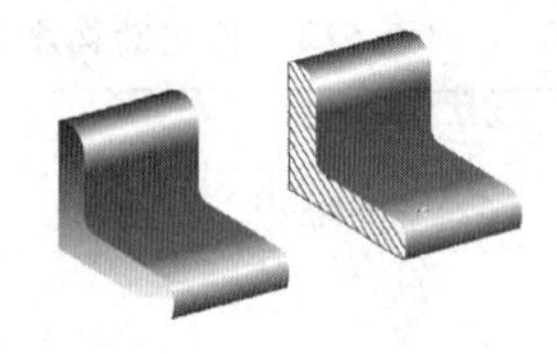
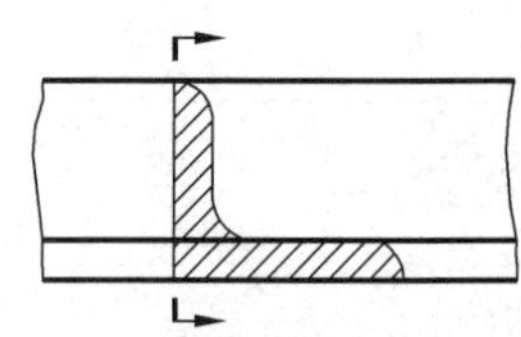

a)　　b)

图 6-22　重合断面图

想一想：

在日常生活中实体哪些情况适合用重合断面图来表达？如何绘制？

任务单

做习题集上课堂作业第 5 题和第 6 题。

学习评价

自评	互评	老师评价	总分

任务 4　认识局部放大图和简化画法

任务描述

活动在多媒体教室进行，学生应准备好手工绘图工具。通过活动让学生了解局部放大图和简化画法，并能使用手工绘图工具来完成绘图任务。

知识链接

一、局部放大图

1. 基本概念

将机件的部分结构用大于原图形的比例画出的图形，称为局部放大图，如图 6-23 所示。

当机件的某些结构较小，如果按原图所用的比例画出，图形过小而表达不清楚，或标注尺寸困难时，可采用局部放大图画出。

2. 画局部放大图时的注意事项

1）局部放大图可以画成视图、剖视图或断面图，它与原图形的表达方式无关，如图 6-24 所示。

2）绘制局部放大图时，应用细实线圈出被放大的部位，并尽量配置在被放大部位的附近，而且要在图形上方标出放大的比例，如图 6-24 所示。

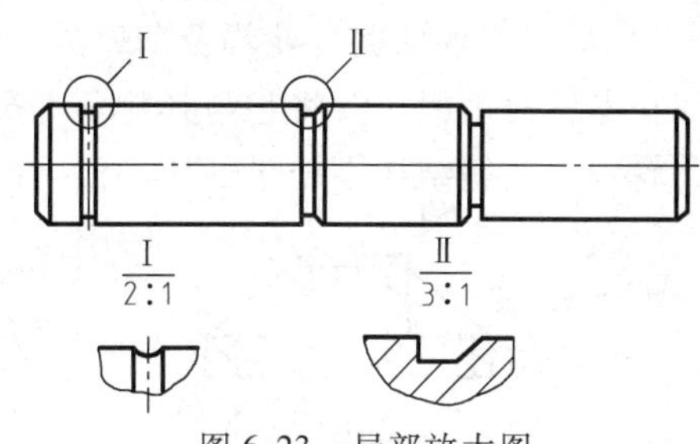

图 6-23　局部放大图

3）当同一机件上有几个被放大的部分时，可用罗马数字依次标明被放大的部位，并在局部放大图的上方，标注出相应的罗马数字和采用的比例。

4）当机件上仅有一个需要放大的部位时，在局部放大图的上方只需标注采用的比例，如图 6-25 所示。

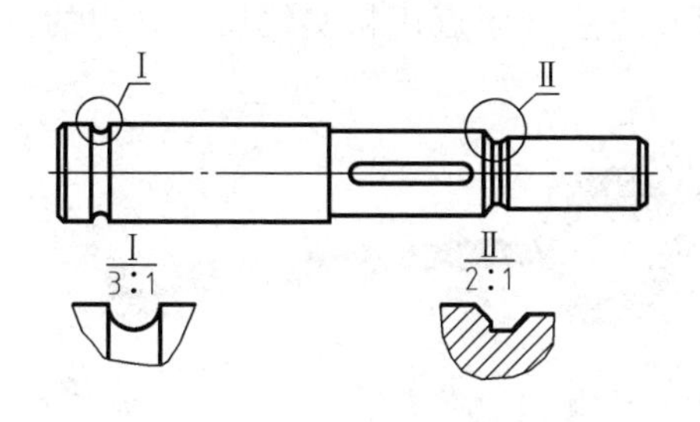

图 6-24　局部放大图（一）

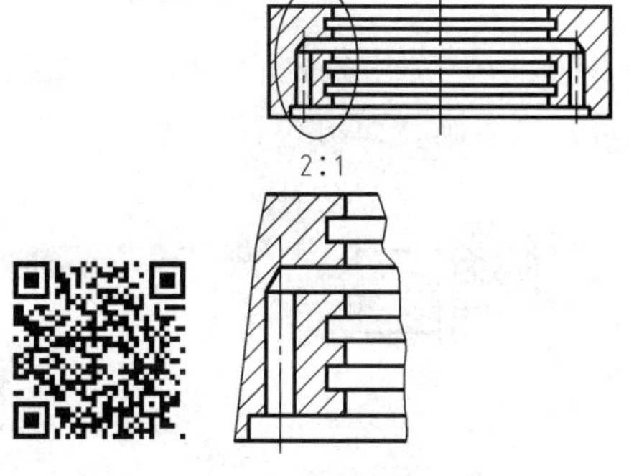

图 6-25　局部放大图（二）

想一想：

在日常生活中，实体哪些部位适合用局部放大图来表达？如何绘制？

二、简化画法（GB/T 16675. 1—1996）

1. 相同结构的简化画法

1）机件上有相同的结构要素（如齿、孔、槽等），并按一定规律分布时，可以只画出几个完整的要素，其余用细实线连接，或画出它们的中心位置，但图中必须注出该要素的总数，如图 6-26 所示。

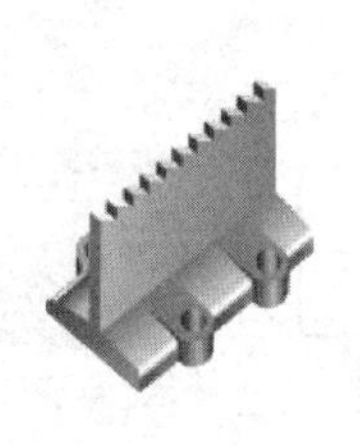

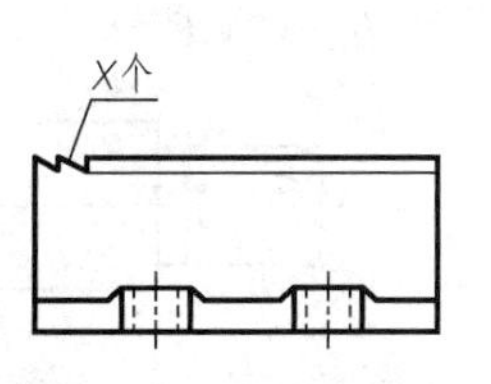

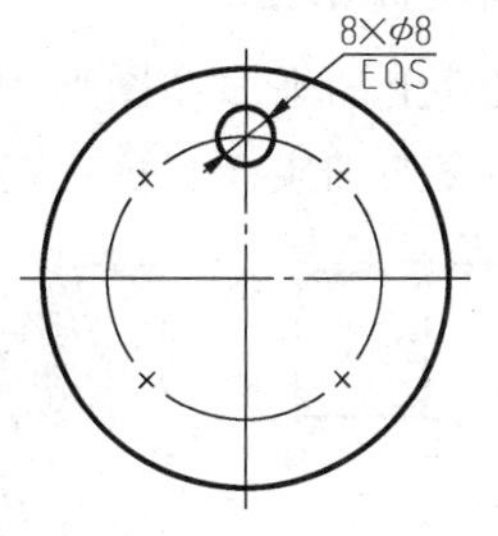

图 6-26　相同结构的简化画法（一）

2）对于机件的肋、轮辐及薄壁等结构，如果剖切平面按纵向剖切，这些结构都不画出剖面符号，而用粗实线将它与其相邻部分分开，如图6-27所示；回转体机件上均匀分布的肋、轮辐、孔等结构不处于剖切平面上时，可将这些结构旋转到剖切平面上画出。

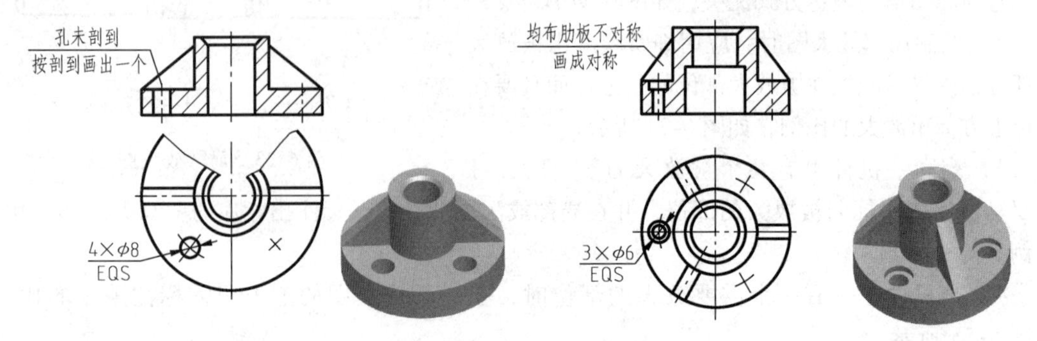

图6-27　相同结构的简化画法（二）

3）网状物、编织物或机件上的滚花部分，可在轮廓线附近用粗实线局部画出的方法表示，也可省略不画，如图6-28所示。

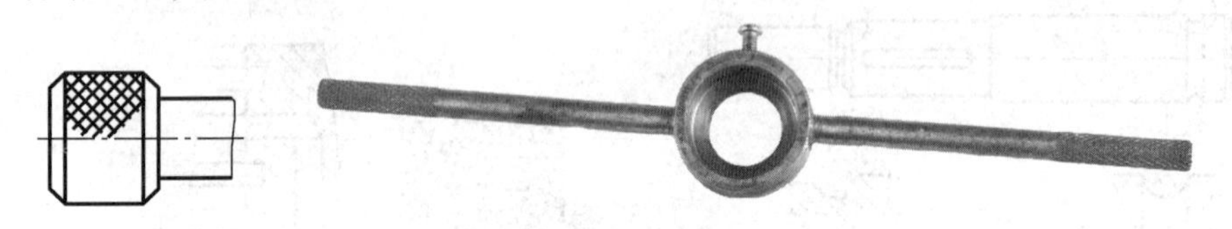

图6-28　滚花的局部表示画法

4）对较长的机件沿长度方向的形状一致或按一定规律变化时，例如轴、杆、型材、连杆等，可以断开后缩短绘制，但尺寸仍按机件的设计要求标注，如图6-29所示。

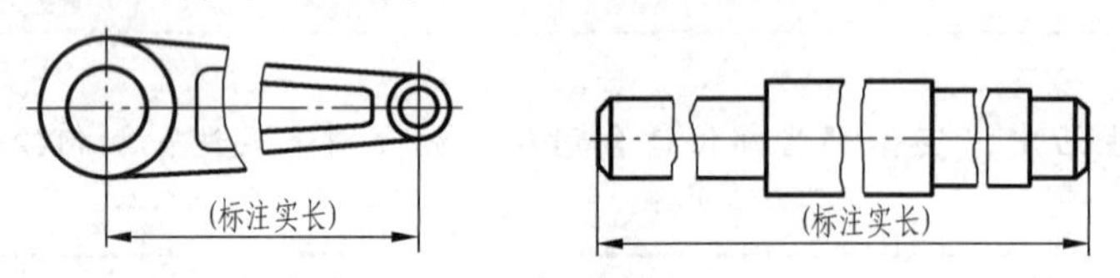

图6-29　较长机件的简化画法

2. 对称机件的简化画法

在不致引起误解时，对于对称机件的视图可只画1/2或1/4，并在对称中心线的两端画出两小条与其垂直的平行细实线，如图6-30所示。

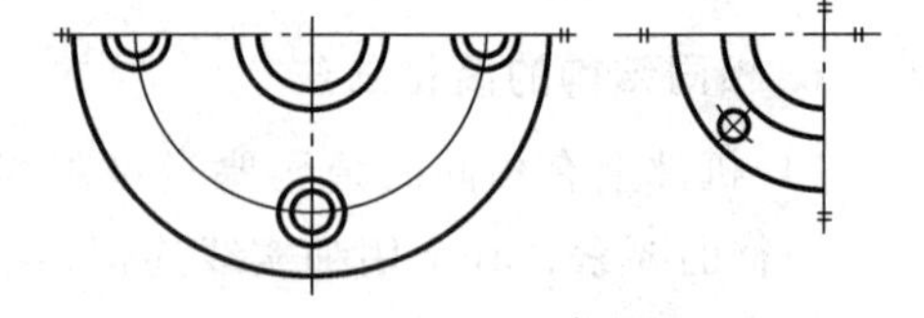

图6-30　对称机件的简化画法

3. 某些结构的简化画法

当回转体机件上的平面在图形中不能充分表达时，可用两条相交的细实线表示这些平面，如图6-31所示。

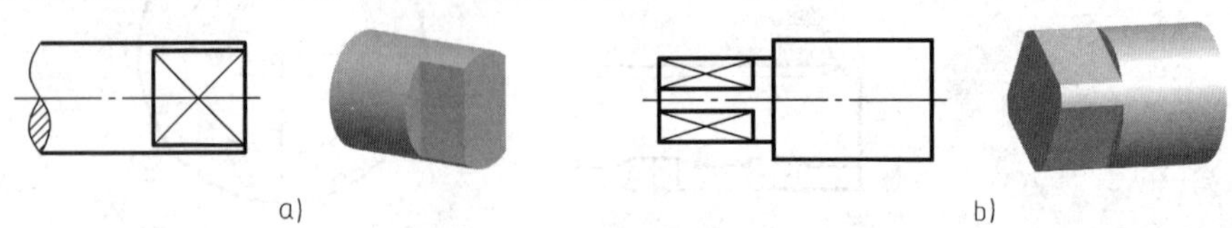

图6-31　平面的表达

想一想：
在日常生活中，实体哪些结构适合用简化画法来表达？如何绘制？

任务单

做习题集上课堂作业第7题。

学习评价

自评	互评	老师评价	总分

任务5　综合应用零件表达方法

任务描述

活动在多媒体教室进行，学生应准备好手工绘图工具。通过活动让学生了解如何用不同的方法来表达零件的形状和结构，并能熟练分析图样任务。

知识链接

一、机件各种表达方法

视图、剖视图、断面图、局部放大图和简化画法，这些表达方法在表达机件时都有着各自的特点和应用场合。

（1）视图　主要用于表达机件的外部形状，包括基本视图、向视图、局部视图、斜视图。

（2）剖视图　主要用于表达机件的内部形状，包括全剖视图、半剖视图、局部剖视图、阶梯剖视图、旋转剖视图、斜剖视图、组合剖视图。

（3）断面图　用于表达机件的断面形状，包括移出断面图和重合断面图。

二、表达方法的选用原则

在选择表达机件的图样时，首先应考虑看图方便，并根据机件的结构特点，用较少的图形，把机件的结构形状完整、清晰地表达出来。

在这一原则下，还要注意所选用的每个图形，它既要体现各图形自身明确的表达内容，又要注意它们之间的相互联系。

三、综合运用实例

以图6-32管接头为例，说明表达方法的综合运用。

1. 实体分析

该管接头中间是空心圆柱，其左上方和右下方又各有一个空心圆柱。几个空心圆柱的端部有四个连接用的凸缘，其形状各不相同。

2. 视图分析

主视图采用“*B*—*B*”旋转剖，既要表示机件外部各形体的相对位置，又要表示内腔各部分的结构形状和相对位置。

俯视图采用“*A*—*A*”阶梯剖，既要表示左右两个通道与中间空心圆柱连接的形状和相对位置，也要表示下部凸缘的形状和孔的分布。“*C*—*C*”斜剖表示右通道凸缘的形状及凸缘上孔的分布。“*F*”向局部视图表示机件上端凸缘的形状和孔的分布。“*E*”向局部视图表示左面通道凸缘的形状和孔的分布。

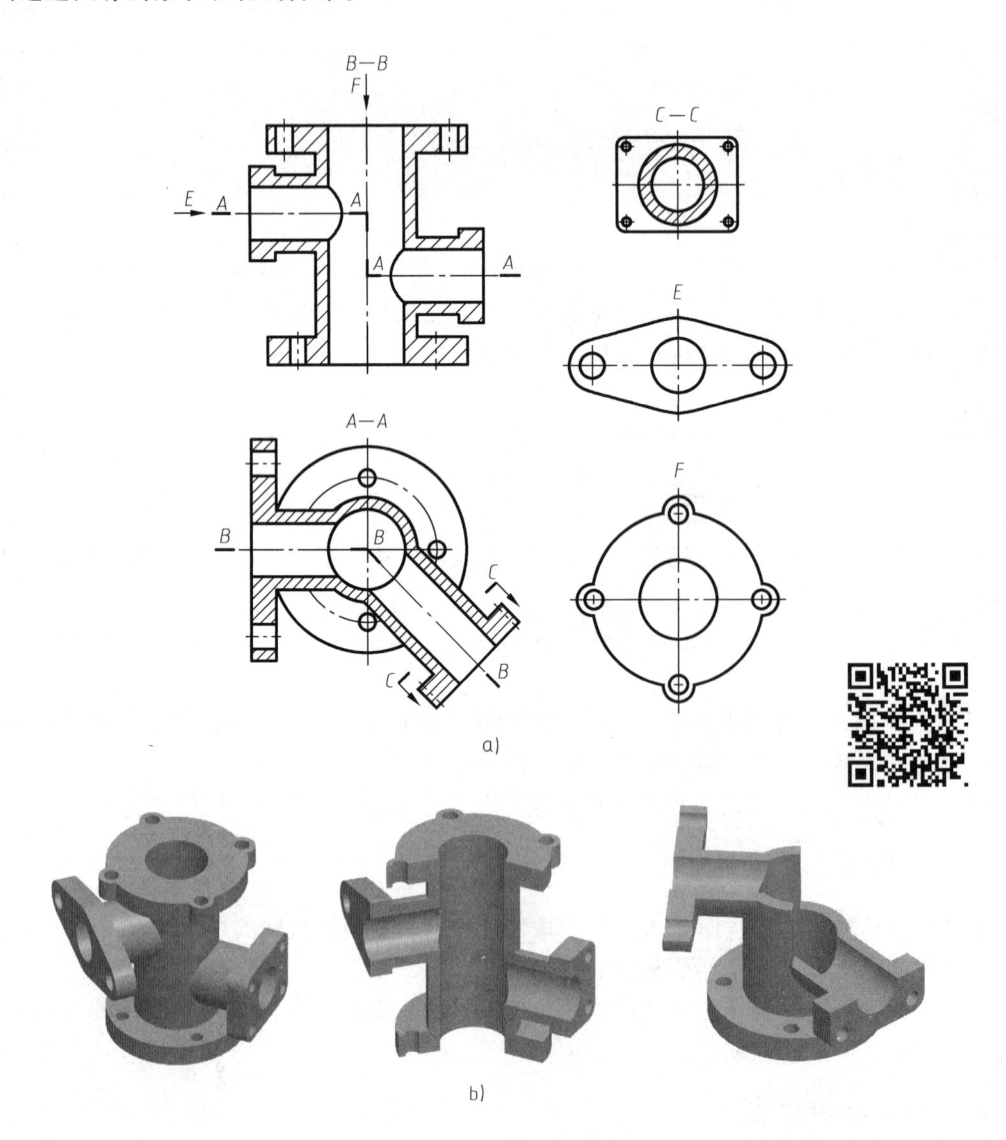

图 6-32　管接头的表达方法

想一想：

如何分析和表达零件的图样？

任务单

做习题集上课堂作业第 8 题。

学习评价

自评	互评	老师评价	总分

任务 6　介绍第三角画法

任务描述

活动在多媒体教室进行，学生应准备好手工绘图工具。通过活动让学生了解第三角画法，并能完成简单的第三角画法绘图任务。

知识链接

一、第三角投影法的概念

如图 6-33 所示，由三个互相垂直相交的投影面组成的投影体系，把空间分成了 8 个部分，每一部分为一个分角，依次为Ⅰ、Ⅱ、Ⅲ、Ⅳ、…、Ⅶ、Ⅷ分角。将机件放在第一分角进行投影，称为第一角画法。而将机件放在第三分角进行投影，称为第三角画法。

二、比较第三角画法与第一角画法

第三角画法与第一角画法的区别在于人（观察者）、物（机件）、图（投影面）的位置关系不同。

采用第一角画法时，是把物体放在观察者与投影面之间，从投影方向看是“人、物、图”的关系，如图 6-34 所示。

采用第三角画法时，是把投影面放在观察者与物体之间，从投影方向看是“人、图、物”的关系，如图 6-35 所示。投影时就好像隔着“玻璃”看物体，将物体的轮廓形状印在“玻璃”（投影面）上。

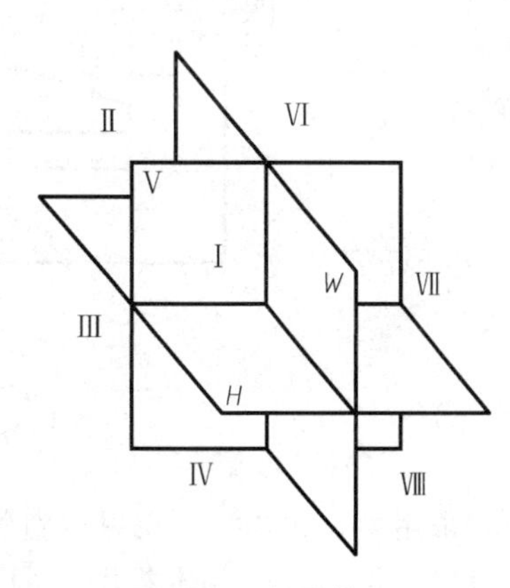

图 6-33　投影体系

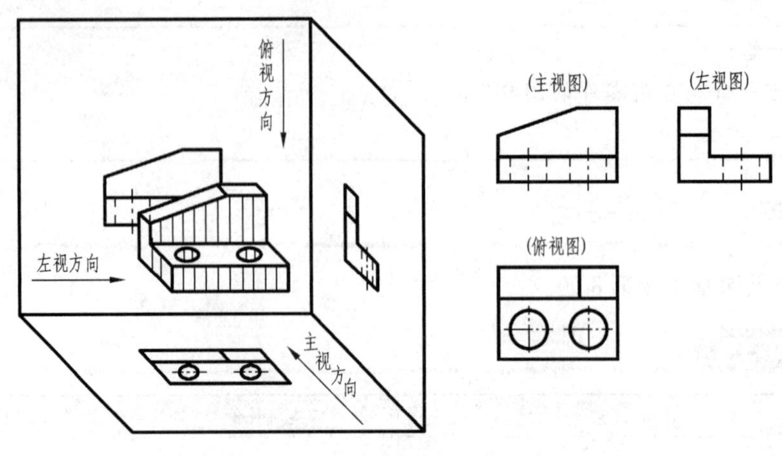

图6-34　第一角画法

三、第三角投影图的形成

采用第三角画法时，在如图6-33所示投影体系上，从前面观察物体在 V 面上得到的视图称为前视图；从上面观察物体在 H 面上得到的视图称为顶视图；从右面观察物体在 W 面上得到的视图称为右视图。各投影面的展开方法是：V 面不动，H 面向上旋转90°，W 面向右旋转90°，从而使三投影面处于同一平面内。

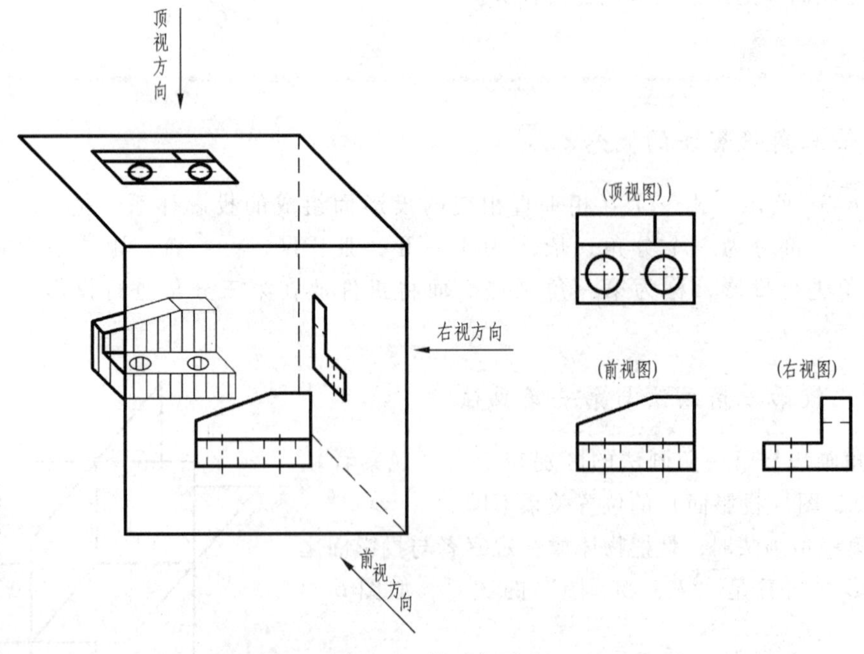

图6-35　第三角画法

采用第三角画法时也可以将物体放在正六面体中，分别从物体的六个方向向各投影面进行投影，得到六个基本视图，即在三视图的基础上增加了后视图（从后往前看）、左视图（从左往右看）、底视图（从下往上看）。第三角画法投影面展开如图6-36所示。

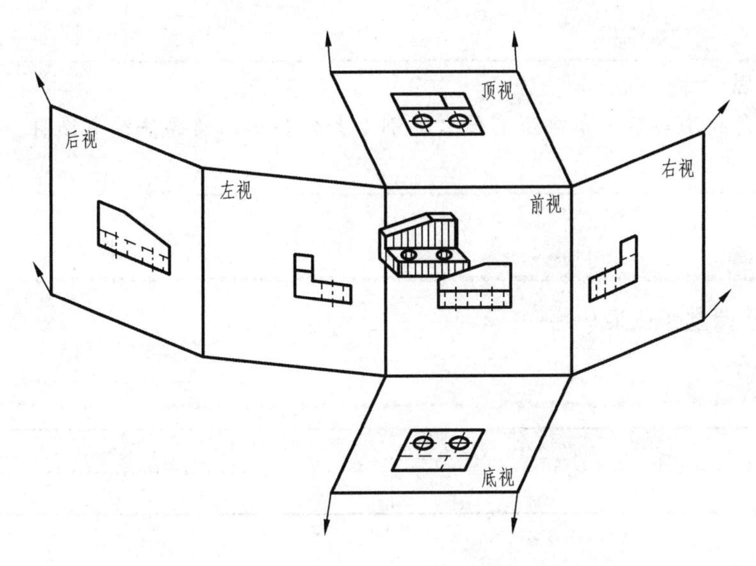

图 6-36　第三角画法投影面展开图

第三角画法视图的配置如图 6-37 所示。

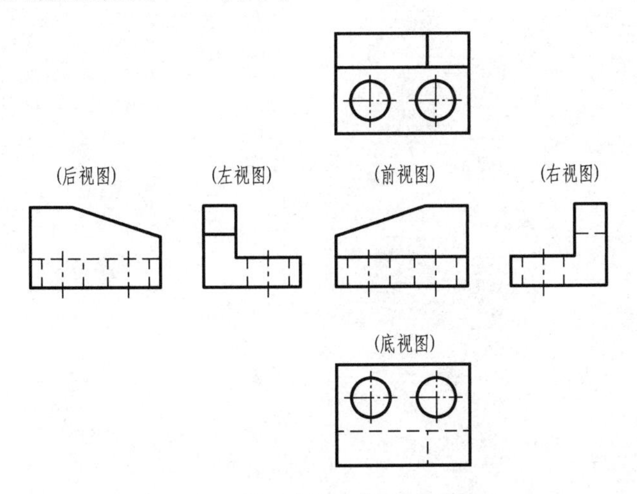

图 6-37　第三角画法视图的配置图

四、第一角和第三角画法的识别符号

在国际标准中规定，可以采用第一角画法，也可以采用第三角画法。为了区别这两种画法，规定在标题栏中专设的格内用规定的识别符号表示，如图 6-38 所示。

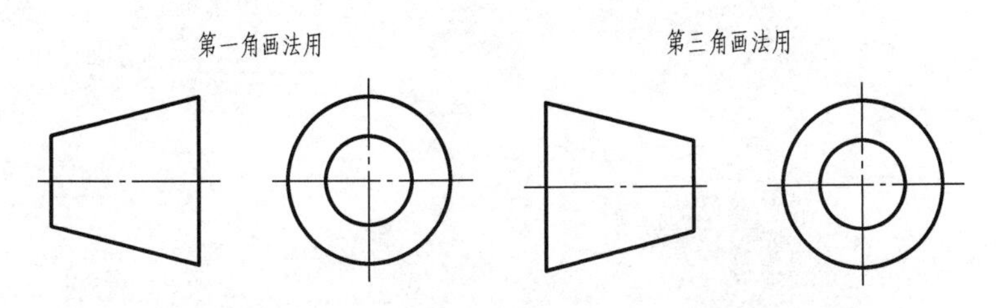

图 6-38　第一角画法和第三角画法的识别符号

想一想：

第三角画法与第一角画法有什么区别？如何用第三角画法绘制图样？

任务单

做习题集上课堂作业第9题。

学习评价

自评	互评	老师评价	总分

单元7 识读常用机件及结构要素的表示法

学习目标

1. 了解国家标准常用机件及结构要素的有关规定。
2. 能正确识读常用机件及结构要素。
3. 能熟练按规定绘制螺纹、齿轮、键、销和轴承等的图样。

任务1 绘制螺纹及螺纹紧固件

任务描述

活动在多媒体教室进行，学生应准备好手工绘图工具。通过活动让学生了解螺纹及螺纹连接的知识，并能熟练使用手工绘图工具完成螺纹及螺纹连接的绘图任务。

知识链接

一、螺纹的视图及标注

1. 螺纹的加工

在圆柱表面或圆锥表面上，沿着螺旋线形成的具有相同剖面的连续凸起和沟槽，称为螺纹。螺纹的加工都是根据螺旋线的形成原理而得到的，如图7-1所示。

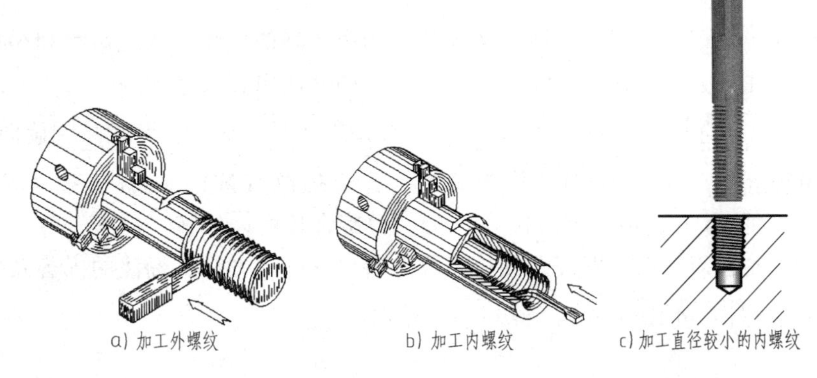

图7-1　螺纹的加工方法

2. 螺纹的基本要素

螺纹的基本要素包括牙型、直径、螺距（或导程）、线数和旋向。内、外螺纹在配合时，两者的基本要素必须相同，如图7-2所示。

螺纹的导程（Ph）、线数（n）与螺距（P）的关系，如图7-3所示。

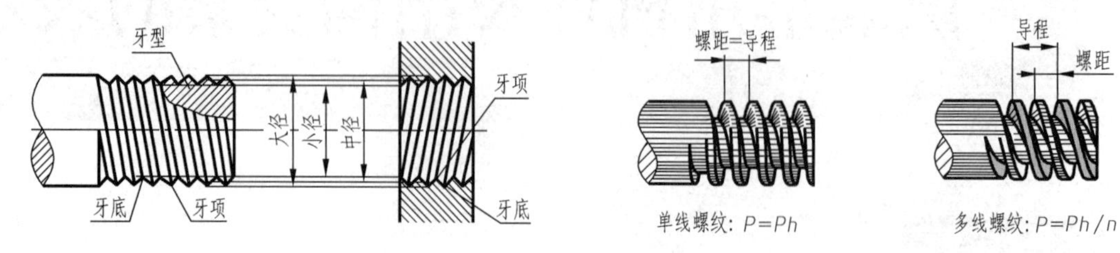

图7-2　螺纹的基本要素

图7-3　螺纹的导程、线数与螺距的关系

螺纹按旋进的方向不同，分为左旋螺纹和右旋螺纹。按顺时针方向旋进的螺纹称为右旋螺纹；按逆时针方向旋进的螺纹称为左旋螺纹，如图7-4所示。

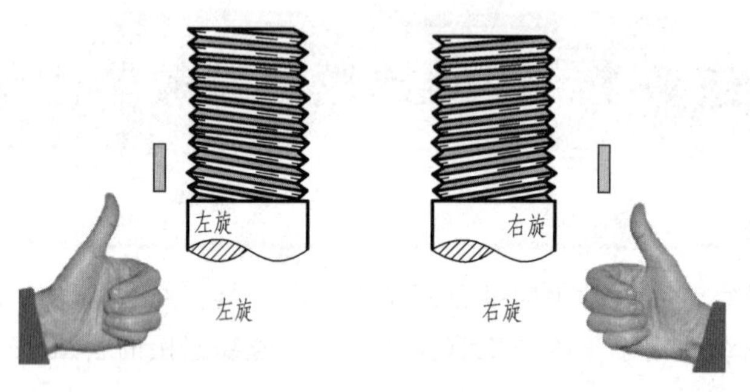

图7-4　螺纹旋向

3. 螺纹按用途分类

（1）紧固（连接）螺纹　如普通螺纹。

（2）传动螺纹　如梯形螺纹、锯齿形螺纹、矩形螺纹。

（3）管螺纹　如螺纹密封的管螺纹。

（4）专门用途的螺纹　如自攻螺钉用螺纹等。

4. 螺纹的代号与标注

螺纹的标注包括螺纹标记的标注、螺纹长度和螺纹副的标注。普通螺纹和梯形螺纹是用标注尺寸的形式注在大径或其引出线上，普通螺纹的标注内容及格式为

[特征代号] [公称直径]⊖ × [*Ph* 导程 *P* 螺距] - [公差带代号] - [旋合长度代号] - [旋向代号]

例如： M20×1.5-5g6g-S-LH，其含义为：普通螺纹（M），公称直径为20，螺距为1.5，中径公差代号为5g，顶径公差代号为6g；短旋合长度；左旋（LH）。

管螺纹的标注必须采用从螺纹大径轮廓线上引出的标注方法，标注的内容及格式为

[螺纹特征代号] [尺寸代号] [公差等级代号] [旋向]

⊖ 代表螺纹尺寸的直径称为螺纹的公称直径。普通螺纹的公称直径是指螺纹的大径。对于管螺纹，则称为尺寸代号。

当螺纹为左旋时，应在最后加注“LH”。

例如：Rc3/4LH，其含义为：尺寸代号为3/4的左旋圆锥内螺纹。55°非密封管螺纹的标记由螺纹特征代号、尺寸代号和公差等级代号组成。

常用螺纹的规定标注，见表7-1。

表7-1　常用螺纹的规定标注

螺纹类别（特征代号）		标注方式	标记示例	标注说明
普通螺纹（M）	粗牙	M12−5g 6g：顶径公差带代号；中径公差带代号；螺纹直径	M20−5g	1. 螺纹的标记，应注在大径的尺寸线或注在其引出线上 2. 粗牙螺纹不标注螺距 3. 细牙螺纹标注螺距（按规定6g不注） 4. 左旋螺纹要注写LH，右旋螺纹不注
	粗牙	M12−7H−L−LH：旋向（左旋）；旋合长度；中径和顶径公差带代号	M20−7H−L−LH	
	细牙	M30×1.5−5g6g：螺距	M30×1.5−5g	
梯形螺纹（Tr）	单线	Tr30×7−7e：中径公差带代号	Tr30×7−7e	1. 单线螺纹只注螺距，多线螺纹注导程、螺距 2. 旋合长度分为中等（N）和长（L）两组，中等旋合长度可不标注
	多线	Tr30×14(P7)LH−7e：旋向（左旋）；螺距；导程	Tr30×7−7e	
锯齿形螺纹（B）		B40×6−7e B40×14(P7)LH−8c−L	B40×14(P7)LH−8c−L	与梯形螺纹标注说明相同
55°非密封管螺纹（G）	内螺纹	G1/2	G1/2	1. 特征代号右边的数字为尺寸代号，即管子内通径单位为英寸 2. 内螺纹公差等级只有一种，不标注公差等级；外螺纹公差等级分为A级和B级两种，需标注
	外螺纹	G1/2A	G1/2A	

螺纹长度标注时，螺纹长度指不包括螺尾在内的有效螺纹长度；否则应另加说明或按实际需要标注，如图7-5所示。

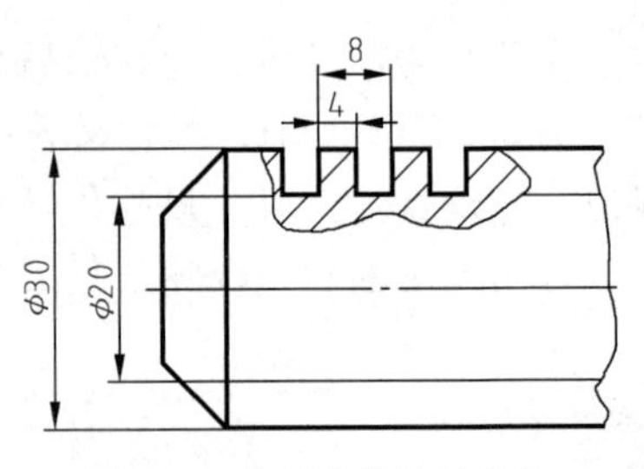

图7-5　非标准螺纹的标注

二、螺纹的规定画法

1. 外螺纹的规定画法

螺纹牙顶（大径）及螺纹终止线用粗实线表示；牙底（小径）用细实线表示（小径近似地画成大径的0.85倍），并画出螺杆的倒角或倒圆部分，在垂直于螺纹轴线的投影面的视图中，表示牙底圆的细实线只画约3/4圈，此时轴与孔上的倒角投影不应画出，如图7-6所示。

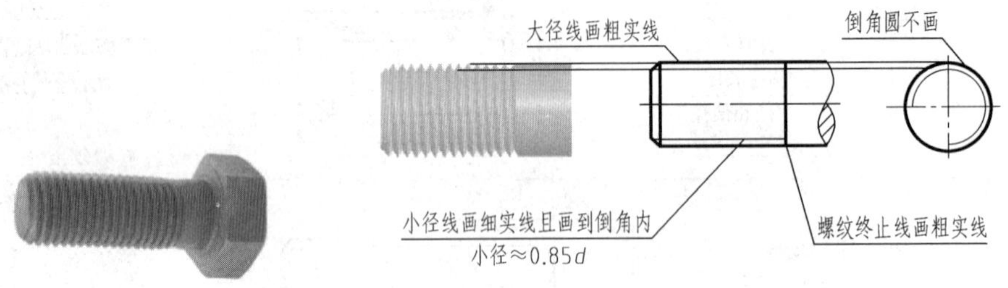

图7-6　外螺纹的画法

2. 内螺纹的规定画法

内螺纹一般画成剖视图，其牙顶（小径）及螺纹终止线用粗实线表示；牙底（大径）用细实线表示，剖面线画到粗实线为止。在垂直于螺纹轴线的投影面的视图中，小径圆用粗实线表示；大径圆用细实线表示，且只画3/4圈，此时，螺纹倒角或倒圆省略不画，如图7-7所示。

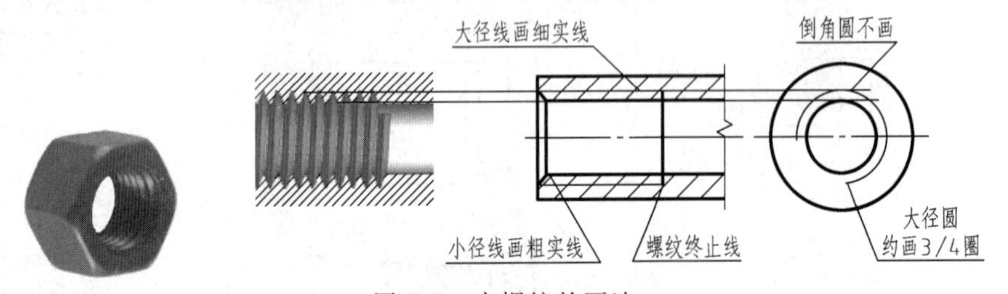

图7-7　内螺纹的画法

三、螺栓、螺母和垫圈的比例画法

螺栓、螺母和垫圈的比例画法如图7-8所示。

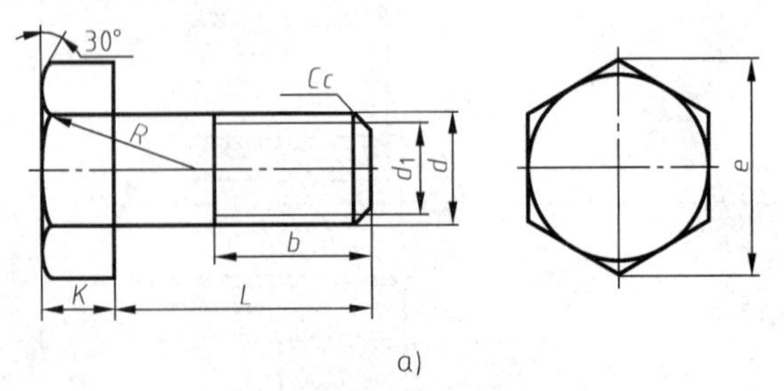

a)

图7-8　螺栓、螺母和垫圈的比例画法

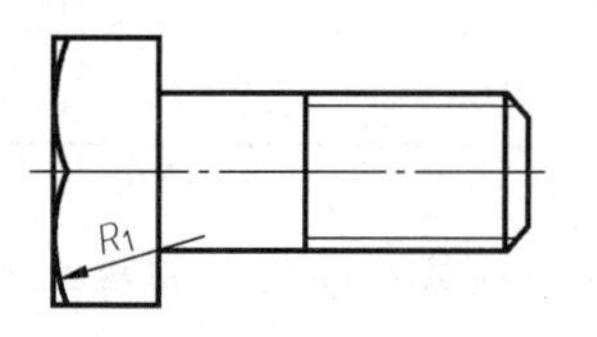

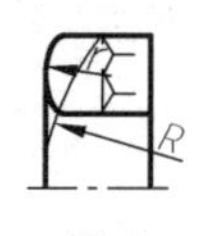

$d_1=0.85d$
$c=0.15d$
$b=2d$
$R=1.5d$
$k=0.7d$
$e=2d$
$R_1=d$

b)

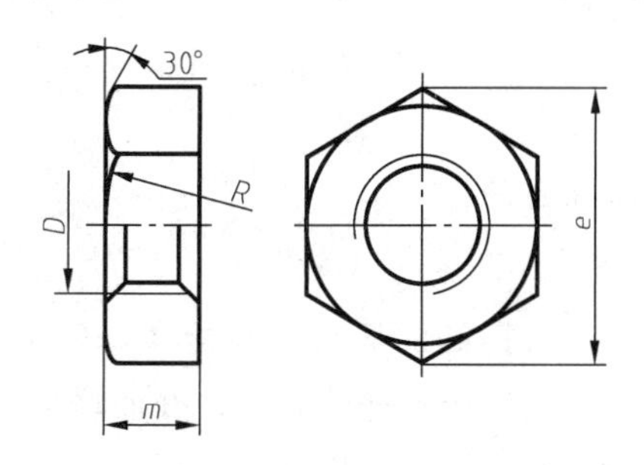

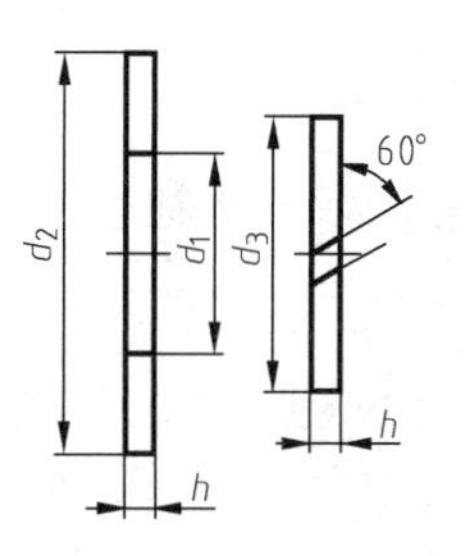

$d_2=2.2d$
$d_1=1.1d$
$h=0.15d$
$d_3=1.5d$
$n=0.12d$
$D=d$
$m=0.8d$

c)

图 7-8　螺栓、螺母和垫圈的比例画法（续）

常用螺纹紧固件及其标记见表 7-2。

表 7-2　常用螺纹紧固件及其标记

名称	标记示例	名称	标记示例
六角头螺栓	螺栓 GB/T 5782　M12×50	开槽沉头螺钉	螺钉 GB/T 68　M10×50
双头螺柱	螺柱 GB/T 897　M12×50	十字槽沉头螺钉	螺钉 GB/T 819.1　M10×45
开槽锥端紧定螺钉	螺钉 GB/T 71　M6×20-14H	1 型六角螺母	螺母 GB/T 6170　M16
开槽长圆柱端紧定螺钉	螺钉 GB/T 75　M10×50-14H	1 型六角开槽螺母	螺母 GB/T 6178　M16
开槽圆柱头螺钉	螺钉 GB/T 65　M10×45	平垫圈	垫圈 GB/T 97.1　16

想一想：

日常生活中有哪些螺纹？螺纹有哪些参数？如何绘制螺纹？

四、螺纹连接的画法

螺纹连接有螺栓连接、双头螺柱连接和螺钉连接。

1. 螺栓连接

螺栓适用于连接两个不太厚的零件和需要经常拆卸的场合。螺栓穿入两个零件的光孔，再套上垫圈，然后用螺母拧紧。垫圈的作用是防止损伤零件的表面，并能增加支承面积，使其受力均匀。如图7-9所示，画螺栓连接图时，应注意以下几点。

1）螺栓公称长度估算公式为：$L=t_1+t_2+$垫圈厚度$+$螺母高度$+a$；其中t_1、t_2表示被连接零件的厚度。$a=(0.3\sim0.4)d$；螺纹长度$L_0=(1.5\sim2)d$；光孔直径$d_0=1.1d$。

2）在装配图中，当剖切平面通过螺杆的轴线时，对于螺柱、螺栓、螺钉、螺母及垫圈等均按未剖切状态绘制。

3）螺纹紧固件的工艺结构，如倒角、退刀槽、缩颈等均可省略不画。

4）两个被连接零件的接触面只画一条线；两个零件相邻但不接触，画成两条线。

5）在剖视图中表示相邻两个零件时，相邻零件的剖面线必须以不同的方向或以不同的间隔画出。同一个零件的各个剖面区域，其剖面线画法应一致。

2. 双头螺柱连接

双头螺柱为两头制有螺纹的圆柱体，当两个被连接的零件有一个较厚不宜钻成通孔时，通常在较薄的零件上钻通孔，在较厚的零件上则加工出螺孔，采用双头螺柱连接。双头螺柱的两端都有螺纹，一端旋入较厚零件的螺孔中，称为旋入端；另一端穿过较薄零件上的通孔，再套上垫圈，用螺母拧紧，称为紧固端。双头螺柱连接的比例画法和螺栓连接的比例画法基本相同，如图7-10所示。

图7-9　螺栓连接

画双头螺柱装配图时应注意以下几点。

1）双头螺柱的公称长度L按下式估算：$L\geqslant t+0.15d+0.8d+(0.3\sim0.4)d$；其中$t$表示通孔零件的厚度。然后将估算出的数值圆整成标准系列值。

2）双头螺柱旋入端的长度b_m与被旋入零件的材料有关：

对于钢或青铜　$b_m=d$

对于铸铁　$b_m=(1.25\sim1.5)d$

对于铝合金　$b_m=2d$

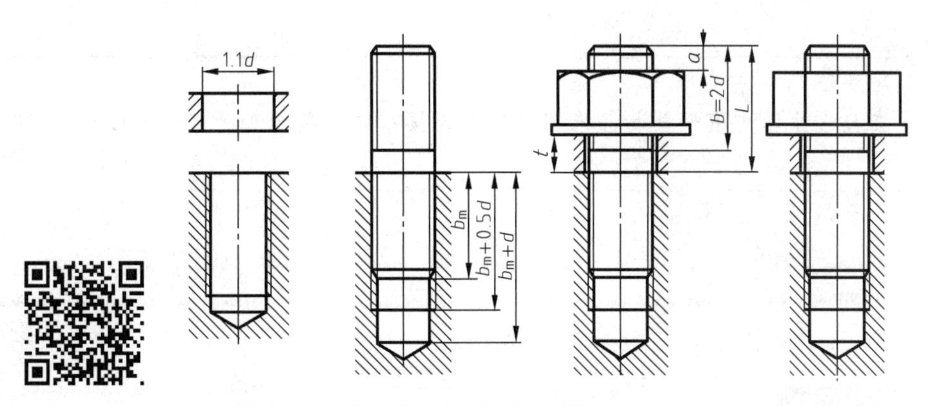

图7-10　双头螺柱连接

旋入端的螺纹终止线应与结合面平齐，表示旋入端已足够地拧紧。

被连接件螺孔的螺纹深度应大于旋入端的螺纹长度 b_m，一般螺孔的深度按（b_m + 0.5d）画出。在装配图中，不钻通的螺纹孔可不画出钻孔深度，仅按有效螺纹部分的深度画出。

3. 螺钉连接

螺钉连接的特点是：不使用螺母，仅靠螺钉与一个零件上的螺孔旋紧连接，如图7-11所示。

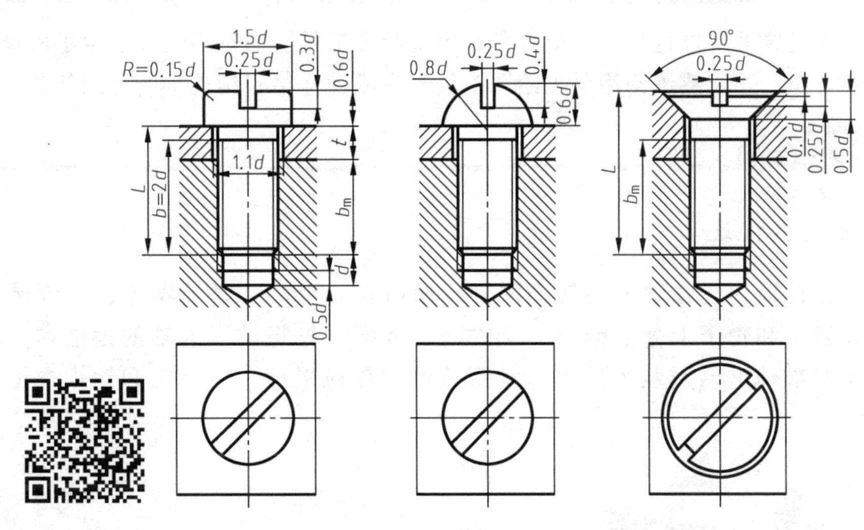

图7-11　螺钉连接

画图时注意以下几点。

1）螺钉的公称长度 L 可按下式计算：$L = t + b_m$；式中 t 表示通孔零件的厚度；b_m 根据被旋入零件的材料而定。然后将估算出的数值圆整成标准系列值。

2）螺纹终止线应高出螺纹孔端面，以表示螺钉尚有拧紧的余地，而被连接件已被压紧。

3）在垂直于螺钉轴线的视图中，螺钉头部的一字槽要偏转45°，并采用简化的单线画出。在投影为圆的视图中，螺钉头部的一字槽画在与中心线倾斜45°角位置。

想一想：

在日常生活中有哪些物品采用了螺纹连接？分别属于哪种螺纹连接？

任务单

做习题集上课堂作业第1、2、3和4题。

学习评价

自评	互评	老师评价	总分

任务2 绘制键和销连接

任务描述

活动在多媒体教室进行，学生应准备好手工绘图工具。通过活动让学生了解键连接和销连接的基本知识，并能熟练使用手工绘图工具来完成键连接和销连接的绘图任务。

知识链接

一、键连接概述

键用来连接轴和装在轴上的转动零件，如齿轮、带轮、联轴器等，起传递转矩的作用。通常在轴上和轮子上分别制出一个键槽，装配时先将键嵌入轴的键槽内，然后将轮毂上的键槽对准轴上的键装入即可。常用的键有普通平键、半圆键和钩头楔键等，如图7-12所示。

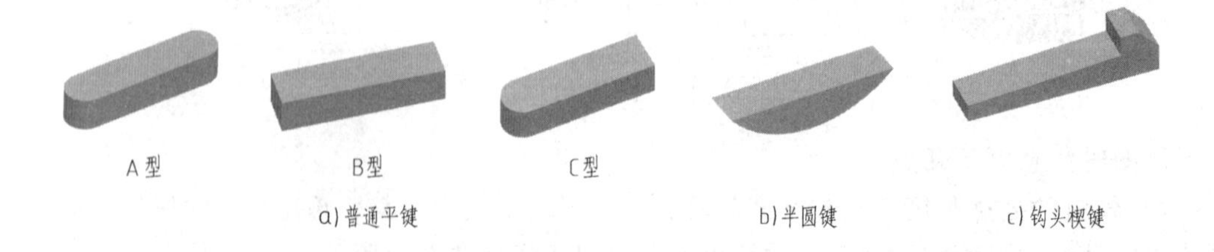

图7-12 常用的几种键

由于它们均为标准件，其结构和尺寸以及相应的键槽尺寸都可以在相应的国家标准中查到。常用键的型式、画法及标记见表7-3。

表 7-3　常用键的型式、画法及标记

名称	标准号	图例	标记示例
普通平键	GB/T 1096—2003		$b=18\text{mm}, h=11\text{mm}, L=100\text{mm}$ 的圆头普通平键（A 型）： GB/T 1096　键　18×11×100
半圆键	GB/T 1098—2003		$b=6\text{mm}, h=10\text{mm}, d_1=25\text{mm}, L\approx 24.5\text{mm}$ 的半圆键： GB/T 1098　键　6×10×25
钩头楔键	GB/T 1565—2003		$b=18\text{mm}, h=11\text{mm}, L=100\text{mm}$ 的钩头楔键： GB/T 1565　键　18×100

二、键槽和键连接的画法

1. 普通平键连接

画平键连接装配图前，先要知道轴的直径和键的型式，然后查有关标准确定键的公称尺寸 b 和 h 及轴和轮子的键槽尺寸，并选定键的标准长度 L。

例如：已知轴的直径为 24mm，采用 A 型普通平键，由标准 GB/T 1095—2003 查得键的尺寸 $b=8\text{mm}$，$h=7\text{mm}$；轴和轮（毂）上键槽尺寸 $t=4\text{mm}$，$t_1=3.3\text{mm}$，键长 L 应小于轮（毂）厚度（$B=25\text{mm}$），从标准 GB/T 1096—2003 中选取键长 $L=22\text{mm}$，其零件图中轴和轮（毂）上键槽尺寸标注如图 7-13 所示。

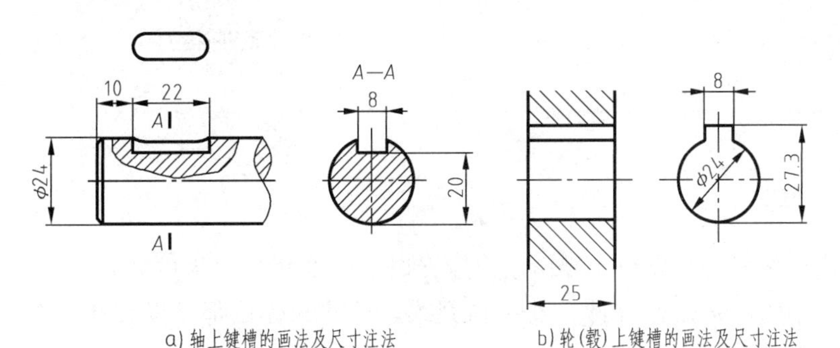

a) 轴上键槽的画法及尺寸注法　　b) 轮(毂)上键槽的画法及尺寸注法

图 7-13　键槽的画法

普通平键是用两侧面为工作面来作周向固定和传递运动和动力，因此，其两侧面和下底面均与轴、轮（毂）上键槽的相应表面接触，而平键顶面与轮（毂）键槽顶面之间不接触，则留有间隙。其装配图画法如图 7-14 所示。

国标规定在装配图中，对于键等实心零件，当剖切平面通过其对称平面纵向剖切时，键按不剖绘制。

2. 半圆键连接

半圆键的两侧面为工作面，与轴和轮（毂）上的键槽两侧面接触，而半圆键的顶面与轮（毂）键槽顶面之间不接触，则留有间隙。由于半圆键在键槽中能绕槽底圆弧摆动，可以自动适应轮（毂）中键槽的斜度，因此适用于具有锥度的轴。

半圆键连接与普通平键连接相似，其装配图画法如图 7-15 所示。

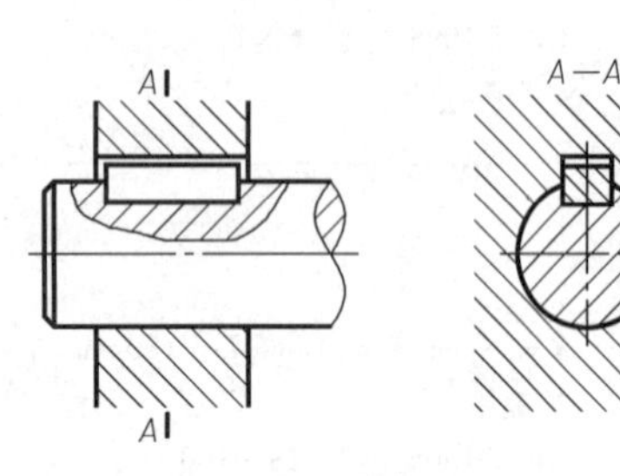

图 7-14　平键连接装配图画法

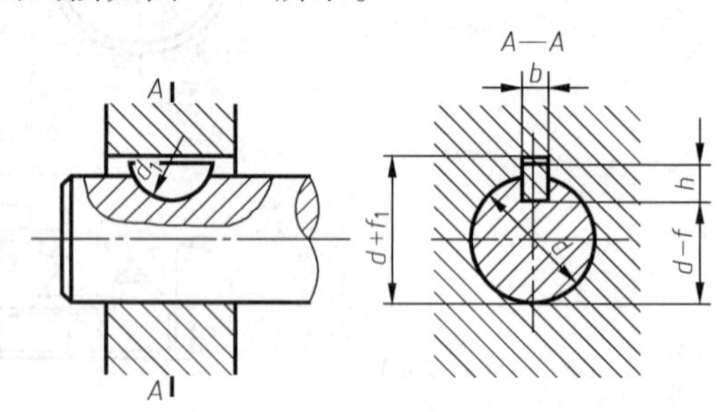

图 7-15　半圆键连接装配图画法

3. 钩头楔键连接

钩头楔键的上下两面是工作面，而键的两侧为非工作面，楔键的上表面有 1∶100 的斜度，装配时打入轴和轮（毂）的键槽内，靠楔面作用传递转矩，能轴向固定零件和传递单向的轴向力，钩头楔键连接的装配图画法如图 7-16 所示。

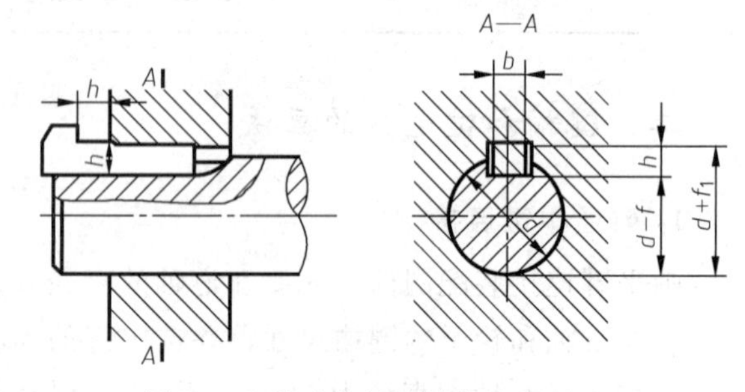

图 7-16　钩头楔键连接装配图画法

想一想：

在日常生活中有哪些物品采用了键连接？是哪种键连接？

三、销连接

销在机器中主要起定位和连接作用，连接时，只能传递不大的转矩。常用的有圆柱销、圆锥销和开口销等。销是标准件，其结构型式、尺寸和标记都可以在相应的国家标准中查到。常用销的型式、画法及标记见表 7-4。

表 7-4　常用销的型式、画法及标记

名称	标准号	图例	标记示例
圆柱销	GB/T 119.1—2000		公称直径 $d=8$mm、长度 $L=18$mm、材料 35 钢、热处理硬度为 28 ~ 38HRC、表面氧化处理的 A 型圆柱销： 销 GB/T 1191　A8 × 18
圆锥销	GB/T 117—2000		公称直径 $d=10$mm、长度 $L=60$mm、材料为 35 钢、热处理硬度为 28 ~ 38HRC、表面氧化处理的 A 型圆锥销： 销　GB/T 117　10 × 60
开口销	GB/T 91—2000		公称规格为 5mm、长度 $L=50$mm、材料为低碳钢、不经表面处理的开口销： 销 GB/T-91　5 × 50

圆柱销和圆锥销的画法与一般零件相同。如图 7-17 所示，在剖视图中，当剖切平面通过销的轴线时，按不剖处理。画轴上的销连接时，通常对轴采用局部剖，表示销和轴之间的配合关系。用圆柱销和圆锥销连接零件时，装配要求较高，被连接零件的销孔一般在装配时同时加工，并在零件图上注明“与 × ×件配作”，如图 7-18 所示。开口销常与槽形螺母配合使用，它穿过螺母上的槽和螺杆上的孔以防止螺母松动。

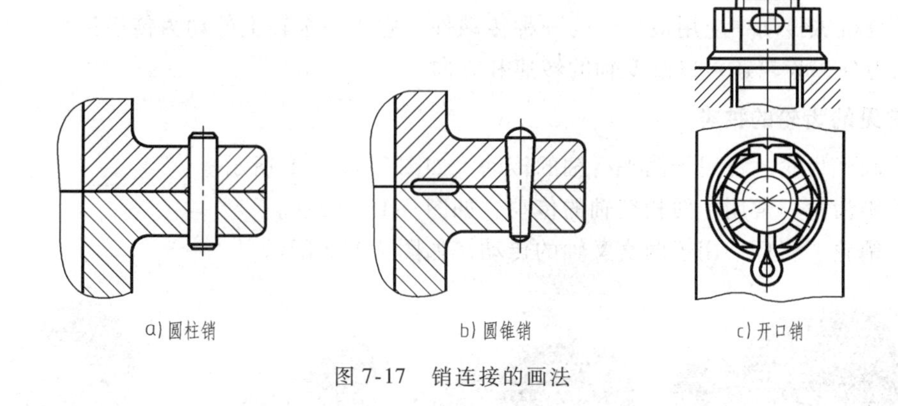

a) 圆柱销　　b) 圆锥销　　c) 开口销

图 7-17　销连接的画法

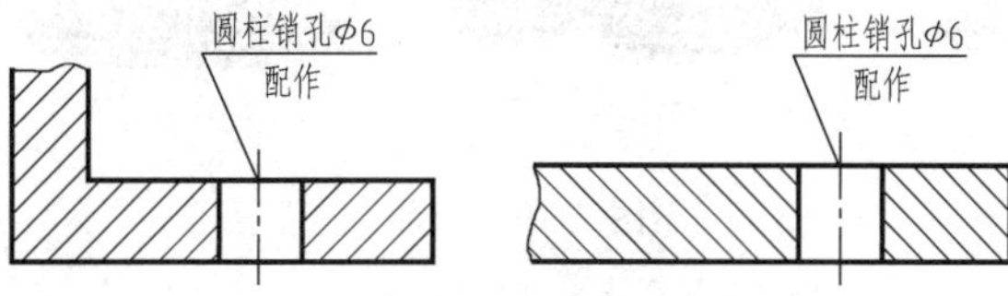

图 7-18　配作

想一想：

在日常生活中有哪些物品采用了销连接？是哪种销连接？

任务单

做习题集上课堂作业第5题。

学习评价

自评	互评	老师评价	总分

任务3　绘制齿轮及齿轮连接

任务描述

活动在多媒体教室进行，学生应准备好手工绘图工具。通过活动让学生了解齿轮的知识，并能熟练使用手工绘图工具来完成齿轮及齿轮连接的绘图任务。

知识链接

一、齿轮概述

齿轮是机械传动中应用最广泛的一种传动件，它将一个轴上的动力传递给另一个轴；除了传递动力外，齿轮还可以改变轴的转速和方向。

1. 常见的齿轮的种类

（1）圆柱齿轮　常用于两平行轴的传动，如图7-19a、b所示。

（2）锥齿轮　常用于两相交轴的传动，如图7-19c所示。

（3）蜗轮、蜗杆　用于两交叉轴的传动，如图7-19d所示。

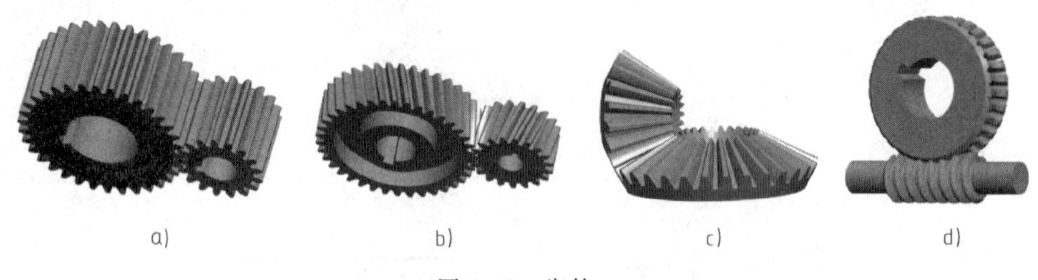

a)　b)　c)　d)

图7-19　齿轮

2. 齿轮的结构

齿轮一般由轮体和轮齿两部分组成。

1）轮体部分根据设计要求有平板式、轮辐式、辐板式等。

2）轮齿部分的齿廓曲线可以是渐开线、摆线和圆弧。目前最常用的是渐开线齿形。

3）轮齿的方向有直齿、斜齿、人字齿等。

4）轮齿有标准与变位之分，具有标准轮齿的齿轮称为标准齿轮。

二、标准齿轮的规定画法

1. 圆柱齿轮各部分的名称和代号

圆柱齿轮分为直齿圆柱齿轮、斜齿圆柱齿轮和人字齿轮。图 7-20 所示是一个直齿圆柱齿轮，它的部分名称如下。

（1）齿顶圆　齿顶圆是通过轮齿顶部的圆，其直径以 d_a 表示。

（2）齿根圆　齿根圆是通过轮齿根部的圆，其直径以 d_f 表示。

（3）分度圆　在标准齿轮上，分度圆是齿厚 s 与齿槽宽 e 相等处的圆，其直径以 d 表示。

（4）齿高　轮齿在齿顶圆和齿根圆之间的径向距离称为齿高，用 h 来表示；分度圆将齿高分为两部分，齿顶圆与分度圆之间的径向距离称为齿顶高，以 h_a 表示；分度圆与齿根圆之间的径向距离称为齿根高，以 h_f 表示；齿高 $h = h_a + h_f$。

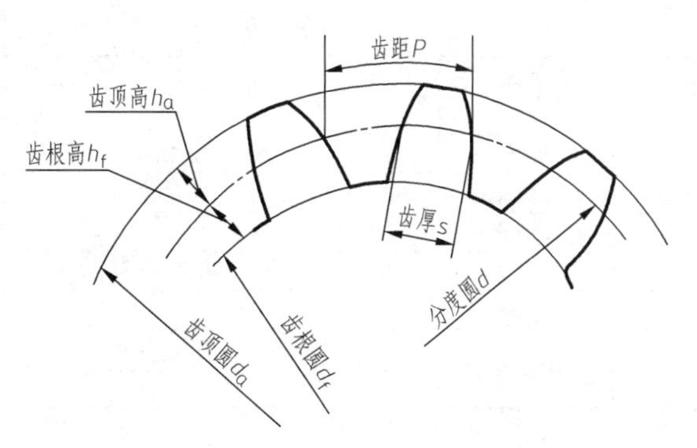

图 7-20　齿轮各部分的名称

（5）齿距　在分度圆上相邻齿的同侧齿面间的弧长称为齿距，用 p 来表示。在标准齿中，齿距 = 齿厚 + 槽宽。

（6）齿数　轮齿的数量称为齿数，用 z 表示。

（7）模数　齿距 p 与 π 的比值，用模数 m 来表示，$m = p/\pi$。模数是齿轮的重要参数，因为相互啮合的两个齿轮的齿距必须相等，所以它们的模数必须相等。模数越大，轮齿各部分尺寸也随之成比例增大，轮齿上能承受的力也越大，如图 7-21 所示。不同模数的齿轮要用不同模数的刀具来制造。为了便于设计加工，国家制定了统一的标准模数系列，圆柱齿轮的模数见表 7-5。

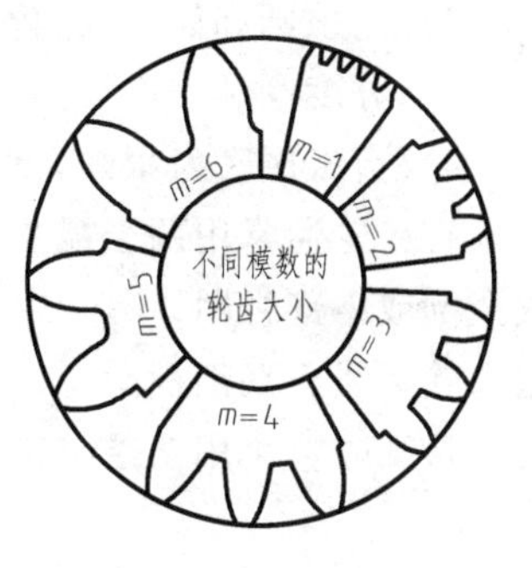

图 7-21　齿轮模数

表 7-5　圆柱齿轮的模数　（单位：mm）

第一系列	1　1.25　1.5　2　2.5　3　4　5　6　8　10　12　16　20　25　32　40　50
第二系列	1.125　1.375　1.75　2.25　2.75　3.5　4.5　5.5　(6.5)　7　9　11　14　18　22　28　36　45

注：1 对斜齿圆柱齿轮是指法向模数 m_n。

2 优先选用第一系列，括号内的数值尽可能不用。

（8）压力角 α　在节点处，两齿廓曲线的公法线（即齿廓的受力方向）与两节圆的内公切线所夹的锐角称为压力角。我国采用的压力角 α 一般为 20°。

2. 标准直齿圆柱齿轮几何要素的尺寸计算

（1）中心距 a　两啮合齿轮轴线之间的距离称为中心距。在标准情况下：

$$a = \frac{1}{2}(d_1 + d_2) = \frac{1}{2}m(z_1 + z_2)$$

（2）速比 i　主动齿轮转速（转/分）与从动齿轮转速之比称为速比。由于转速与齿数成反比，因此，速比亦等于从动齿轮齿数与主动齿轮齿数之比。

$$i=\frac{n_1}{n_2}=\frac{z_2}{z_1}$$

模数、齿数、压力角是齿轮的三个基本参数，它们的大小是通过设计计算并按相关标准确定的。直齿圆柱齿轮几何要素的尺寸计算见表7-6。

表7-6　直齿圆柱齿轮几何要素的尺寸计算

序号	名称	代号	计算公式	说明
1	齿数	z	根据设计要求或测绘而定	z、m是齿轮的基本参数，设计计算时，先确定m、z，然后得出其他各部分尺寸
2	模数	m	$m=p/\pi$ 根据强度计算或测绘而得	
3	分度圆直径	d	$d=mz$	
4	齿顶圆直径	d_a	$d_a=d+2h_a=m(z+2)$	齿顶高 $h_a=m$
5	齿根圆直径	d_f	$d_f=d-2h_f=m(z-2.5)$	齿根高 $h_f=1.25m$
6	齿宽	b	$b=2p\sim3p$	齿距 $p=\pi m$
7	中心距	a	$a=\frac{d_1+d_2}{2}=\frac{m}{2}(z_1+z_2)$	

3. 直齿轮的规定画法（GB/T 4459.2—2003）

齿轮的轮齿部分，一般不按真实投影绘制，而是采用规定画法。

1）一般用两个视图，或者用一个视图和一个局部视图表示单个齿轮。

2）齿顶圆和齿顶线用粗实线绘制。

3）分度圆和分度线用细点画线绘制。

4）齿根圆和齿根线用细实线绘制，可省略不画；在剖视图中齿根线用粗实线绘制。

直齿轮通常用两个视图来表示，轴线水平放置，其中平行于齿轮轴线的投影面的视图画成全剖或半剖视图，另一个视图表示孔和键槽的形状。如图7-22所示，分度圆的点画线应超出轮廓线；在剖视图中，当剖切面通过齿轮轴线时，齿轮一律按不剖处理；当需要表示轮齿的特征时，可用三条与轮齿方向一致的细实线表示。

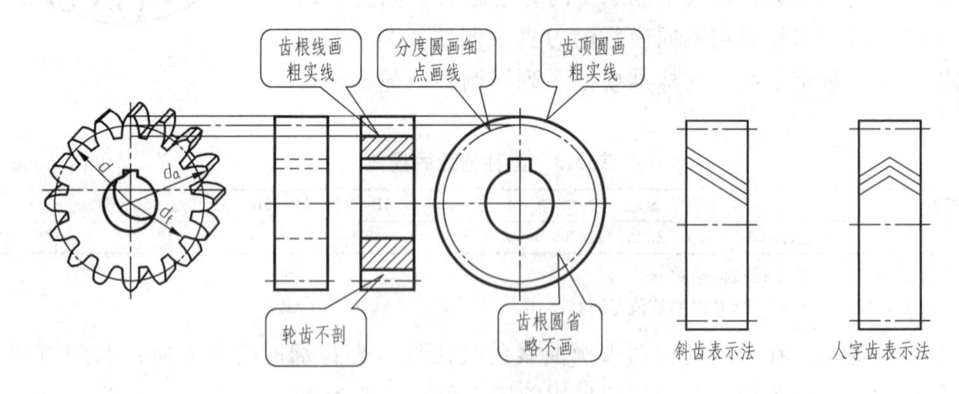

图7-22　单个齿轮的画法

4. 齿轮啮合的画法

在表示齿轮端面的视图中，啮合区内的齿顶圆均用粗实线绘制，如图7-23a所示。也可省略不画，但相切的两分度圆须用点画线画出，两齿根圆省略不画，如图7-23b所示。若不作剖视，则啮合区内的齿顶线不必画出，此时分度线用粗实线绘制，如图7-23c所示。

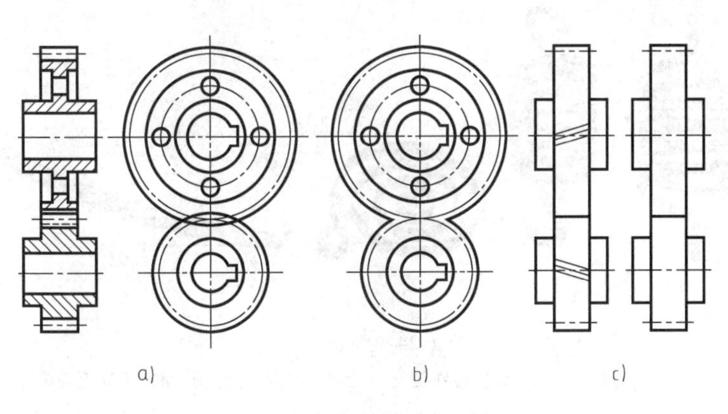

图 7-23　齿轮的啮合画法

想一想：
在日常生活中，有哪些机器上用了齿轮？是哪种齿轮？

任务单

做习题集上课堂作业第 6 题。

学习评价

自评	互评	老师评价	总分

任务 4　绘制弹簧

任务描述

活动在多媒体教室进行，学生应准备好手工绘图工具。通过活动让学生了解弹簧的基本知识，并能绘制弹簧的图样。

知识链接

一、弹簧的概述

弹簧是一种常用零件，它的作用是减振、夹紧、测力、储藏能量等。弹簧的特点是外力去掉后能立即恢复原状。弹簧的种类很多，有螺旋弹簧，平面涡卷弹簧，板弹簧等，如图 7-24 所示。

圆柱螺旋压缩弹簧各部分名称和基本参数见表 7-7。

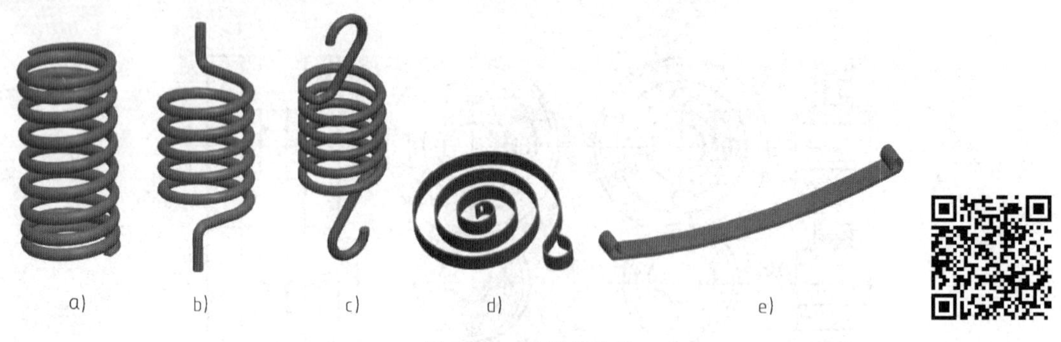

图 7-24　弹簧的种类

a）圆柱螺旋压缩弹簧　b）圆柱螺旋扭转弹簧　c）圆柱螺旋拉伸弹簧　d）平面涡卷弹簧　e）板弹簧

表 7-7　圆柱螺旋压缩弹簧各部分名称和基本参数

名称	符号	说明	图例
型材直径	d	制造弹簧用的材料直径	
弹簧外径	D	弹簧的最大直径	
弹簧内径	D_1	弹簧的最小直径	
弹簧中径	D_2	$D_2 = D - d = D_1 + d$	
有效圈数	n	为了工作平稳，n 一般不小于 3 圈	
支承圈数	n_0	弹簧两端并紧且磨平（或锻平），仅起支承或固定作用的圈数（一般取 1.5、2 或 2.5 圈）	
总圈数	n_1	$n_1 = n + n_0$	
节距	t	相邻两有效圈上对应点的轴向距离	
自由高度	H_0	未受负荷时的弹簧高度 $H_0 = nt + (n_0 - 0.5)d$	
展开长度	L	制造弹簧所需钢丝的长度 $L \approx \pi D n_1$	

在 GB/T 2089—2009 中对圆柱螺旋压缩弹簧的 d、D、t、H_0、n、L 等尺寸都已作了规定，使用时可查阅该标准。

二、圆柱螺旋压缩弹簧的规定画法

圆柱螺旋压缩弹簧的画法，如图 7-25 所示。

1）在平行于螺旋弹簧轴线的投影面的视图中，各圈的外轮廓线应画成直线。

2）螺旋弹簧均可画成右旋，但左旋螺旋弹簧不论画成左旋或右旋，必须加写“左”字。

3）对于螺旋压缩弹簧，如要求两端并紧且磨平时，不论支承圈数多少和末端贴紧情况如何，均按右图（有效圈是整数，支承圈为 2.5 圈）的形式绘制。必要时也可按支承圈的实际结构绘制。

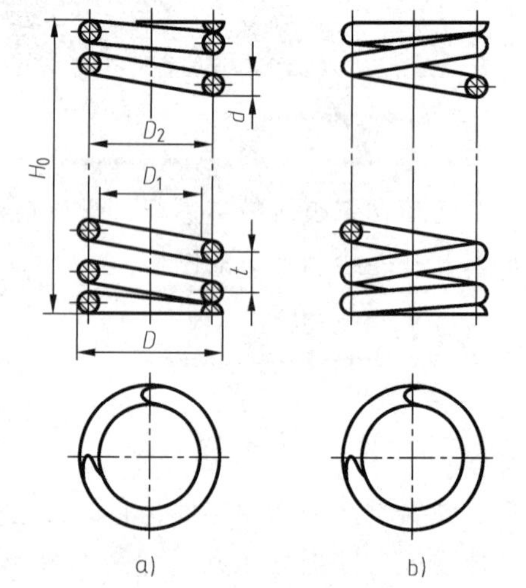

图 7-25　圆柱螺旋压缩弹簧的规定画法

a）剖视图　b）视图

4）当弹簧的有效圈数在 4 圈以上时，可以只画出两端的 1～2 圈（支承圈除外），中间部分省略不画，

用通过弹簧钢丝中心的两条点画线表示，并允许适当缩短图形的长度。

三、弹簧在装配图中的规定画法

1）弹簧中间各圈采用省略画法后，弹簧后面被挡住的零件轮廓不必画出，如图7-26a所示。

2）当簧丝直径在图上小于或等于2mm时，可采用示意画法，如图7-26b所示。

3）当簧丝直径在图上小于或等于2mm时，如果是断面，可以涂黑表示，如图7-26c所示。

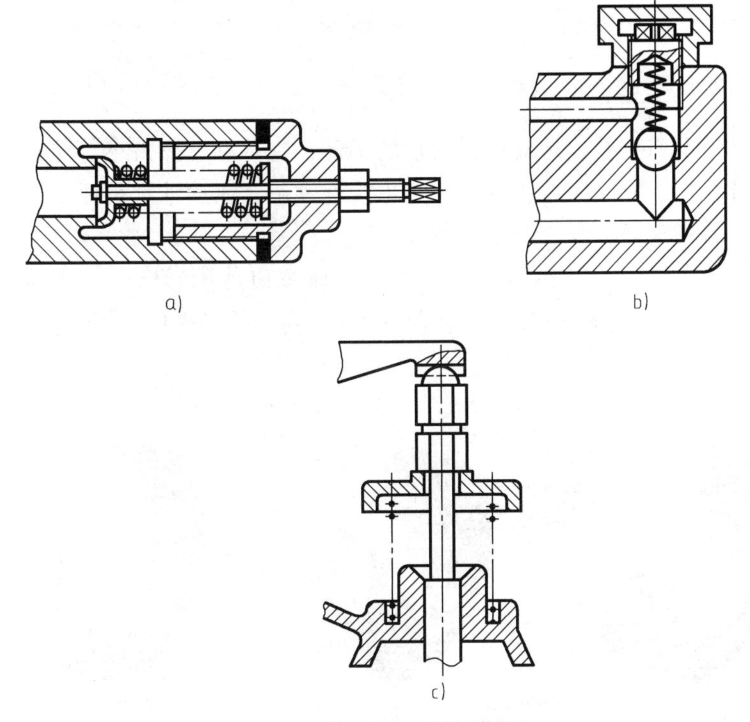

图7-26　装配图中弹簧的画法

想一想：

在日常生活中，有哪些情况采用了弹簧？是哪种弹簧？

任务单

做习题集上课堂作业第7题。

学习评价

自评	互评	老师评价	总分

任务5 绘制滚动轴承

任务描述

活动在多媒体教室进行，学生应准备好手工绘图工具。通过活动让学生了解滚动轴承的基本知识，并能使用手工绘图工具来完成滚动轴承的绘图任务。

知识链接

一、滚动轴承概述

滚动轴承是轴承的一种，是支承转动轴的部件，它具有摩擦力小、转动灵活、旋转精度高、结构紧凑、维修方便等优点，在生产中被广泛采用。滚动轴承是标准部件，由专门工厂生产，需要时根据要求确定型号，选购即可。

滚动轴承的种类很多，但其结构大致相同，通常由外圈、内圈、滚动体（安装在内、外圈的滚道中，如滚珠、滚锥等）和保持架（又称为隔离圈）等零件组成，如图7-27所示。

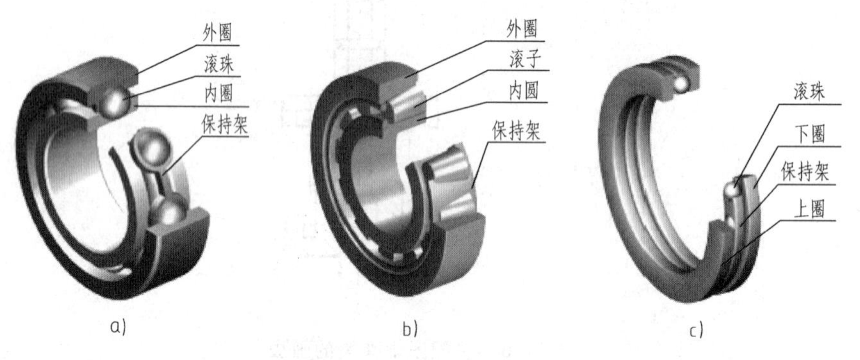

图7-27 滚动轴承

a）深沟球轴承 b）圆锥滚子轴承 c）推力球轴承

国家标准规定滚动轴承的结构、尺寸、公差等级、技术性能等特性用代号表示，滚动轴承的代号由前置代号、基本代号、后置代号组成。前置代号、后置代号是轴承在结构形状、尺寸、公差、技术要求等有所改变时，在其基本代号的左右添加的补充代号。需要时可以查阅有关国家标准。常用滚动轴承的类型、代号及特性见表7-8。

表7-8 常用滚动轴承的类型、代号及特性

轴承类型	简图	代号	标准号	特性
调心球轴承		1	GB/T 281—1994	主要承受径向载荷，也可同时承受少量的双向轴向载荷。外圈滚道为球面，具有自动调心性能，适用于弯曲刚度小的轴

（续）

轴承类型		简图	代号	标准号	特性
调心滚子轴承			2	GB/T 288—1994	用于承受径向载荷，其承载能力比调心球轴承大，也能承受少量的双向轴向载荷。具有调心性能，适用于弯曲刚度小的轴
圆锥滚子轴承			3	GB/T 297—1994	能承受较大的径向载荷和轴向载荷。内外圈可分离，故轴承游隙可在安装时调整，通常成对使用，对称安装
双列深沟球轴承			4	—	主要承受径向载荷，也能承受一定的双向轴向载荷。它比深沟球轴承具有更大的承载能力
推力球轴承	单向		5 （5100）	GB/T 28697—2012	只能承受单向轴向载荷，适用于轴向力大而转速较低的场合
	双向		5 （5200）	GB/T 28697—2012	可承受双向轴向载荷，常用于轴向载荷大、转速不高的场合
深沟球轴承			6	GB/T 276—1994	主要承受径向载荷，也可同时承受少量双向轴向载荷。摩擦阻力小，极限转速高，结构简单，价格便宜，应用最广泛
角接触球轴承			7	GB/T 292—1994	能同时承受径向载荷与轴向载荷，接触角 α 有 15°、25° 和 40° 三种。适用于转速较高、同时承受径向和轴向载荷的场合
推力圆柱滚子轴承			8	GB/T 4663—1994	只能承受单向轴向载荷，承载能力比推力球轴承大得多，不允许轴线偏移。适用于轴向载荷大而不需调心的场合
圆柱滚子轴承	外圈无挡边圆柱滚子轴承		N	GB/T 283—2007	只能承受径向载荷，不能承受轴向载荷。承受载荷能力比同尺寸的球轴承大，尤其是承受冲击载荷能力大

二、滚动轴承的画法

1. 简化画法

在剖视图中，用简化画法绘制滚动轴承时，一律不画剖面线。简化画法可采用通用画法或特征画法，但在同一图样中一般只采用其中一种画法。

表 7-9　常用滚动轴承的画法比较

名称	通用画法	特征画法	规定画法
深沟球轴承	B A d D 2A/3 2B/3	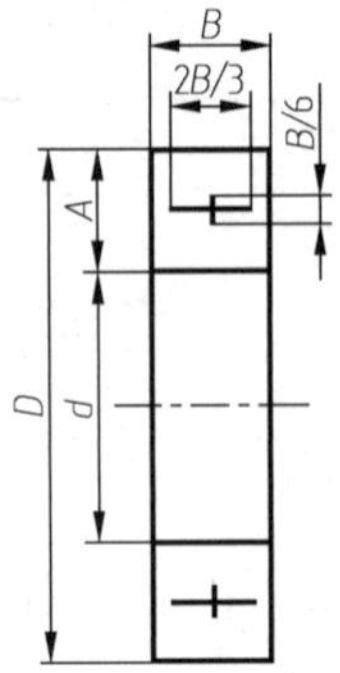 B 2B/3 B/6 A D d	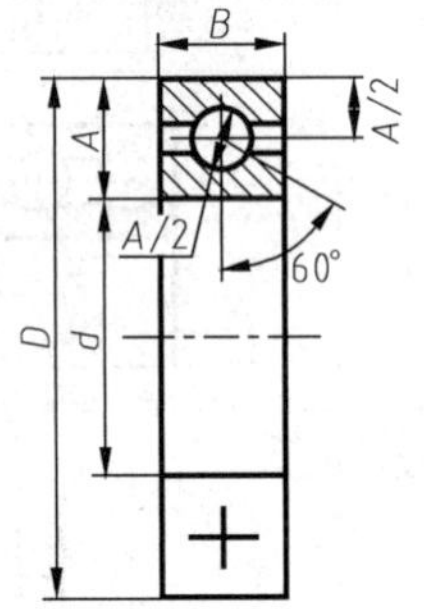 B A A/2 A/2 60° D d
圆锥滚子轴承	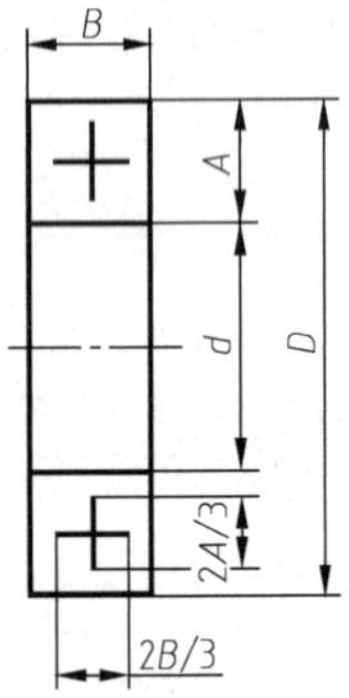	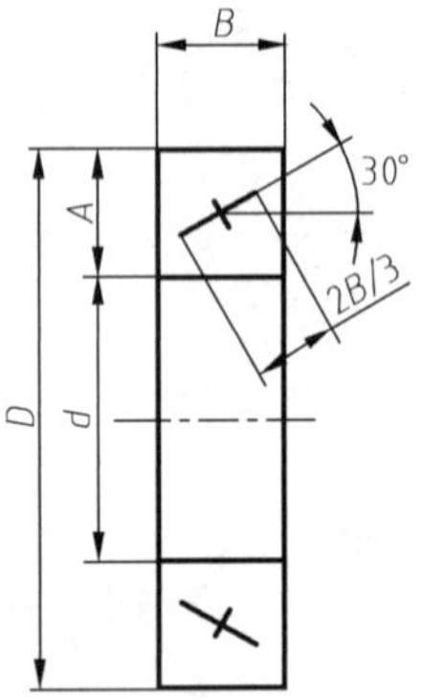 B 30° A 2B/3 D d	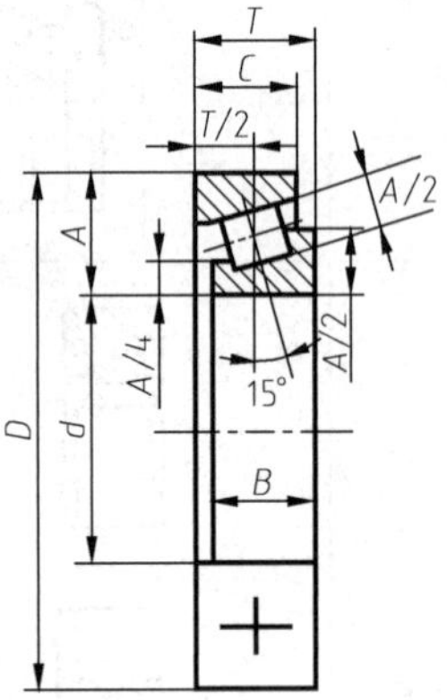 T C T/2 A/2 A A/4 A/2 15° D d B
推力球轴承		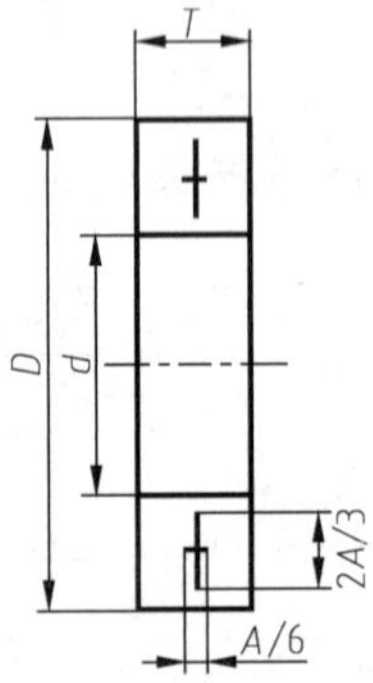 T D d 2A/3 A/6	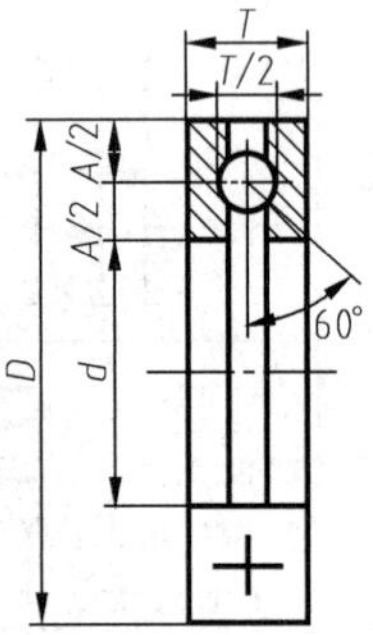 T T/2 A/2 A/2 A/2 60° D d

（1）通用画法　在剖视图中，当不需要确切地表示滚动轴承的外形轮廓、载荷和结构特征时，可采用通用画法绘制，其画法是用矩形线框及位于中央、正立的十字形符号表示。

（2）特征画法　在剖视图中，如需较形象地表示滚动轴承的结构特征时，可采用通用画法绘制，其画法是在矩形线框内画出其结构要素符号。

2. 规定画法

在装配图中需要较详细地表达滚动轴承的主要结构时，可采用规定画法。

采用规定画法绘制滚动轴承的剖视图时，轴承的滚动体不画剖面线，其各套圈画成方向与间隔相同的剖面线。规定画法一般绘制在轴的一侧，另一侧按通用画法画出。常用滚动轴承的画法见表7-9。

三、滚动轴承类型的选择

滚动轴承类型选用原则分为如下几项。

1. 载荷条件

载荷较大时应选用线接触的滚子轴承。受纯轴向载荷时选用推力球轴承；主要承受径向载荷时应选用深沟球轴承；同时承受径向和轴向载荷时应选择角接触轴承；当轴向载荷比径向载荷大很多时，常用推力球轴承和深沟球轴承的组合结构；承受冲击载荷时宜选用滚子轴承。

注意：推力球轴承不能承受径向载荷，圆柱滚子轴承不能承受轴向载荷。

2. 转速条件

选择轴承时应注意极限转速。转速较高时，宜用球轴承。

3. 调心性能

轴承装入工作位置后，往往由于制造误差造成安装和定位不良。此时常因轴产生挠度和热膨胀等原因，使轴承承受过大的载荷，引起早期的损坏。自动调心轴承可自行克服由安装误差引起的缺陷，因而是适合此类用途的轴承。

4. 经济性

一般球轴承的价格低于滚子轴承。精度越高，价格越高。同精度的轴承，深沟球轴承价格最低。

想一想：

在日常生活中有哪些情况采用了滚动轴承？是哪种滚动轴承？

任务单

做习题集上课堂作业第8题。

学习评价

自评	互评	老师评价	总分

单元8 识读零件图

学习目标

1. 对零件具备一定的结构分析能力。
2. 能正确合理地选择视图来表达零件。
3. 能较为合理地进行尺寸及相关的工程标注。
4. 能识读中等复杂程度的零件图。

任务1 认识零件图

任务描述

活动在多媒体教室进行，学生应准备好手工绘图工具。通过活动让学生了解零件图的四大内容及其含义，从而提高学生识读零件图的能力。

知识链接

一、零件图的内容

1. 零件

组成机器的最小单元称为零件。一台机器或一个部件，都是由若干个零件按一定的装配关系和技术要求装配起来的。如图8-1所示，齿轮泵（一台机器）经拆卸而成一个个零件。

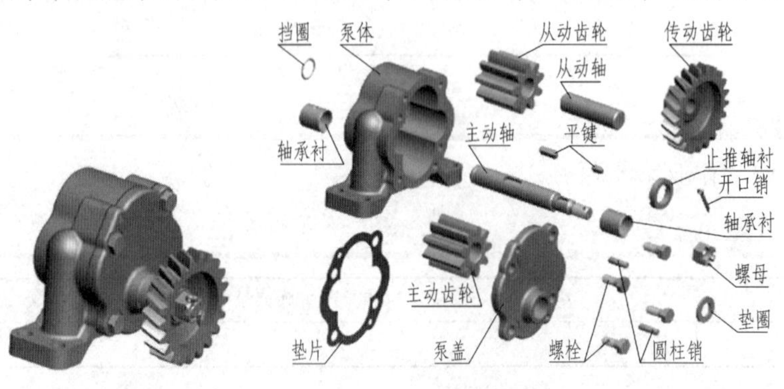

图8-1 齿轮泵

2. 零件分类

根据零件的作用及其结构，通常将零件分为以下几类。

（1）标准件　如螺栓、螺母、垫圈、销等，如图 8-1 所示。

（2）非标准件（典型零件）　轴套类零件、盘盖类零件、叉架类零件和箱壳类零件，如图 8-2 所示。

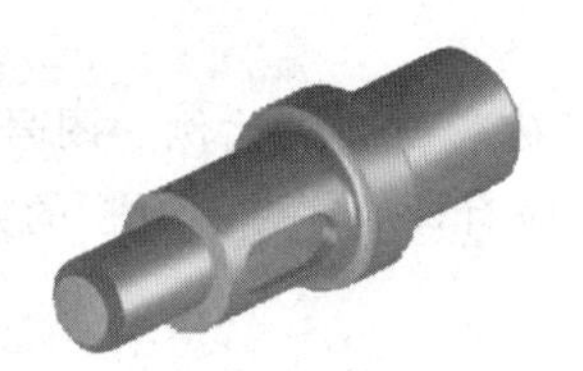

轴套类

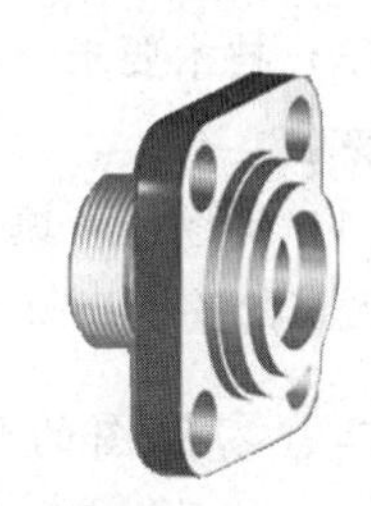

盘盖类

叉架类

箱体类

图 8-2　非标准件

3. 零件图

用于表示零件结构、大小与技术要求的图样称为零件图。一张完整的零件图包含以下四部分内容，如图 8-3所示。

（1）一组视图　选用一组恰当的视图、剖视图、断面图等，完整、清晰地表达出零件结构形状。

（2）完整尺寸　正确、完整、清晰、合理地标注出制造零件所需的全部尺寸。

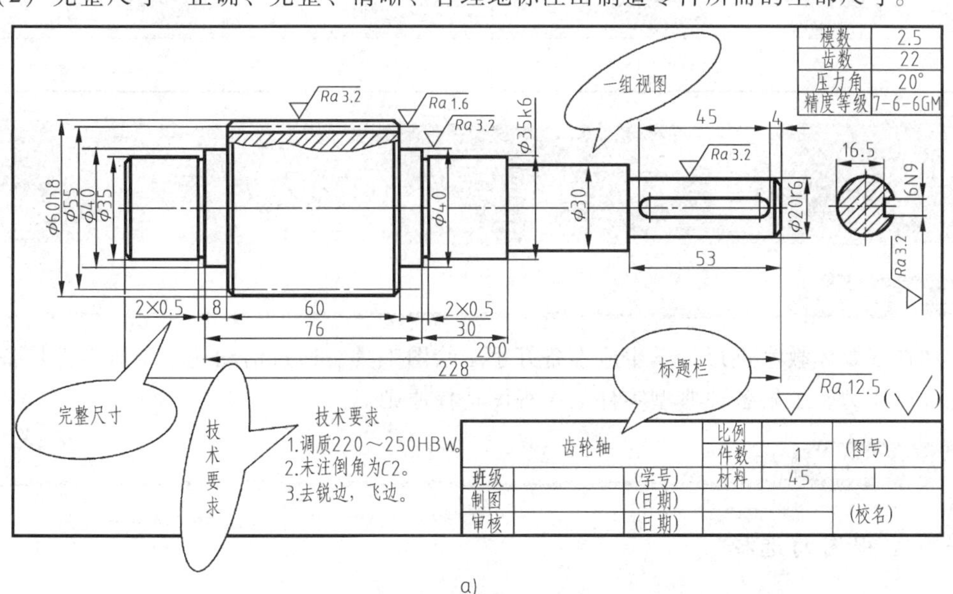

a)

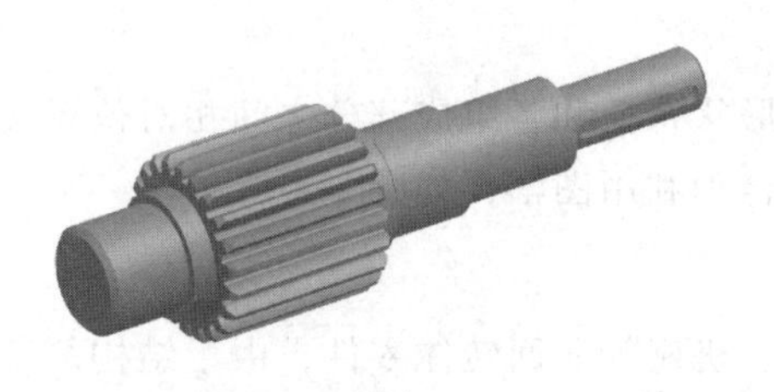

b)

图 8-3　零件图与模型图

（3）技术要求　用规定的代号、数字和文字简明地表示出在制造和检验时所应达到的技术要求。

（4）标题栏　填写零件名称、材料、比例、图号、单位名称以及设计、审核、批准等有关人员的签字。每个图样都应有标题栏，标题栏的方向一般为看图的方向。

二、零件图的作用

零件图是制造零件和检验零件的依据，是指导生产机器零件的重要技术文件之一。

想一想：
零件是什么？

任务单

做习题集上课堂作业第1题。

学习评价

自评	互评	老师评价	总分

任务2　选择零件的表达方法

任务描述

活动在多媒体教室进行，学生应准备好手工绘图工具。通过活动让学生对零件具备一定的结构分析能力，了解各种典型零件的主视图选择原则。

知识链接

一、主视图的选择

1. 形状特征原则

应选择最能表达零件的形状特征和各组成部分之间相对位置关系的那个方向作为主视图的投射方向，同时还应考虑合理利用图幅，如图8-4所示。

2. 工作位置原则

对于支架、箱体、泵体、机座等非回转体零件，由于结构复杂，制造时需要在不同的机床上加工，而且加工时零件的装夹位置也不相同，所以，此类零件主视图的摆放位置一般与零件在机器上的工作位置一致，如图8-5所示。

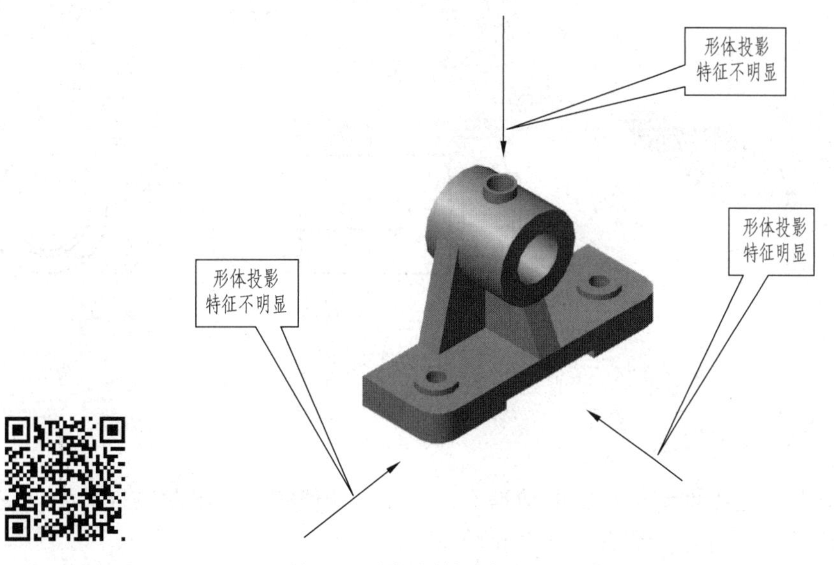

图 8-4　主视图的选择（一）

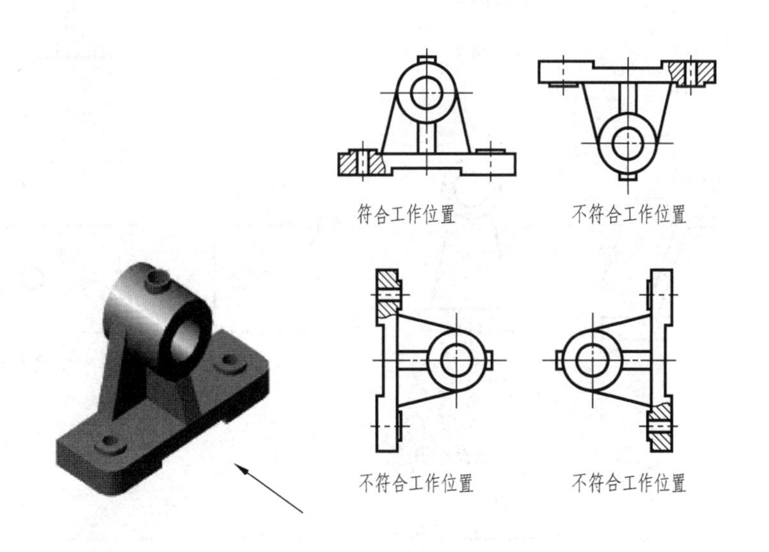

图 8-5　主视图的选择（二）

3. 加工位置原则

为使生产时便于看图，主视图的摆放位置应尽量与零件在生产过程中的主要加工位置一致，如图 8-6 所示。

4. 自然摆放位置

如果零件为运动件，工作位置不固定，或零件的加工工序较多，其加工位置多变，则可按其自然摆放平稳的位置为画主视图的位置。

总之，主视图的选择应根据具体情况进行分析，从有利于看图出发，在满足形体特征原则的前提下，充分考虑零件的工作位置和加工位置。

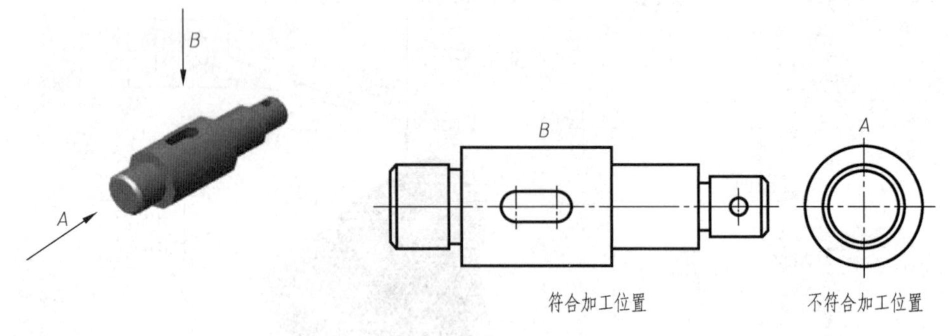

图 8-6 主视图的选择（三）

二、其他视图的选择

在保证充分表达零件结构形状的前提下，应尽可能使零件的视图数目最少，使每一个视图都有其表达的重点内容，具有独立存在的意义。

图 8-7 所示的三个视图是否将支架的结构形状表达清楚了？通过分析，底板形状不确定，必须增加一个补充视图——*B* 向视图。

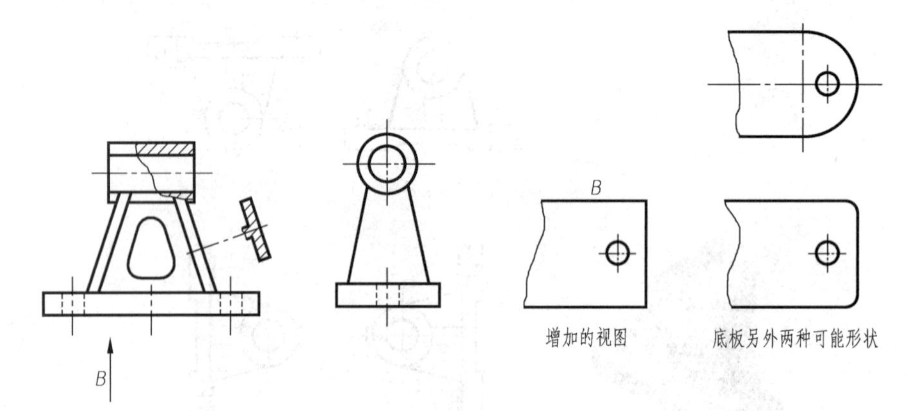

图 8-7 其他视图的选择

想一想：

一个零件，主视图确定后，还需要多少其他视图才能表达清楚呢？典型零件有哪些？都用些什么原则来选择主视图？

任务单

做习题集上课堂作业第 2 题。

学习评价

自评	互评	老师评价	总分

任务3　识读零件上常见的工艺结构

任务描述

活动在多媒体教室进行，学生应准备好手工绘图工具。通过活动让学生了解零件上常见的工艺结构的画法及其含义，从而提高学生识读零件图的能力。

知识链接

一、铸造工艺结构

1. 起模斜度

用铸造的方法制造零件毛坯时，为了便于在砂型中取出木模，一般沿模型起模方向做成约1:20的斜度，称为起模斜度。起模斜度在图中可不画、不注，必要时可在技术要求中说明，如图8-8所示。

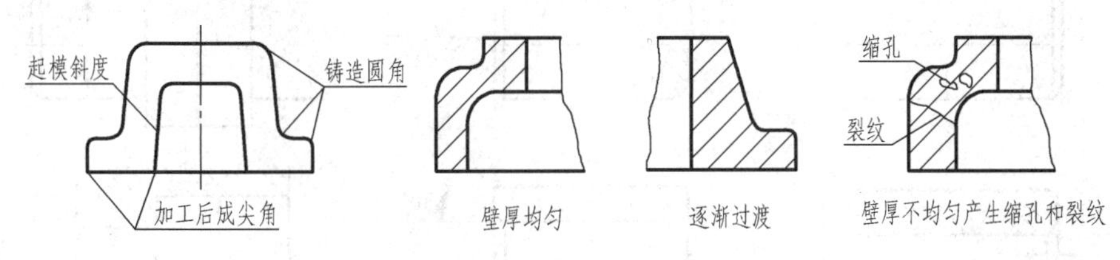

图8-8　铸造工艺结构

2. 铸造圆角

为了便于铸件造型时起模，防止铁液冲坏转角处、冷却时产生缩孔和裂缝，将铸件的转角制成圆角，这种圆角称为铸造圆角。铸造圆角半径一般取壁厚的0.2～0.4倍，尺寸在技术要求中统一注明。在图上一般不标注铸造圆角，常常集中注写在技术要求中。

3. 铸件壁厚

在浇注零件时，为了避免金属液体因冷却速度的不同而产生缩孔或裂纹，铸件的壁厚应保持均匀或逐渐过渡，如图8-8所示。

4. 过渡线

铸件及锻件两表面相交时，表面交线因圆角而变得模糊不清，为了方便读图，画图时两表面交线仍按原位置画出，但交线的两端应空出不与轮廓线的圆角相交，此交线称为过渡线，如图8-9所示。

二、机械加工工艺结构

1. 倒角和倒圆

为了去除零件加工表面的飞边、锐边和便于装配，在轴或孔的端部一般加工成45°倒

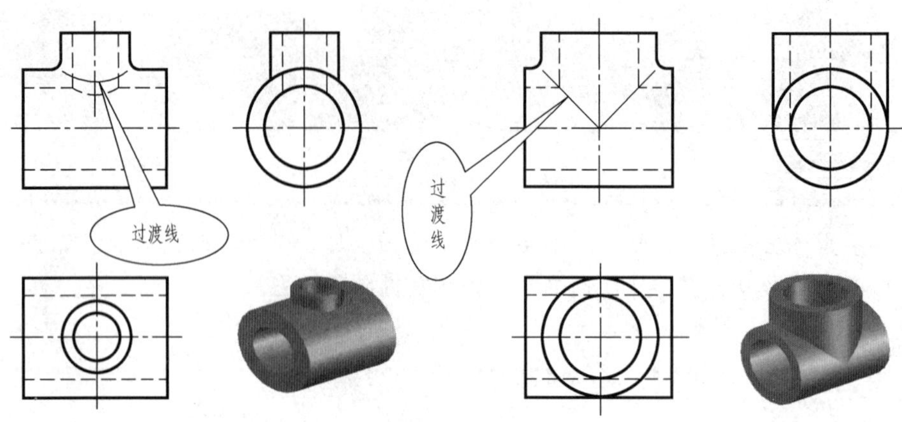

图 8-9 过渡线

角；为了避免阶梯轴轴肩的根部因应力集中而产生裂纹，在轴肩处加工成圆角过渡，称为倒圆。轴和孔的标准倒角和圆角的尺寸可由相关国家标准查到，其尺寸标注方法如图 8-10 所示。

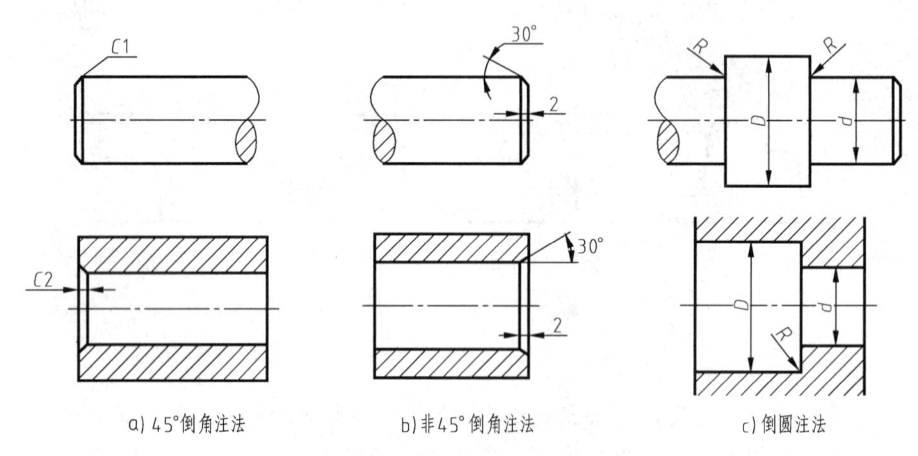

图 8-10 倒角和倒圆标注方法

2. 退刀槽和砂轮越程槽

零件在切削加工（特别是车螺纹和磨削）中，为了便于退出刀具或使被加工表面完全加工，常常在零件的待加工面的末端加工出退刀槽或砂轮越程槽，其尺寸标注如图 8-11 所示。还可以“宽×深度”或“宽×直径”在宽度处标注。

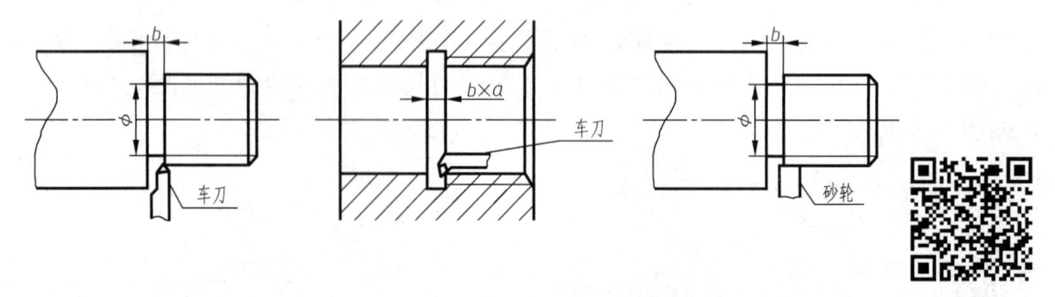

图 8-11 退刀槽和砂轮越程槽标注方法

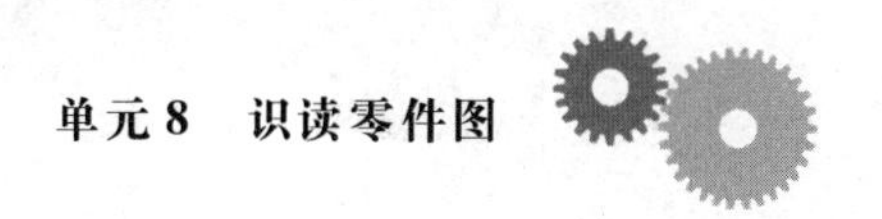

3. 钻孔结构

用钻头钻不通孔，在底部有一个 120°的锥角，钻孔深度指的是圆柱部分的深度，不包括锥角。在阶梯形钻孔的过渡处，也存在锥角为 120°的圆台，如图 8-12 所示。

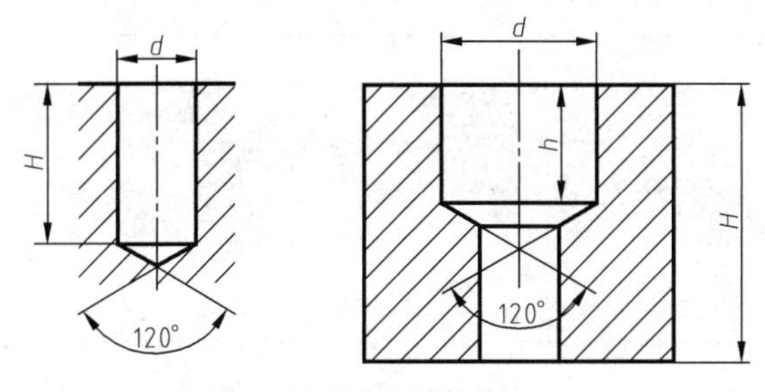

图 8-12　钻孔结构（一）

对于斜孔、曲面上的孔，为使钻头与钻孔端面垂直，应制成与钻头垂直的凸台或凹坑，如图 8-13 所示。

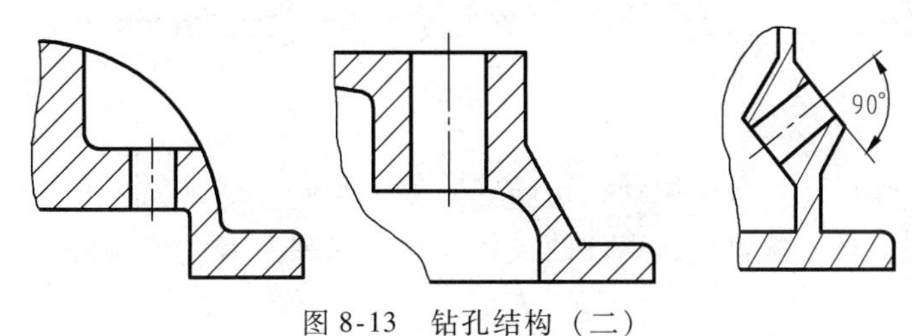

图 8-13　钻孔结构（二）

4. 凸台和凹坑

为了减少加工表面，使结合面接触良好，常在两接触表面处制出凸台和凹坑，其结构和尺寸标注如图 8-14 所示。

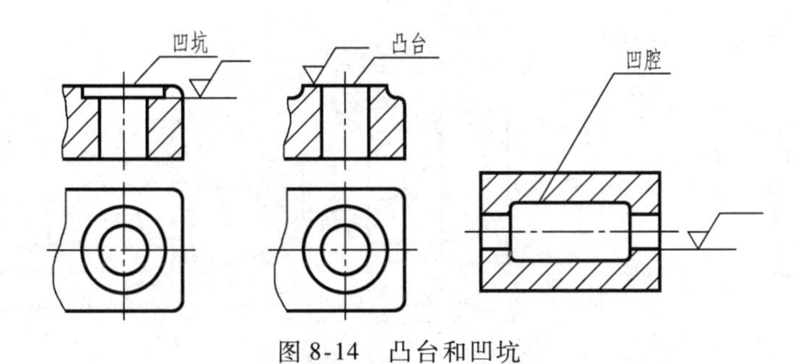

图 8-14　凸台和凹坑

想一想：

做起模斜度有用吗？钻孔时做凹坑、凸台有何意义？

任务单

做习题集上课堂作业第 3 题。

学习评价

自评	互评	老师评价	总分

任务4　标注零件图的尺寸

任务描述

活动在多媒体教室进行，学生应准备好手工绘图工具。通过活动让学生了解如何正确标注零件图上的尺寸。

知识链接

一、合理标注尺寸

在零件图上标注尺寸，必须做到：正确、完整、清晰、合理。标注尺寸的合理性，就是要求图样上所标注的尺寸既要符合零件的设计要求，又要符合生产实际，便于加工和测量，并有利于装配。

1. 正确选择尺寸基准

（1）可以用来作基准的几何要素　包括点、线和面，如图8-15所示。

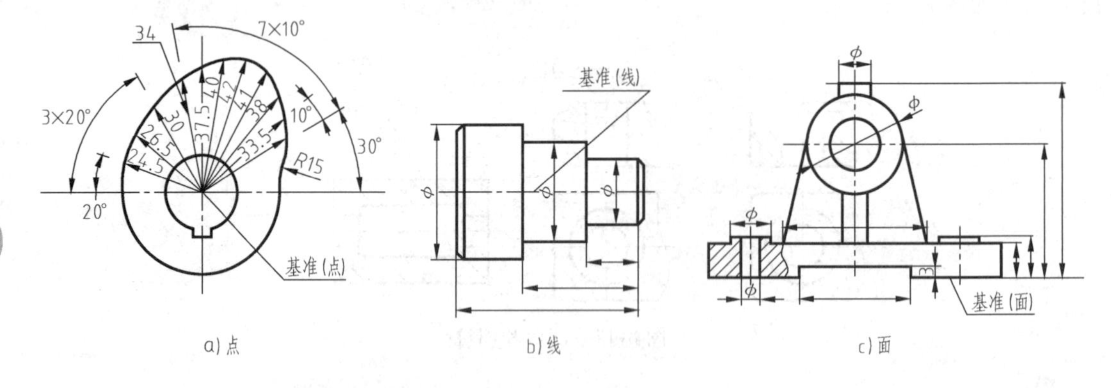

a)点　b)线　c)面

图8-15　基准几何要素

（2）尺寸基准的种类

1）设计基准。从设计角度考虑，为满足零件在机器或部件中的结构、性能要求而选定的一些基准称为设计基准，如图8-16所示。

2）工艺基准。从加工工艺的角度考虑，为便于零件的加工、测量而选定的一些基准，称为工艺基准，如图8-17所示。

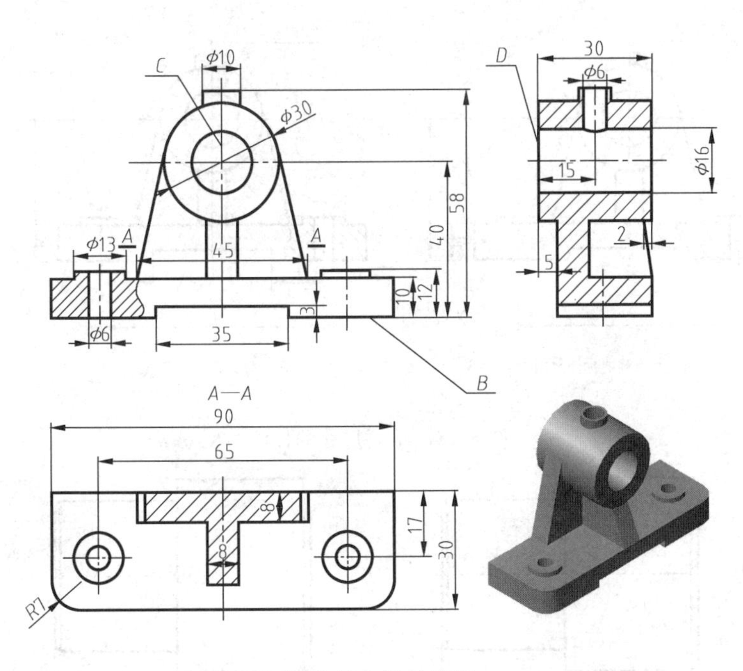

图 8-16　设计基准

B—高度方向设计基准　*C*—长度方向设计基准　*D*—宽度方向设计基准

2. 尺寸基准的选择

（1）选择原则　应尽量使设计基准与工艺基准重合，以减少尺寸误差，保证产品质量。

（2）三方基准　任何一个零件都有长、宽、高三个方向的尺寸，因此，每一个零件也应有三个方向的尺寸基准。

（3）主辅基准　零件的某个方向可能会有两个或两个以上的基准，一般只有一个是主要基准，其他为次要基准，或称为辅助基准。应选择零件上重要几何要素作为主要基准。

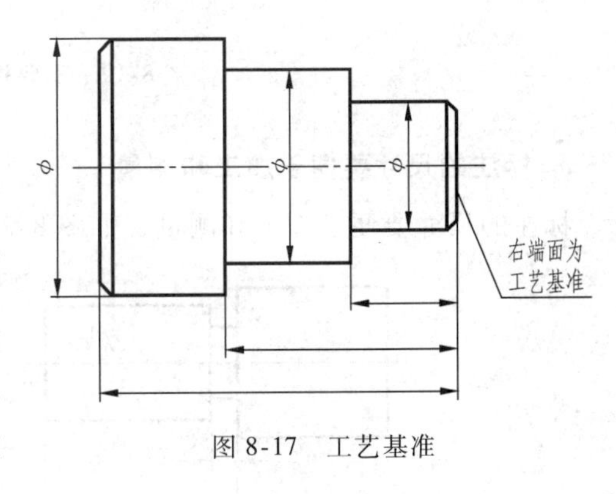

图 8-17　工艺基准

二、尺寸标注注意事项

1. 重要尺寸必须从设计基准直接注出

零件上凡是影响产品性能、工作精度和互换性的重要尺寸（规格尺寸、配合尺寸、安装尺寸、定位尺寸），都必须从设计基准直接注出，如图 8-18 所示。

2. 避免注成封闭尺寸链

封闭尺寸链是指首尾相接并封闭的一组尺寸，如图 8-19a 所示。注成封闭尺寸链，尺寸 *C* 将受到 *A*、*B* 的影响而难于保证。标注成非封闭尺寸链，将不重要的尺寸 *B* 去掉，*C* 将不受尺寸 *A* 的影响。

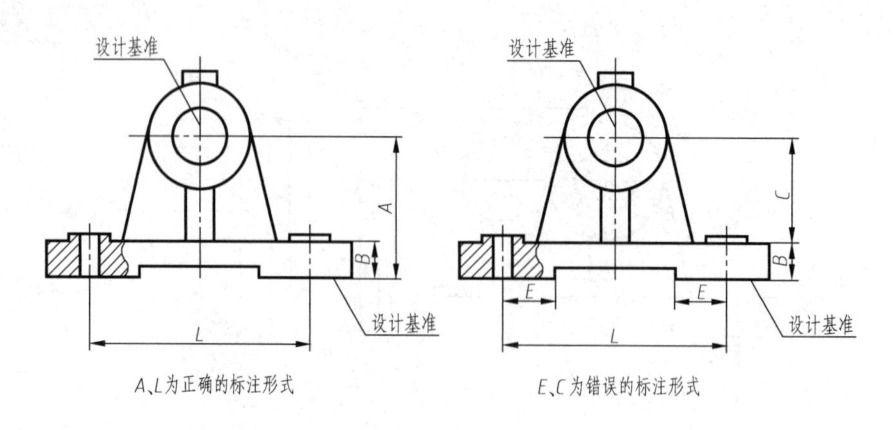

图 8-18 重要尺寸的标注

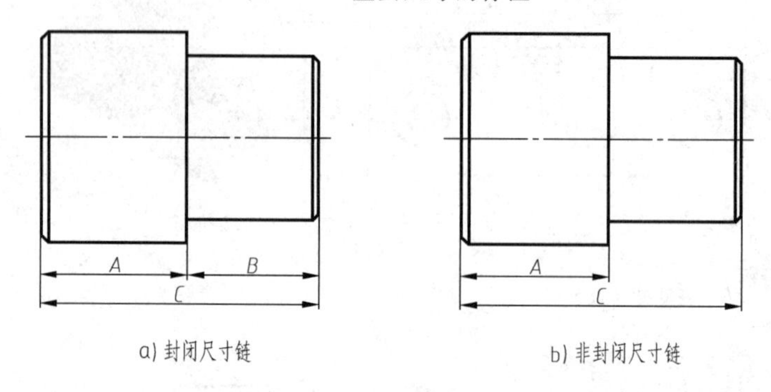

图 8-19 不要标注成封闭尺寸链

3. 标注的尺寸要便于加工和测量

标注的尺寸要便于加工和测量，如图 8-20 所示。

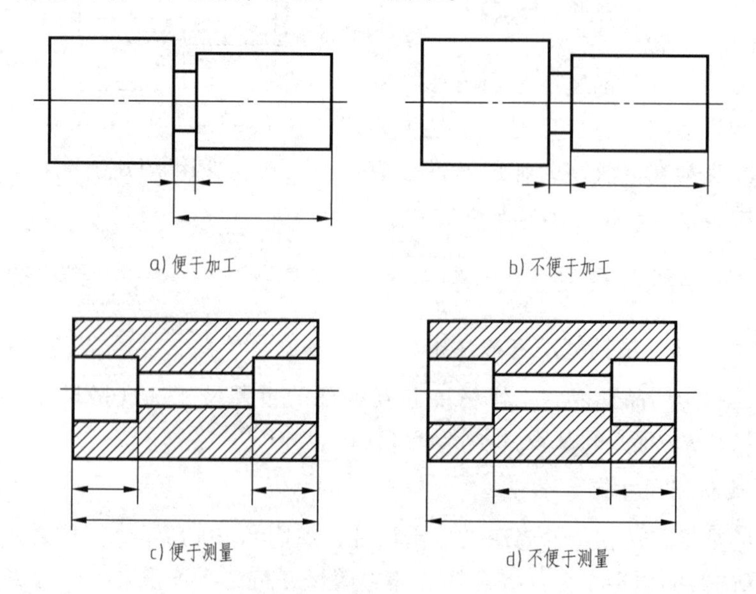

图 8-20 标注的尺寸要便于加工和测量

想一想：

标注尺寸的基本要求是什么？

任务单

做习题集上课堂作业第 4 题。

学习评价

自评	互评	老师评价	总分

任务 5　识读零件图中的技术要求

任务描述

活动在多媒体教室进行，学生应准备好手工绘图工具。通过活动让学生了解常用的各种技术要求在零件图上的标注及其含义。

知识链接

一、表面粗糙度

1. 表面粗糙度的概念

零件加工时，由于切削变形和机床振动等因素的影响，使零件的实际加工表面存在着微观的高低不平，这种微观的高低不平程度称为表面粗糙度。表面粗糙度对零件的配合性质、疲劳强度、耐腐蚀性、密封性等影响较大。

2. 表面粗糙度的评定参数

国家标准（GB/T 1031—2009）规定了两种表面粗糙度表示法，包括轮廓算术平均偏差 *Ra*、微观不平度十点高度 *Rz*。这里只介绍最常用的轮廓算术平均偏差 *Ra*。

3. 有关检验规范的基本术语

检验评定表面结构的参数值必须在特定条件下进行。国家标准规定，图样中注写参数代号及其数值要求的同时，还应明确其检验规范。有关检验规范方面的基本术语有取样长度和评定长度、轮廓滤波器和传输带以及极限值判断规则。

（1）取样长度和评定长度　以粗糙度高度参数的测量为例，由于表面轮廓的不规则性，测量结果与测量段的长度密切相关。当测量段过短时，各处的测量结果会产生很大差异；当

测量段过长时，测量的高度值中将不可避免地包含波纹度的幅值。因此，应在 *X* 轴（即基准线）上选取一段适当长度进行测量，这段长度称为取样长度。

在每一取样长度内的测得值通常是不等的，为取得表面粗糙度最可靠的值，一般取几个连续的取样长度进行测量，并以各取样长度内测量值的平均值作为测得的参数值。这段在 *X* 轴方向上用于评定轮廓的、包含着一个或几个取样长度的测量段称为评定长度。

当参数代号后未注明取样长度个数时，评定长度即默认为5个取样长度，否则应注明个数。例如，*Rz*0.4、*Ra*3 0.8、*Rz*1 3.2 分别表示评定长度为5个（默认）、3个、1个取样长度。

（2）轮廓滤波器和传输带　粗糙度等三类轮廓各有不同的波长范围，它们又同时叠加在同一表面轮廓上，因此，在测量评定三类轮廓上的参数时，必须先将表面轮廓在特定仪器上进行滤波，以及分离获得所需波长范围的轮廓。这种可将轮廓分成长波和短波成分的仪器称为轮廓滤波器。由两个不同截止波长的滤波器分离获得的轮廓波长范围则称为传输带。

按滤波器的不同截止波长值，由小到大顺次分为 λ_s、λ_c 和 λ_f 三种，粗糙度等三类轮廓就是分别应用这些滤波器修正表面轮廓后获得的；应用 λ_s 滤波器修正后形成的轮廓称为原始轮廓（*P* 轮廓）；在 *P* 轮廓上再应用 λ_c 滤波器修正后形成的轮廓即为粗糙度轮廓（*R* 轮廓）；对 *P* 轮廓连续应用 λ_f 和 λ_c 滤波器修正后形成的轮廓称为波纹度轮廓（*W* 轮廓）。

（3）根据极限值判断　完工零件的表面按表面检验规范测得轮廓参数值后，需与图样上给定的极限值作比较，以判断其是否合格。极限值判断规则有两种。

1）16%规则。运用本规则时，当被检表面测得的全部参数值中超过极限值的个数不多于总个数的16%时，该表面是合格的。

2）最大规则。运用本规则时，被检的整个表面上测得的参数值一个也不应超过给定的极限值。

16%规则是所有表面结构要求标注的默认规则，即当参数代号后未注写“max”字样时，均默认为应用16%规则（例如 *Ra* 0.8），反之，则应用最大规则（例如 *Ra*max 0.8）。

4. 表面粗糙度符号的画法和注写位置（GB/T 131—2006）

为了明确表面结构要求，除了标注表面结构参数和数值外，必要时应标注补充要求，包括传输带、取样长度、加工工艺、表面纹理及方向、加工余量等。这些要求在图形符号中的注写位置如图8-21所示。

其中 $H_1=1.4h$，$H_2=2.8h$（h 为字高）；位置a注写第一表面结构要求；位置b注写第二表面结构要求；位置c注写加工方法，如“车”、“磨”、“镀”等；位置d注写表面纹理方向，如“=”、“×”、“M”等；位置e注写加工余量。

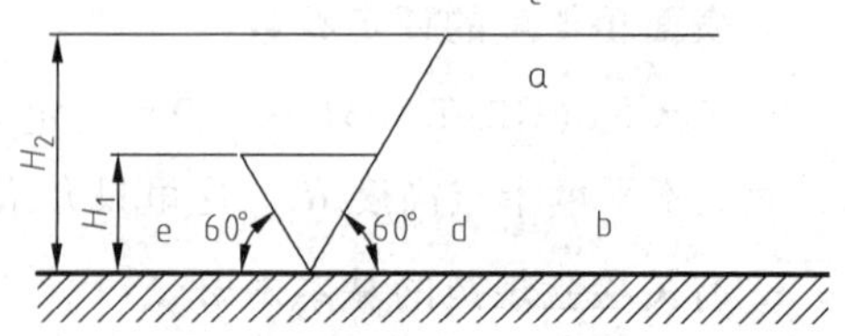

图8-21　表面粗糙度符号的画法和注写位置

5. 表面粗糙度代号的示例及含义

表面粗糙度代号的示例及含义见表8-1。

表 8-1　表面粗糙度代号的示例及含义

序号	代号示例	含义/解释	补充说明
1	Ra 0.8	表示不允许去除材料，单向上限值，默认传输带，R 轮廓，算术平均偏差值为 0.8μm，评定长度为 5 个取样长度（默认），应用 16% 规则（默认）	参数代号与极限值之间应留空格。本例未标注传输带，应理解为默认传输带，此时取样长度可在 GB/T 10610—2009 和 GB/T 6062—2009 中查取
2	Rz max0.2	表示去除材料，单向上限值，默认传输带，R 轮廓，轮廓最大高度的最大值为 0.2μm，评定长度为 5 个取样长度（默认），应用最大规则	示例 1 ~ 4 均为单向极限要求，且均为单向上限值，则均可不加注“U”；若为单向下限值，则应加注“L”
3	0.008–0.8/Ra 3.2	表示去除材料，单向上限值，传输带 0.008 ~ 0.8mm，R 轮廓，算术平均偏差 3.2μm，评定长度为 5 个取样长度（默认），应用 16% 规则（默认）	传输带“0.008 ~ 0.8mm”中的前后数值分别为短波和长波滤波器的截止波长（λ_s 和 λ_c），以示波长范围，此时取样长度等于 λ_c，即 lr = 0.8mm
4	–0.8/Ra3 3.2	表示去除材料，单向上限值，传输带 R 轮廓，算术平均偏差 3.2μm，评定长度包含 3 个取样长度，应用 16% 规则（默认）	传输带仅注出一个截止波长值（本例 0.8μm 表示 λ_c 值）时，另一截止波长值 λ_s 应理解为默认值，由 GB/T 6062—2009 中查知 λ_s = 0.0025mm
5	U Ra max 3.2 L Ra 0.8	表示不允许去除材料，双向极限值，两极限值均使用默认传输带，R 轮廓。上限值：算术平均偏差 3.2μm，评定长度为 5 个取样长度（默认），应用最大规则。下限值：算术平均偏差值为 0.8μm，评定长度为 5 个取样长度（默认），应用 16% 规则（默认）	本例为双向极限要求，用“U”和“L”分别表示上限值和下限值，在不引起歧义时，可不加注“U”“L”

6. 表面粗糙度的标注（GB/T 131—2006）

1）当图样中某个视图上构成封闭轮廓的各表面有相同的表面结构要求时，在完整图形符号上加一圆圈，标注在封闭轮廓上，如图 8-22 所示。

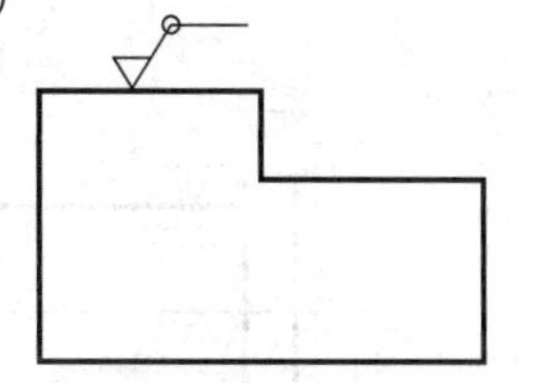

图 8-22　表面粗糙度的标注（一）

注：图示的表面结构符号是指对图形中封闭轮廓的六个面的共同要求（不包括前后面）

2）表面结构要求对每一表面一般只注一次，并尽可能注在相应的尺寸及其公差的统一视图上。除非另有说明，所标注的表面结构要求是对完工零件表面的要求。

3）表面结构的注写和读取方向与尺寸的注写和读取方向一致。表面结构要求可标注在轮廓线上，其符号应从材料外指向并接触表面，如图 8-23a 所示。必要时，表面结构也可用带箭头或黑点指引线引出标注，如图 8-23b 所示。

4）在不致引起误解时，表面结构要求可以标注在给定的尺寸线上，如图 8-24a 所示。

5）表面结构要求可标注在几何公差框格的上方，如图 8-24b 所示。

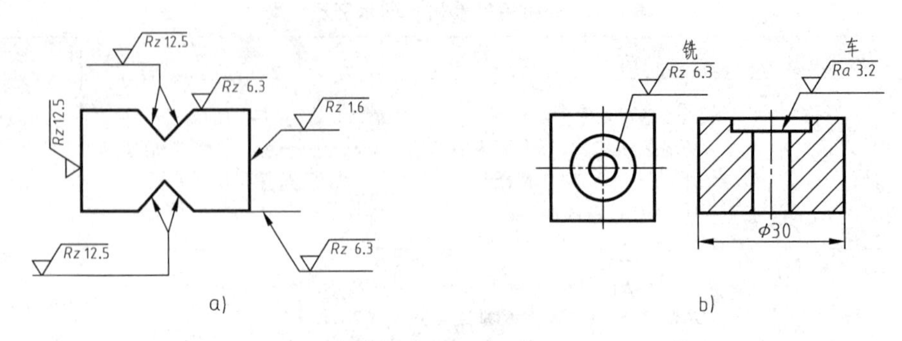

图 8-23　表面粗糙度的标注（二）

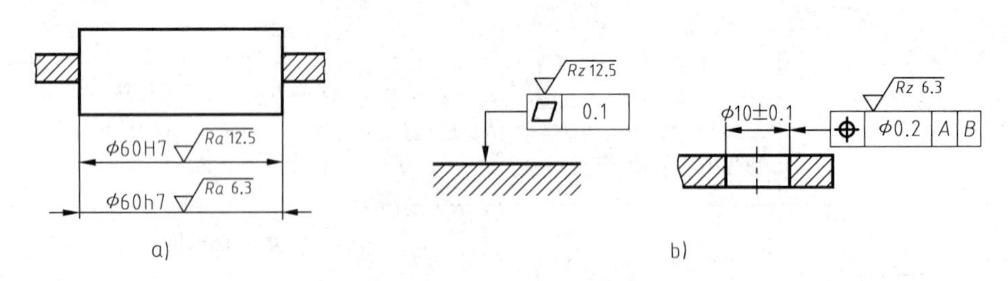

图 8-24　表面粗糙度的标注（三）

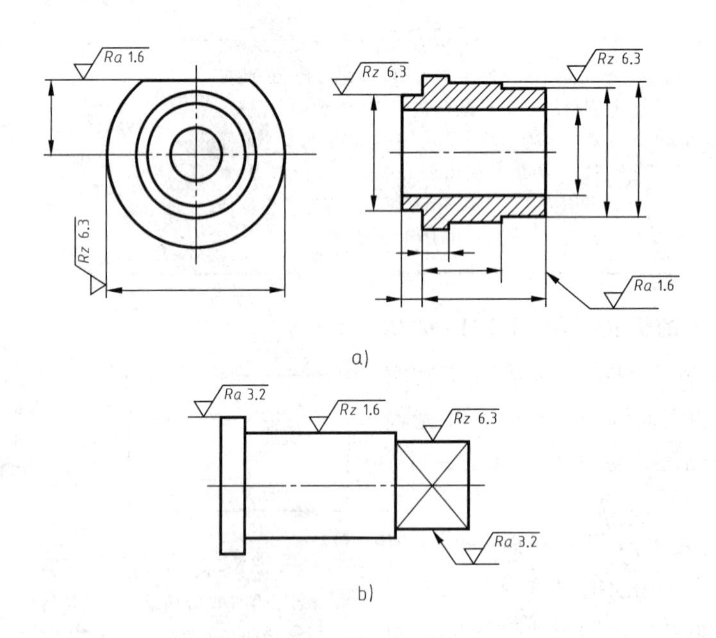

图 8-25　表面粗糙度的标注（四）

6）圆柱和棱柱的表面结构要求只标注一次，如图 8-25a 所示。如果每个棱柱表面有不同的表面结构要求，则应分别单独标注，如图 8-25b 所示。

7）表面结构要求在图样中的简化注法。

① 有相同表面结构要求的简化注法：如果在工件的多数（包括全部）表面有相同的表面结构要求时，则其表面结构要求可统一标注在图样的标题栏附近（不同的表面结构要求

应直接标注在图形中)。此时，表面结构要求的符号后面应有：

a）在圆括号内给出无任何其他标注的基本符号，如图 8-26a 所示。

b）在圆括号内给出不同的表面结构要求，如图 8-26b 所示。

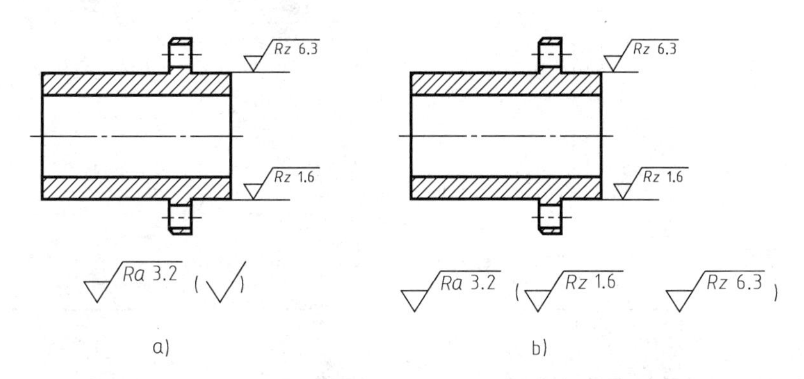

图 8-26　大多数表面有相同表面结构要求的简化注法

② 多个表面有共同要求的注法。

a）用带字母的完整符号的简化注法，如图 8-27 所示。用带字母的完整符号以等式的形式，在图形或标题栏附近对有相同表面结构要求的表面进行简化标注。

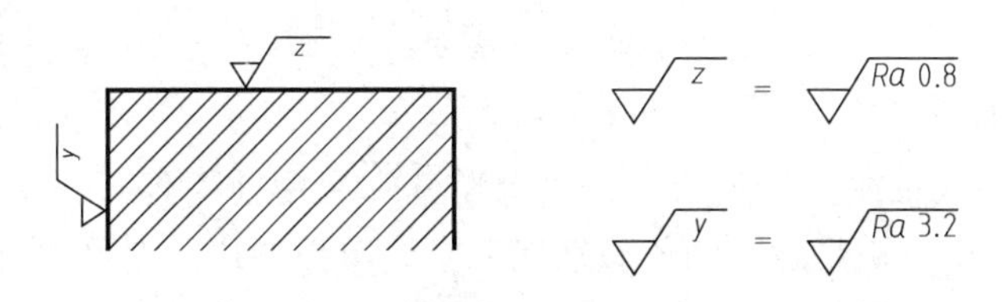

图 8-27　在图纸空间有限时的简化标注法

b）只用表面结构符号的简化注法，如图 8-28 所示。用表面结构符号以等式的形式给出多个表面共同的表面结构要求。

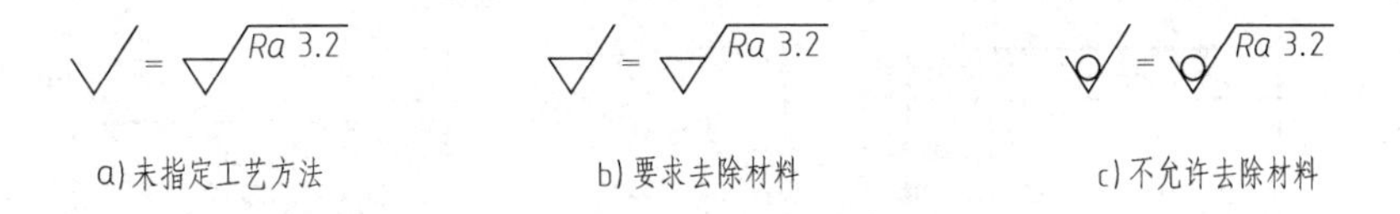

图 8-28　多个表面结构要求的简化注法

7. 表面粗糙度的选择

选择表面粗糙度时一般应遵从以下原则。

1）同一零件上，工作表面比非工作表面的参数值小。

2）有相对运动的摩擦表面要比非摩擦表面的参数值小。

3）配合精度越高，参数值越小。

4）配合性质相同时，零件尺寸越小，参数值越小。

5）要求密封、耐腐蚀或具有装饰性的表面，参数值要小。

常用表面粗糙度 *Ra* 的数值与加工方法见表 8-2。

表 8-2　常用表面粗糙度 *Ra* 的数值与加工方法

表　面　特　征	表面粗糙度(*Ra*)数值	加工方法举例
明显可见刀痕	√Ra 100　√Ra 50　√Ra 25	粗车、粗刨、粗铣、钻孔
微见刀痕	√Ra 12.5　√Ra 6.3　√Ra 3.2	精车、精刨、精铣、粗铰、粗磨
看不见加工痕迹，微辨加工方向	√Ra 1.6　√Ra 0.8　√Ra 0.4	精车、精磨、精铰、研磨
暗光泽面	√Ra 0.2　√Ra 0.1　√Ra 0.05	研磨、珩磨、超精磨

想一想：

表面粗糙度的标注需要注意些什么？

二、极限与配合

1. 极限与配合的概念

（1）互换性　在成批或大量生产中，一批零件在装配前不经过挑选，在装配过程中不经过修配，在装配后即可满足设计和使用性能要求，零件的这种在尺寸与功能上可以互相代替的性质称为互换性。极限与配合是保证零件具有互换性的重要标准。

（2）基本术语（以 $\phi50 \pm 0.010$ 为例，如图 8-29 所示）

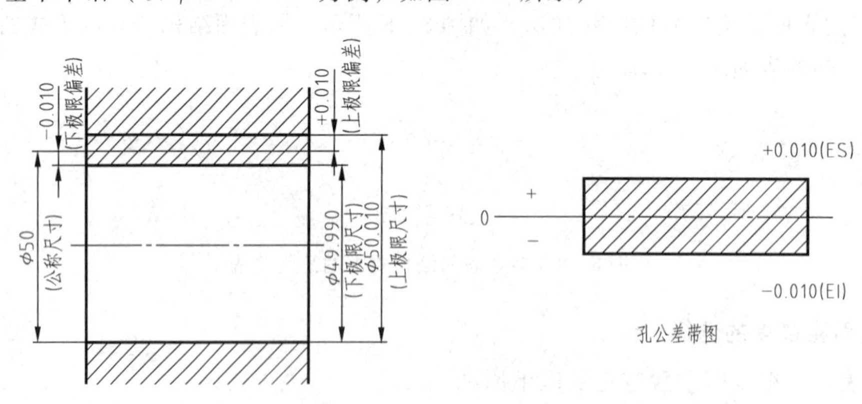

图 8-29　基本术语

1）公称尺寸：设计时给定的尺寸，即 $\phi50$mm。

2）极限尺寸：允许尺寸变化的极限值，上、下极限尺寸分别为 $\phi50.010$mm 和 $\phi49.990$mm。

3）尺寸偏差：有上极限偏差（+0.010mm）和下极限偏差（−0.010mm）之分，上极限尺寸与公称尺寸的代数差称为上极限偏差；下极限尺寸与公称尺寸的代数差称为下极限偏差。

孔的上极限偏差用 ES 表示，下极限偏差用 EI 表示；轴的上极限偏差用 es 表示，下极限偏差用 ei 表示。尺寸偏差可以是正、负或零值。

4）尺寸公差（简称公差）：尺寸公差是允许尺寸的变动量。

尺寸公差等于上极限尺寸减去下极限尺寸，或上极限偏差减去下极限偏差。公差总是大于零的正数。

5）公差带：在公差带图解中，用零线表示公称尺寸，上方为正，下方为负。公差带是指由代表上、下极限偏差的两条直线限定的区域，上边代表上极限偏差，下边代表下极限偏差，矩形的长度无实际意义，高度代表公差。

（3）标准公差与基本偏差　公差带是由标准公差和基本偏差组成，标准公差决定公差带的高度，基本偏差决定公差带相对于零线的位置。

标准公差是由国家标准规定的公差值。其大小由两个因素决定，一个是公差等级，另一个是公称尺寸。国家标准将公差等级划分为 20 个等级，分别为 IT01、IT0、IT1、IT2、…、IT18，其中 IT01 精度最高，IT18 精度最低。公称尺寸相同时，公差等级越高（数值越小），标准公差也越小；公差等级相同时，公称尺寸越大，标准公差也越大。

基本偏差是用以确定公差带相对于零线位置的那个极限偏差，一般为靠近零线的那个偏差。基本偏差有正号和负号。孔与轴的基本偏差代号各有 28 种，用字母或字母组合表示。孔的基本偏差代号用大写字母表示，轴的基本偏差代号用小写字母表示。

一个公差带的代号由表示公差带位置的基本偏差代号和表示公差带大小的公差等级并加上公称尺寸组成。

如 ϕ50H8，ϕ50 为公称尺寸，H 为孔的基本偏差代号，8 为公差等级，即 IT8。

（4）配合类别　公称尺寸相同时，相互结合的轴和孔公差带之间的关系称为配合。按配合性质不同，配合可分为间隙配合、过渡配合、过盈配合三类。

1）间隙配合：具有间隙（包括最小间隙等于零）的配合，如图 8-30 所示（孔的公差带在轴的公差带上方）。

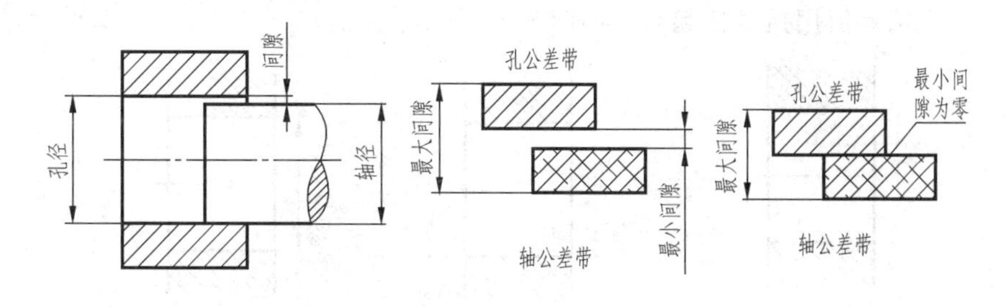

图 8-30　间隙配合

2）过盈配合：具有过盈（包括最小过盈等于零）的配合，如图 8-31 所示（轴的公差带在孔的公差带上方）。

3）过渡配合：可能具有间隙或过盈的配合。此时，轴和孔的公差带相互交叠在一起，如图 8-32 所示。

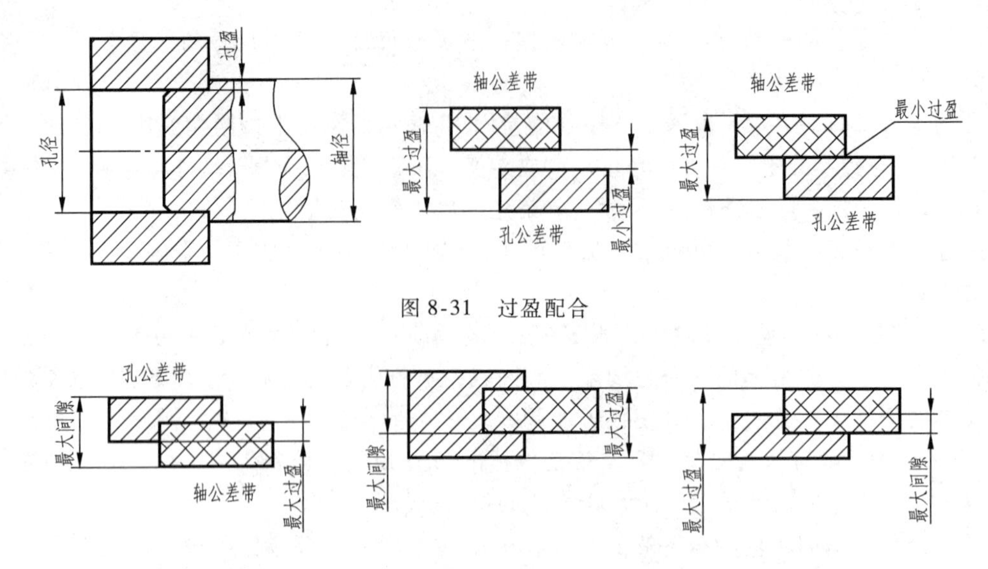

图 8-31　过盈配合

图 8-32　过渡配合

2. 配合制

采用配合制是为了在基本偏差为一定的基准件的公差带与配合件相配时，只需改变配合件的不同基本偏差的公差带，便可获得不同松紧程度的配合，从而达到减少零件加工的定值刀具和量具的规格数量。国家规定了两种配合制，即基孔制和基轴制。

基孔制是基本偏差为 H 的孔的公差带，与不同基本偏差的轴的公差带形成的各种配合制度。

基轴制是基本偏差为 h 的轴的公差带，与不同基本偏差的孔的公差带形成的各种配合制度。

3. 极限与配合的标注

（1）极限与配合在零件图中的标注　在零件图中，线性尺寸的公差有三种标注形式：一是只标注上、下极限偏差；二是只标注公差带代号；三是既标注公差带代号，又标注上、下极限偏差，但偏差值用括号括起来，如图 8-33 所示。

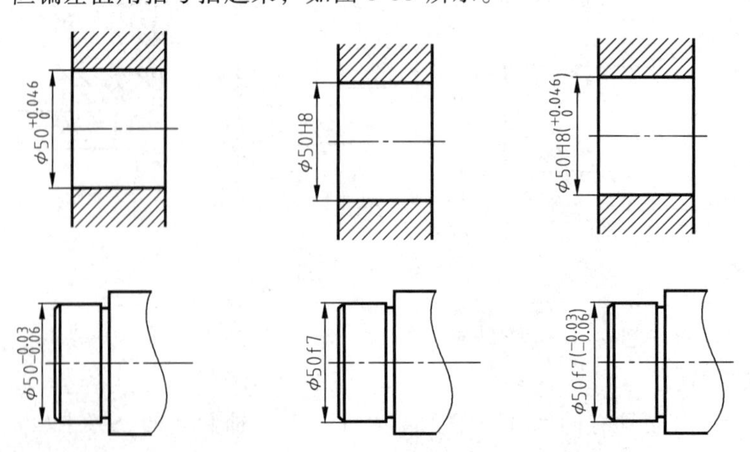

图 8-33　极限与配合在零件图中的标注

注意问题：

1）上、下极限偏差的字高比尺寸数字小一号，且下极限偏差与尺寸数字在同一水平线上。

2）当公差带相对于公称尺寸对称时，即上、下极限偏差互为相反数时，可采用“±”加偏差的绝对值来表示。

3）上、下极限偏差的小数位必须相同、对齐，当上极限偏差或下极限偏差为零时，只用数字“0”标出。

（2）极限与配合在装配图中的标注　在装配图中一般只标注配合代号。配合代号用分数形式表示，分子为孔的公差带代号，分母为轴的公差带代号。对于与轴承等标准件相配合的孔或轴，则只标注出非基准件（配合件）的公差带代号，如图8-34所示。

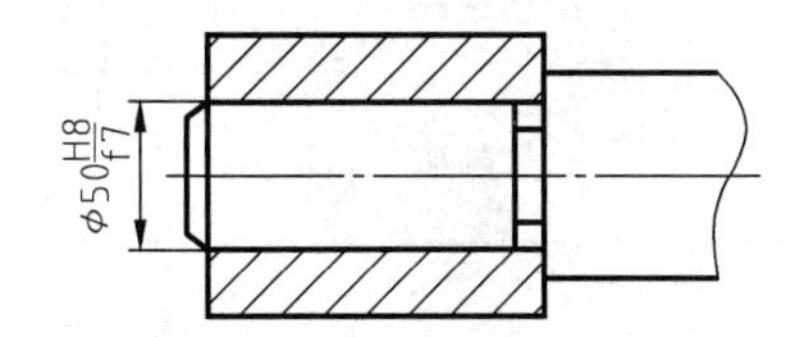

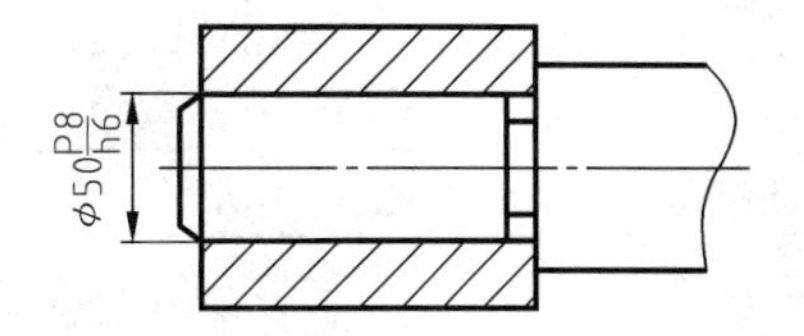

图8-34　极限与配合在装配图中的标注

（3）极限与配合查表举例

例1：查表确定ϕ68H8/f7中轴和孔的极限偏差。

公称尺寸ϕ68mm；查表得ES=46μm；EI=0μm；es=−30μm；ei=−43μm。

例2：查表确定ϕ36 N7/h6中轴、孔的极限偏差，并判断配合性质。

公称尺寸ϕ36mm；孔：ϕ36 h7；轴：ϕ36 h6；查表得ES=−8μm；EI=−33μm；es=0μm；ei=−16μm；最大过盈33μm；最大间隙8μm；其为过渡配合。

想一想：

公差带图用来做什么？

三、几何公差

1. 几何公差的概念

零件经过加工后，不仅会产生尺寸误差和表面粗糙度，而且会产生形状与位置误差。形状误差是指实际要素和理想几何要素的差异；位置误差是指相关联的两个几何要素的实际位置相对于理想位置的差异。

形状误差与位置误差都会影响零件的使用性能，因此必须对一些零件的重要表面或轴线的形状和位置误差进行限制。形状和位置误差的允许变动量称为形状和位置公差。

2. 几何公差的标注

在技术图样中，几何公差采用代号标注，当无法采用代号时，允许在技术要求中用文字说明。几何公差的几何特征及符号，见表8-3。

表 8-3　几何公差的几何特征及符号

公差类型	几何特征	符　号	有无基准	公差类型	几何特征	符　号	有无基准
形状公差	直线度	—	无	位置公差	位置度	⌖	有或无
	平面度	⏥	无		同心度（用于中心点）	◎	有
	圆度	○	无				
	圆柱度	⌭	无		同轴度（用于轴线）	◎	有
	线轮廓度	⌒	无				
	面轮廓度	⌓	无		对称度	⌯	有
方向公差	平行度	//	有		线轮廓度	⌒	有
	垂直度	⊥	有		面轮廓度	⌓	有
	倾斜度	∠	有	跳动公差	圆跳动	↗	有
	线轮廓度	⌒	有		全跳动	⌰	有
	面轮廓度	⌓	有				

几何公差代号由几何公差符号、框格、公差值、被测要素、基准要素代号和其他有关符号组成，如图 8-35 所示。

（1）被测要素的标注　被测要素指图样上给出了几何公差要求的要素，是被检测的对象。被测要素为轮廓要素的标注如图 8-36 所示。

被测要素为中心要素的标注，如图 8-37 所示。

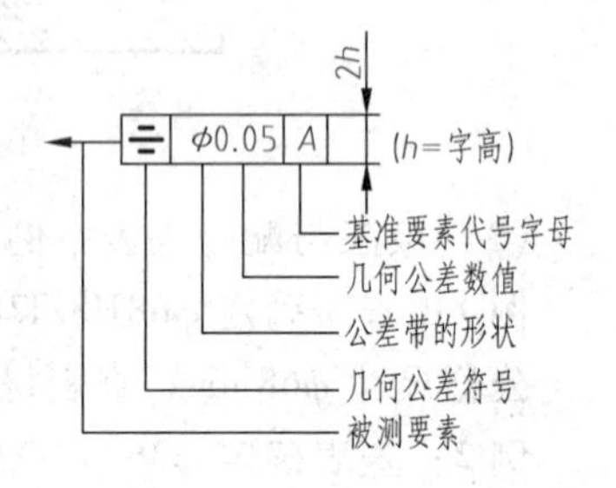

图 8-35　几何公差代号的组成

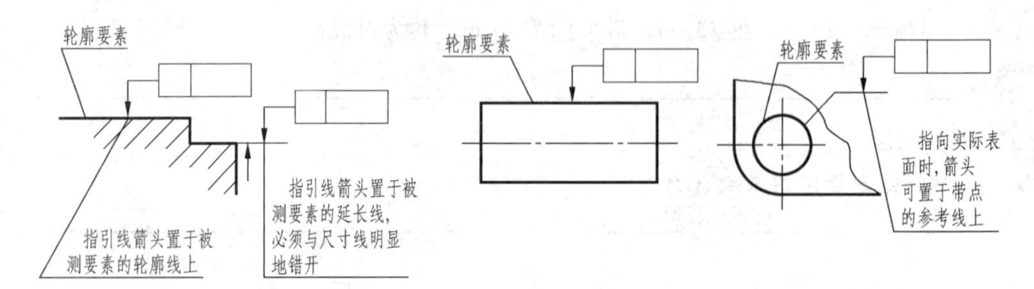

图 8-36　被测要素为轮廓要素的标注

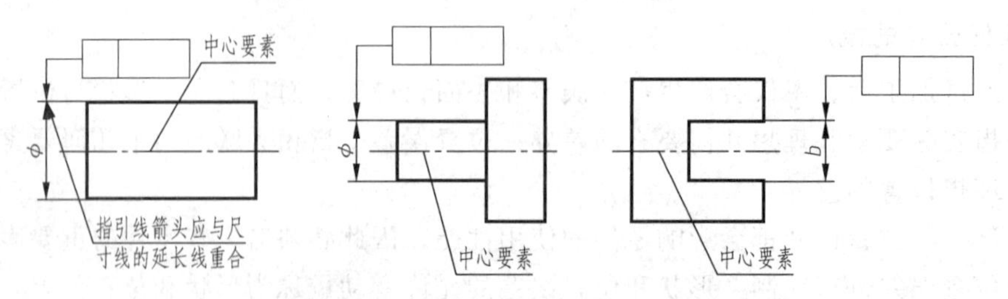

图 8-37　被测要素为中心要素的标注

（2）基准要素的标注

1）基准要素：用来确定被测要素方向或位置的要素。图样上一般用基准代号标出。

2）基准代号由基准符号、基准方框、连线和代表基准的字母组成。基准代号用粗线（约为 $2d$）绘制，长度约等于圆圈直径 $2h$（h 为字高），基准字母用大写字母表示，如图 8-38所示。

3）基准要素为轮廓要素的标注，如图 8-39 所示。

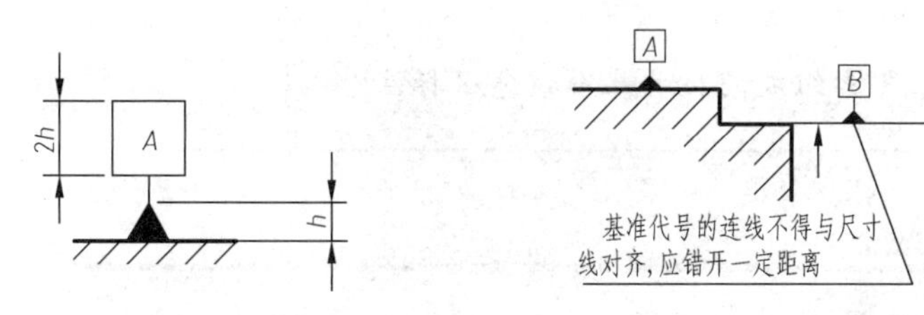

图 8-38　基准代号　　　　图 8-39　基准要素为轮廓要素的标注

4）基准要素为中心要素的标注，如图 8-40 所示。

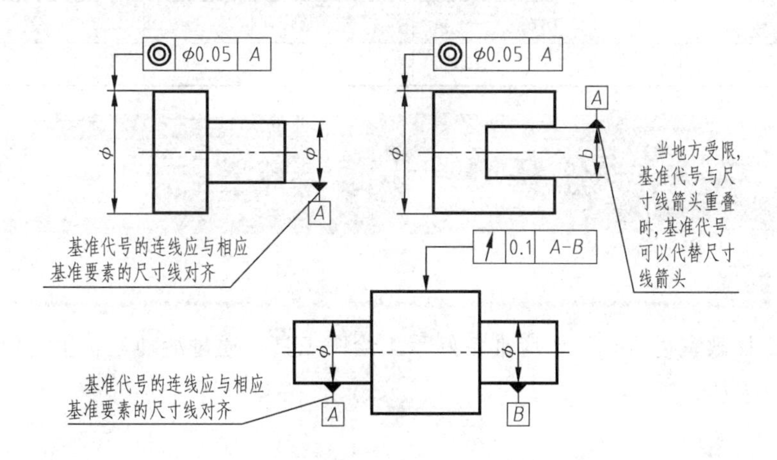

图 8-40　基准要素为中心要素的标注

3. 几何公差标注示例

识读齿轮图上标注的几何公差并解释含义，如图 8-41 所示。

图中：

（1）表示 ϕ88 圆柱面的圆度公差为 0.006mm。

（2）表示 ϕ88h9 圆柱的外圆表面对 ϕ24H7 圆孔的轴线的全跳动公差为 0.08mm。

（3）表示槽宽为 8P9 的键槽对称中心面 ϕ24H7 圆柱孔的对称中心面对称度公差为 0.02mm。

（4）表示 ϕ24H7 圆孔轴心线的直

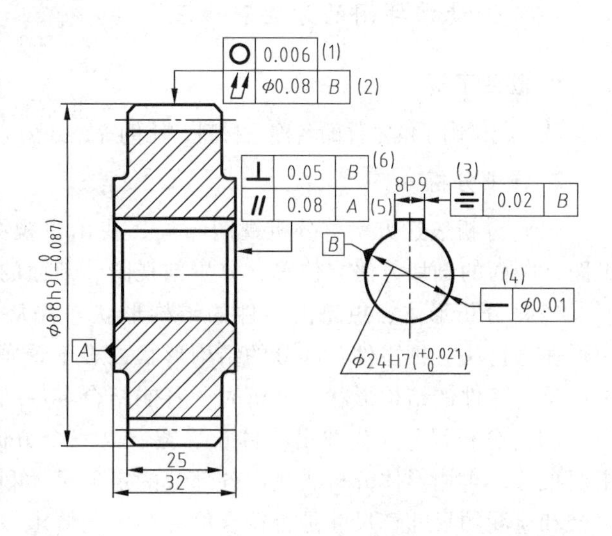

图 8-41　识别几何公差

线度公差为 ϕ0.01mm。

（5）表示圆柱的右端面对该机件的左端面平行度公差为0.08mm。

（6）表示右端面 ϕ24H7 圆孔的轴心线垂直度公差为0.05mm。

想一想：

对于两个或两个以上要素组成的公共基准该怎么标注？

任务单

做习题集上课堂作业第5、6、7题。

学习评价

自评	互评	老师评价	总分

任务6　识读零件图

任务描述

活动在多媒体教室进行，学生应准备好手工绘图工具。通过活动让学生了解各种典型零件的特点及识读方法。

知识链接

一、识读零件图的方法和步骤

1. 概括了解

从标题栏内了解零件的名称、材料、比例等，并浏览视图，初步得出零件的用途和形体概貌。

2. 详细分析

（1）分析表达方案　分析视图布局，找出主视图、其他基本视图和辅助视图。根据剖视图、断面的剖切方法、位置，分析剖视图、断面的表达目的和作用。

（2）分析形体、想象出零件的结构形状　先从主视图出发，联系其他视图进行分析。用形体分析法分析零件各部分的结构形状，难于看懂的结构，运用线面分析法分析，最后想象出整个零件的结构形状。分析时，若能结合零件结构功能来进行，会使分析更加容易。

（3）分析尺寸　先找出零件长、宽、高三个方向的尺寸基准，然后从基准出发，找出主要尺寸。再用形体分析法找出各部分的定形尺寸和定位尺寸。在分析中要注意检查是否有多余和遗漏的尺寸、尺寸是否符合设计和工艺要求。

（4）分析技术要求　分析零件的尺寸公差、几何公差、表面粗糙度值和其他技术要求，

弄清哪些尺寸要求高，哪些尺寸要求低，哪些表面要求高，哪些表面要求低，哪些表面不加工，以便进一步考虑相应的加工方法。

3. 归纳总结

综合前面的分析，把图形、尺寸和技术要求等全面系统地联系起来思索，并参阅相关资料，得出零件的整体结构、尺寸大小、技术要求及零件的功用等完整的概念。

阅读零件图的方法没有一套固定不变的程序，对于较简单的零件图，也许泛泛地阅读就能想象出物体的形状及明确其精度的要求；而对于较复杂的零件，则需通过深入的分析，由整体到局部，再由局部到整体反复地推敲，最后才能搞清楚其结构和精度要求。下面以四大典型零件为例来说明各类零件图的识读方法和步骤。

二、典型零件图的识读

零件结构千变万化，但总体上可将其大致分为轴套类零件、盘盖类零件、叉架类零件和箱壳类零件四大类典型零件。

1. 轴套类零件

识读轴套类零件要把握的要点，见表8-4。

表8-4　轴套类零件的特点

结构特点	通常由几段不同直径的同轴回转体组成，轴向尺寸一般比径向尺寸大。常有键槽、退刀槽、越程槽、中心孔、销孔，以及轴肩、螺纹等结构
加工方法	毛坯一般采用棒料，主要加工方法是车削、镗削和磨削
视图表达	主视图按加工位置放置，多采用不剖或局部剖视图表达。对于轴上的沟槽、孔洞采用移出断面或局部放大图
尺寸标注	以回转轴作为径向（高度、宽度方向）尺寸基准，轴向（长度方向）的主要尺寸基准是重要端面。主要尺寸直接注出，其余尺寸按加工顺序标注
技术要求	有配合要求的表面，其表面粗糙度参数值较小；有配合要求的轴颈、主要端面，一般有几何公差要求

例： 识读齿轮轴零件图，如图8-42所示。

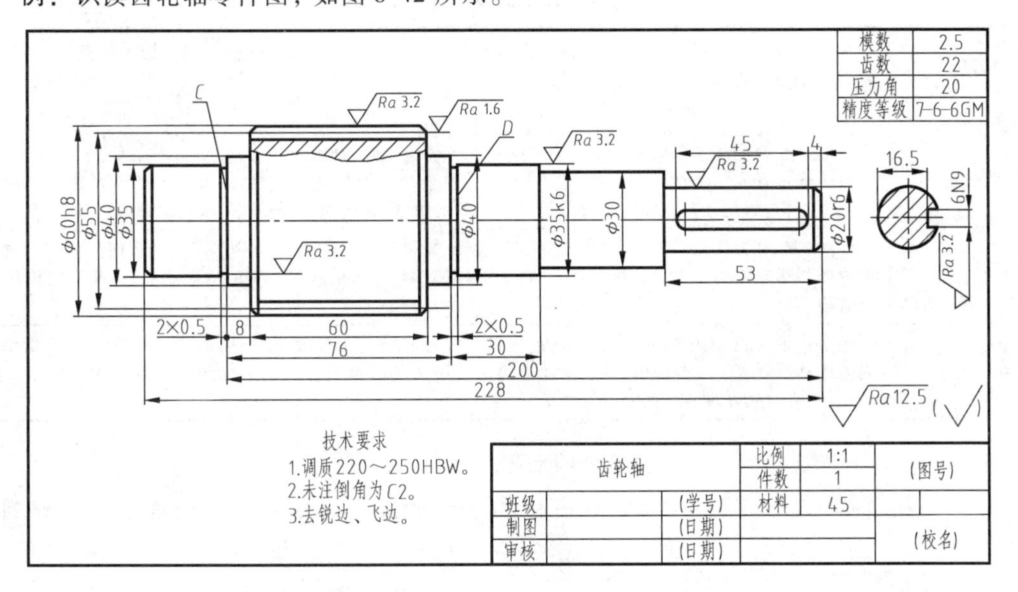

图8-42　齿轮轴零件图

（1）概括了解　从标题栏可知，该零件为齿轮轴。齿轮轴是用来传递动力和运动的，材料为45钢，属于轴类零件。最大直径60mm，总长228mm，属于较小的零件。

（2）详细分析

1）分析表达方案和形体结构：表达方案由主视图和移出断面图组成，轮齿部分作了局部剖视图。主视图已将齿轮轴的主要结构表达清楚，由几段不同直径的回转体组成，最大直径圆柱上制有轮齿，最右端圆柱上有一个键槽，零件两端及轮齿两端都有倒角，*C*、*D*两端面处有砂轮越程槽。移出断面图用于表达键槽深度和进行有关标注。

2）分析尺寸：齿轮轴中两个ϕ35k6轴段及ϕ20r6轴段用于安装滚动轴承及联轴器，径向尺寸的基准为齿轮轴的轴线。端面*C*用于安装挡油环及轴向定位，所以端面*C*为长度方向的主要尺寸基准，注出了尺寸2、8、76等。端面*D*为长度方向的第一辅助尺寸基准，注出了尺寸2、30。齿轮轴的右端面为长度方向尺寸的另一辅助基准，注出了尺寸4、53等。键槽长度45、齿轮宽度60等为轴向的重要尺寸，已直接注出。

3）分析技术要求：两个ϕ35及ϕ20的轴颈处有配合要求，尺寸精度较高，均为6级公差，相应的表面粗糙度值要求也较小，分别为*Ra*1.6μm和*Ra*3.2μm。对键槽提出了对称度要求。对热处理、倒角、未注尺寸公差等提出了3项文字说明要求。

（3）归纳总结　通过上述看图分析，对齿轮轴的作用、结构形状、尺寸大小、主要加工方法及加工中的主要技术指标要求，都有了较清楚的认识。综合起来，即可得出齿轮轴的总体印象，如图8-43所示。

图8-43　齿轮轴立体图

2. 盘盖类零件

识读盘盖类零件要把握以下要点，见表8-5。

表8-5　盘盖类零件的特点

结构特点	主要部分常由回转体组成，也可能是方形或组合形体。零件通常有键槽、轮辐、均布孔等结构，并且常有一个端面与部件中的其他零件结合
加工方法	毛坯多为铸件，主要在车床上加工，较薄时采用刨床或铣床加工
视图表达	一般采用两个基本视图表达。主视图按照加工位置原则，轴线水平放置（对于不以车削为主的零件则按工作位置或形状特征选择主视图），通常采用全剖视图表达内部结构；另一个视图表达外形轮廓和其他结构，如孔、肋、轮辐的相对位置。用局部视图、局部剖视、断面图、局部放大图等作为补充
尺寸标注	径向（高、宽方向）的尺寸基准主要是回转轴线，轴向（长度方向）尺寸则以主要结合面为基准。对于圆或圆弧形盘盖类零件上的均布孔，一般采用“n（数量）×ϕm（尺寸）EQS”的形式标注，角度定位尺寸可省略
技术要求	重要的轴、孔和端面尺寸精度要求较高，且一般都有几何公差要求，如同轴度、垂直度、平行度和轴向圆跳动公差等。配合的内、外表面及轴向定位端面的表面有较小的表面粗糙度值要求。材料多数为铸件，有时效处理和表面处理等要求

例： 识读球阀阀盖零件图，如图8-44所示。

（1）概括了解　由标题栏可知，该零件为球阀阀盖，通过螺柱与阀体连接，材料为ZG25。

（2）详细分析

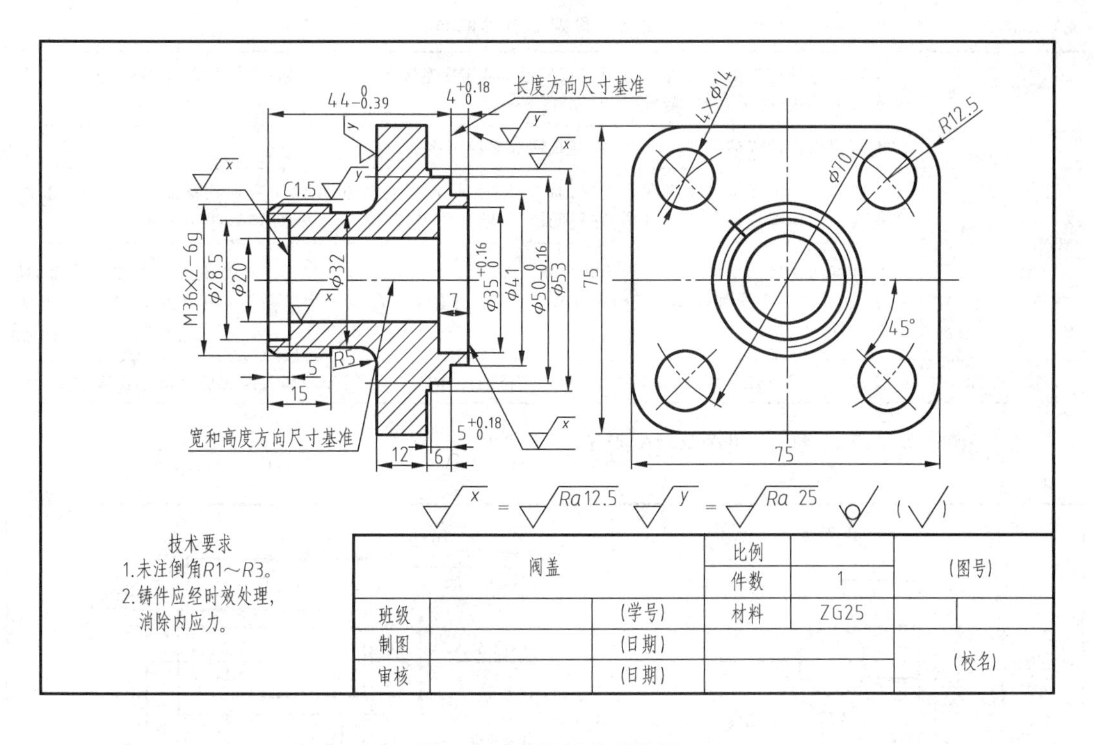

图 8-44　球阀阀盖零件图

1）分析表达方案和形体结构：阀盖的主视图采用全剖视图，表达了右端各阶梯孔与通孔的形状及其相对位置，以及左端的外螺纹。主视图的安放既符合主要加工位置，也符合阀盖在部件中的工作位置。左视图表达了带圆角的方形凸缘和四个均等通孔。

2）分析尺寸：多数盘盖类零件的主体部分是回转体，所以通常以轴孔的轴线作为径向尺寸基准，此例也不例外，也是以方形凸缘高、宽方向作为尺寸基准，由此注出阀盖各部分径向尺寸。其中注有尺寸公差的有 $\phi 35^{+0.16}_{0}$ 和 $\phi 50^{0}_{-0.16}$，表明两部分与球阀中有关零件有配合要求。以阀盖的重要端面作为长度方向主要尺寸基准，此例为注有表明表面粗糙度 $Ra12.5\mu m$ 的右端凸缘，由此注出 $4^{+0.18}_{0}$、$44^{0}_{-0.39}$、$5^{+0.18}_{0}$ 及 6 等尺寸。

3）分析技术要求：阀盖是铸件，须进行人工时效处理，消除内应力。视图中有小圆角（铸造圆角 $R1 \sim R3$）过渡的表面为不加工表面。长度方向主要尺寸基准的端面相对阀盖水平轴线的垂直度公差为 0.05mm。

（3）归纳总结　通过上述看图分析，对球阀阀盖的作用、结构形状、尺寸大小、主要加工方法及加工中的主要技术指标要求，都有了较清楚的认识。综合起来，即可得出球阀阀盖的总体印象，如图 8-45 所示。

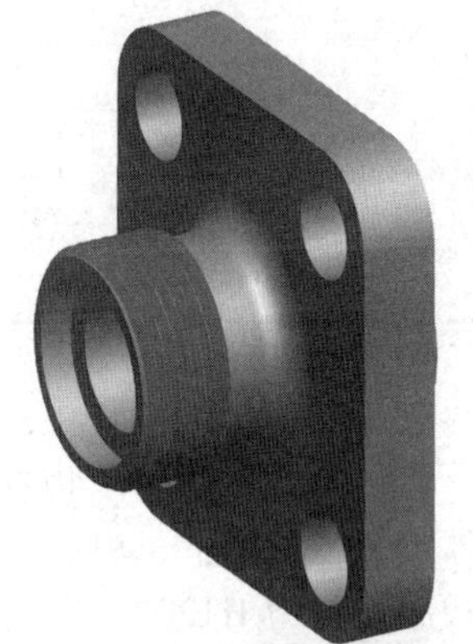

图 8-45　球阀阀盖立体图

3. 叉架类零件

识读叉架类零件要把握的要点，见表 8-6。

表 8-6 叉架类零件的特点

结构特点	叉架类零件通常由工作部分、支承(或安装)部分及连接部分组成,形状比较复杂且不规则。零件上常有叉形结构、肋板和孔、槽等
加工方法	毛坯多为铸件或锻件,经车、镗、铣、刨、钻等多种工序加工而成
视图表达	一般需要两个以上基本视图来表达,通常以工作位置为主视图,反映主要形状特征。连接部分和细部结构采用局部剖视图或斜视图,并用剖视图、断面图、局部放大图表达局部结构
尺寸标注	尺寸标注比较复杂。各部分的形状和相对位置的尺寸要直接标注。尺寸基准常选择安装基面、对称平面、孔的中心线和轴线。定位尺寸较多,往往还有角度尺寸。为了便于制作木模,一般采用形体分析法标注定形尺寸
技术要求	支承部分、运动配合面及安装面,均有较严格的尺寸公差、几何公差和表面粗糙度值等要求

例:识读拨叉零件图,如图 8-46 所示。

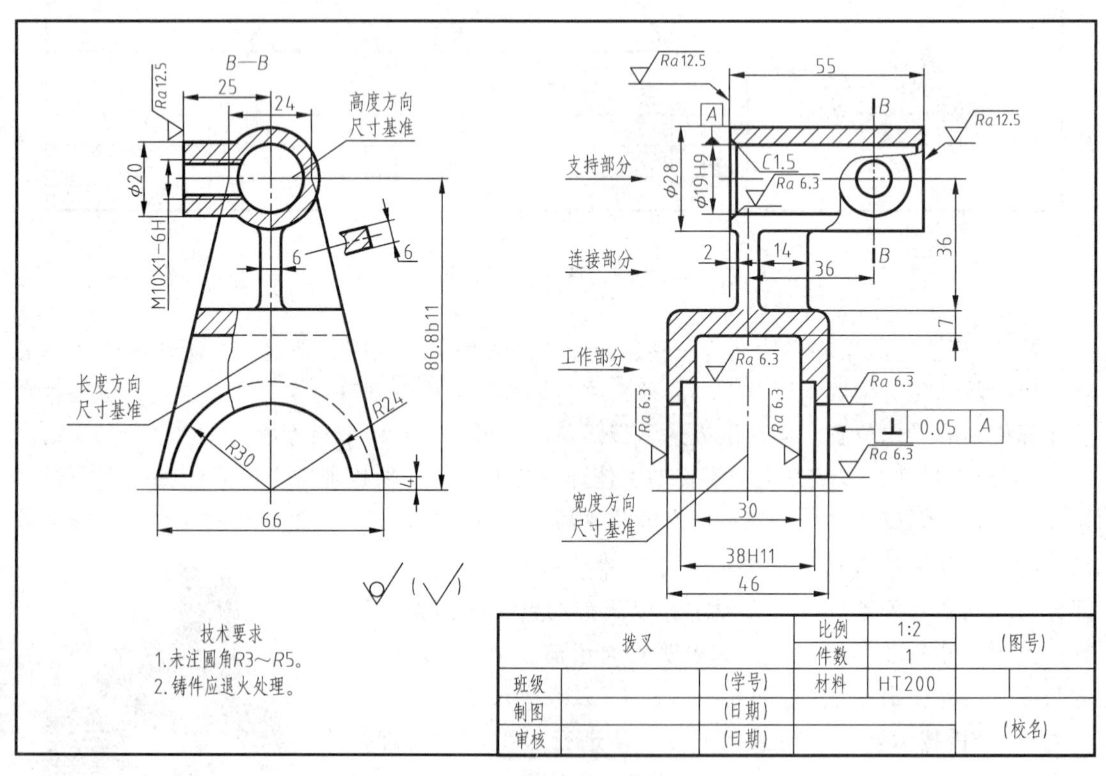

图 8-46 拨叉零件图

(1) 概括了解 由标题栏可知,该零件为拨叉。拨叉主要用在机床或内燃机等各种机器的操纵机构上,用于操纵机器或调节速度等。它由支持部分、工作部分和连接三部分组成,材料为 HT200,比例为 1:2。

(2) 详细分析

1) 分析表达方案和形体结构:本例由两个局部剖视图和一个断面图所组成,主视图的安放符合工作位置原则,表达了支持部分两圆柱孔的内部形状,左视图表达了连接部分、工作部分的内部形状以及支持部分两圆柱孔的相对位置关系。断面图表达了肋板的厚度。

2）分析尺寸：该拨叉的主要尺寸基准如图 8-46 所示。86.8b11 是定位尺寸，支持部分有一螺纹孔。

3）分析技术要求：拨叉是铸件，须进行人工时效处理，消除内应力。视图中有小圆角（铸造圆角 $R1\sim R3$）过渡的表面为不加工表面。注有尺寸公差的尺寸 ϕ19H9 和 38H11 有配合要求。

（3）归纳总结　通过上述看图分析，对拨叉的作用、结构形状、尺寸大小、主要加工方法及加工中的主要技术指标要求，都有了较清楚的认识。综合起来，即可得出拨叉的总体印象，如图 8-47 所示。

图 8-47　拨叉立体图

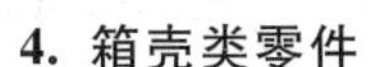

4. 箱壳类零件

识读箱壳类零件要把握的要点，见表 8-7。

表 8-7　箱壳类零件的特点

结构特点	箱壳类零件主要起包容、支承其他零件的作用，常有内腔、轴承孔、凸台、肋、安装板、光孔、螺纹孔等结构
加工方法	毛坯多为铸件，主要在铣床、刨床、钻床上加工
视图表达	一般需要两个以上基本视图来表达，主视图反映形状特征和工作位置，采用通过主要支承孔轴线的剖视图表达其内部形状结构，局部结构常用局部视图、局部剖视图、断面图等表达
尺寸标注	长、宽、高三个方向的主要尺寸基准通常选用轴孔中心线、对称平面、结合面和较大的加工平面。定位尺寸较多，各孔的中心线（或轴线）之间的距离、轴承孔轴线与安装面的距离应直接注出
技术要求	箱壳类零件轴孔、结合面及重要表面，在尺寸精度、表面粗糙度值和几何公差等方面有较严格的要求。常有保证铸造质量的要求，如进行时效处理，不允许有砂眼、裂纹等

例：识读阀体零件图，如图 8-48 所示。

（1）概括了解　由标题栏可知，该零件为阀体。阀体是球阀中主要零件之一，材料选用 ZG25，比例为 1:2，其内、外表面均有一部分需要进行切削加工，加工前需作时效处理。

（2）详细分析

1）分析表达方案和形体结构：本例由一个全剖视图、一个半剖视图和一个基本视图组成，主视图的安放符合工作位置原则，表达了两阶梯孔的内部形状及相对位置，左视图表达了方形凸缘形状和其相对位置，俯视图表达了阶梯孔顶端 90°扇形限位凸块。

2）分析尺寸：该阀体的主要尺寸基准如图 8-48 所示。

3）分析技术要求：阀体中比较重要的尺寸均标注偏差数值，与此对应的表面粗糙度值要求也较小，零件上不太重要的加工表面的表面粗糙度值就要大些。主视图中对阀体也作了几何特征要求：空腔右端相对直径尺寸 35 轴线的垂直度公差为 0.08mm。视图中有小圆角（铸造圆角 $R1\sim R3$）。注有尺寸公差的一般都有配合要求。

（3）归纳总结　通过上述看图分析，对阀体的作用、结构形状、尺寸大小、主要加工方法及加工中的主要技术指标要求，都有了较清楚的认识。综合起来，即可得出阀体的总体印象，如图 8-49 所示。

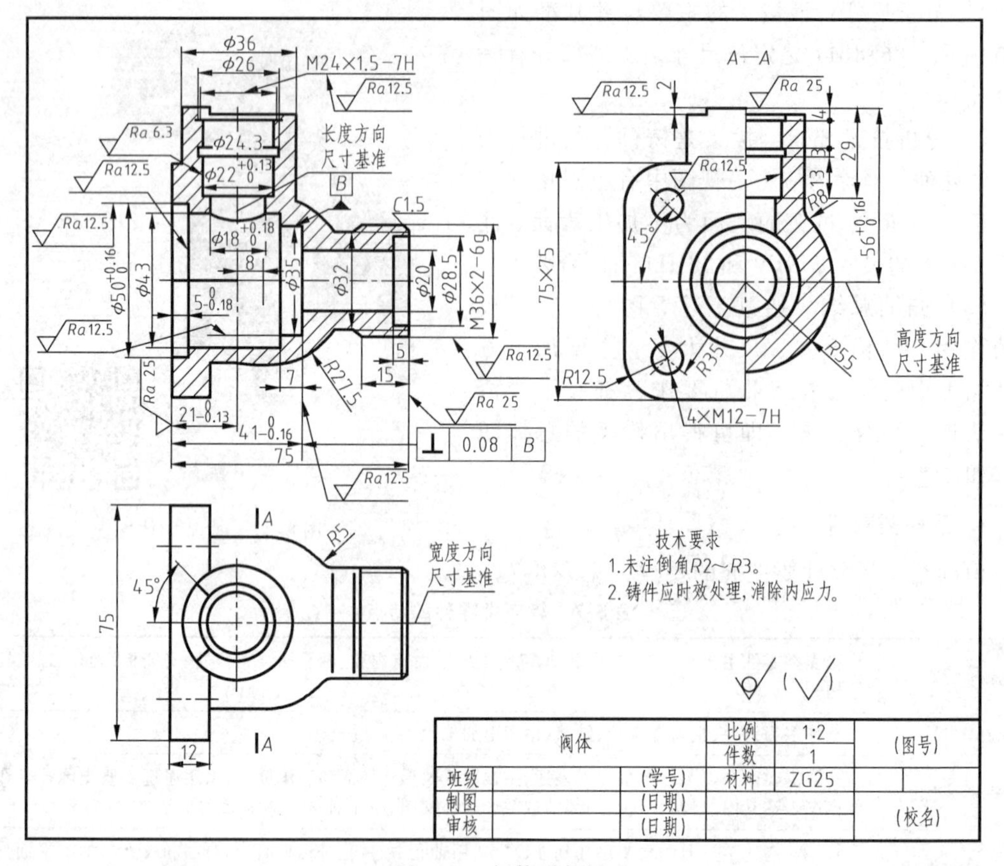

图 8-48　阀体零件图

图 8-49　阀体立体图

想一想：

典型零件有哪些？都有什么特点？

任务单

做习题集上课堂作业第 8 题。

学习评价

自评	互评	老师评价	总分

单元9 识读装配图

学习目标

1. 认识装配图，了解装配图的内容及作用。
2. 能识读装配图的图形、尺寸及技术要求。
3. 能读懂装配图上零件的序号、标题栏及明细栏。
4. 能根据识读装配图的方法和步骤，识读简单的装配图。

任务1 认识装配图

任务描述

活动在多媒体教室进行，学生应准备好手工绘图工具。通过活动让学生了解装配图的作用是什么，装配图有哪些内容。

知识链接

一、装配图的作用

装配图是表达机器或部件中零件间的相对位置、连接方式及装配关系的图样。在设计过程中，一般是先根据设计画出装配图，再由装配图拆画零件图。在产品的制造过程中，先根据零件图进行零件的加工和检验，再按照装配图所制订的装配工艺规程将零件装配成机器或部件。装配图是表达设计思想、指导生产（装配、检验、安装和维修）和进行技术交流的重要技术文件。

想一想：

用于指导装配的图样所表达的内容会与零件图相同吗？它主要应该表达什么呢？

二、装配图的内容

1. 一组视图

采用适当的表达方法，绘制一组视图，能清楚地表达装配体结构组成及工作原理、零件之间的装配关系、连接方式及各零件的主要结构形状。图9-1所示为滚齿夹具装配图。

2. 必要的尺寸

装配图上只需标注反映装配体的规格（性能）、总体大小、零件间的配合关系、安装、检验等尺寸。

3. 技术要求

用文字或符号注写出装配体在装配、检验、调试和使用等方面的技术要求。

4. 零件序号、明细栏和标题栏

装配图中，每一个不同的零件必须编号，并按国家标准规定的格式绘制标题栏和明细栏，如图9-1所示。

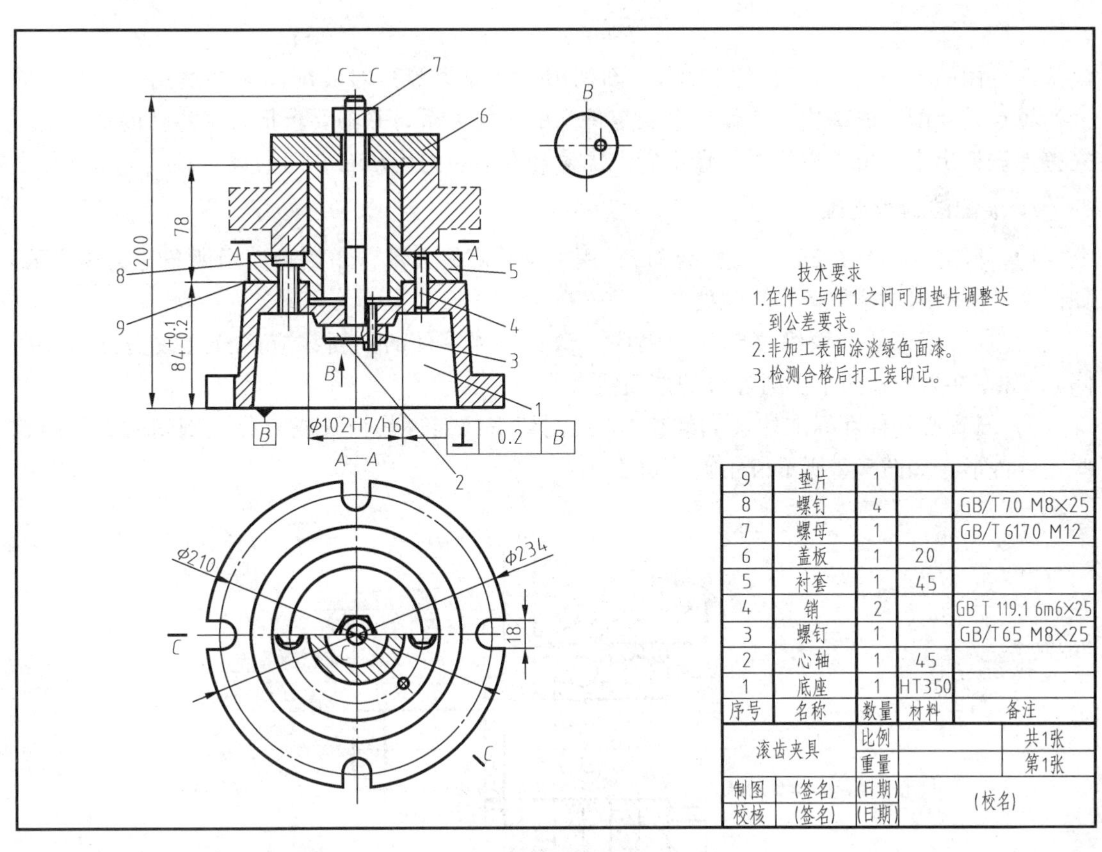

图9-1　滚齿夹具装配图

任务单

做习题集上课堂作业第1题。

学习评价

自评	互评	老师评价	总分

任务2　识读装配图的图形、尺寸和技术要求

任务描述

活动在多媒体教室进行，学生应准备好手工绘图工具。通过活动让学生了解装配图的各种不同画法，掌握识读装配图图形的技巧；能读懂装配图中的各类尺寸及技术要求。

知识链接

一、装配图的图形分析

零件图的各种表达方法（如视图、剖视图、断面图等）对装配图同样适用，装配图的表达重点是装配体的结构、工作原理及零件间的装配关系，并不要求把每个零件的形状结构完整地表达出来。由于表达的重点不同，国家标准对装配图还有专门的规定。

1. 装配图的规定画法

1）两零件的接触表面（或配合面），用一条轮廓线表示；非接触面用两条轮廓线表示，如图9-2所示的端盖与箱体接触处。

2）同一零件的剖面线方向和间隔应一致；相邻零件的剖面线应区分（改变方向或间隔），如图9-2所示两个小圆螺母的剖面线。

3）对实心杆件和标准件（如螺栓），当剖切平面能过其轴线或对称面剖切时，只画这些零件外形，如图9-2所示齿轮轴的画法。

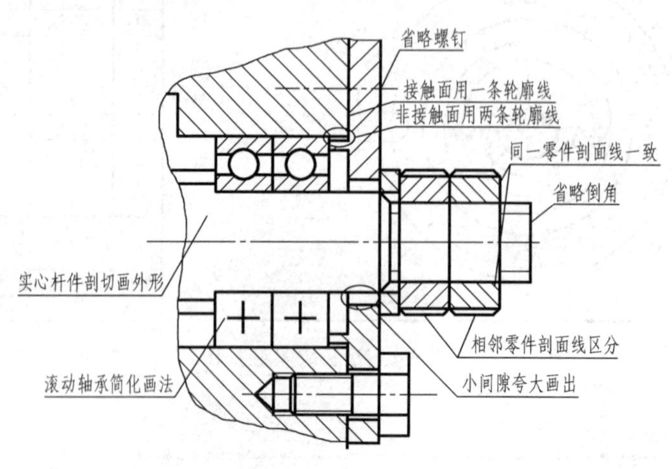

图9-2　装配图的规定画法

2. 装配图的特殊表示法

（1）拆卸画法　对于装配图中表达一些重要零件的内、外部形状，可假想拆去一个或几个零件来绘图，如图9-3所示滑动轴承的装配图。

（2）简化画法　对于装配图中相同的零件组，可以只画出一组，其余用轴线表示出其

位置即可，如图 9-2 所示螺钉的画法。对于滚动轴承可采用简化画法，如图 9-2 所示。对倒角、圆角及退刀槽等工艺结构可省略不画，如图 9-2 中所示的倒角。

（3）假想画法　对于装配图中与装配体相关联但不属于装配体的零（部）件可以用双点画线画出轮廓，如图 9-1 中所示的齿轮。

（4）夸大画法　对于装配图中的薄片及较小间隙，可以适当加以夸大后画出，如图 9-2 所示的间隙。

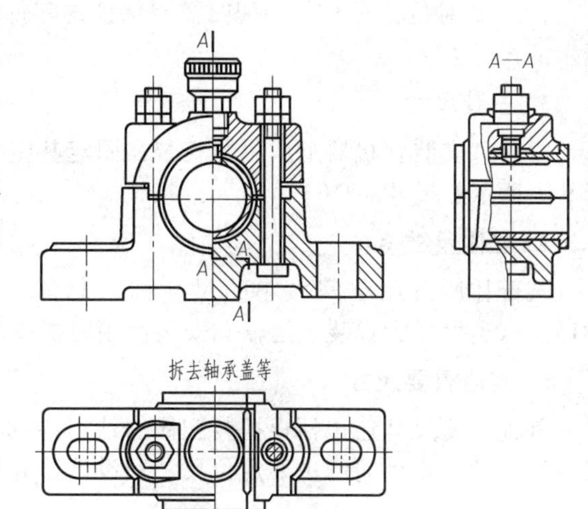

图 9-3　滑动轴承的装配图

二、装配图的尺寸

装配图是设计和装配机器（部件）时使用的图样，因此不需将零件加工所需的全部尺寸都标注出来，而只需标注出表达零、部件间装配关系的必要尺寸。

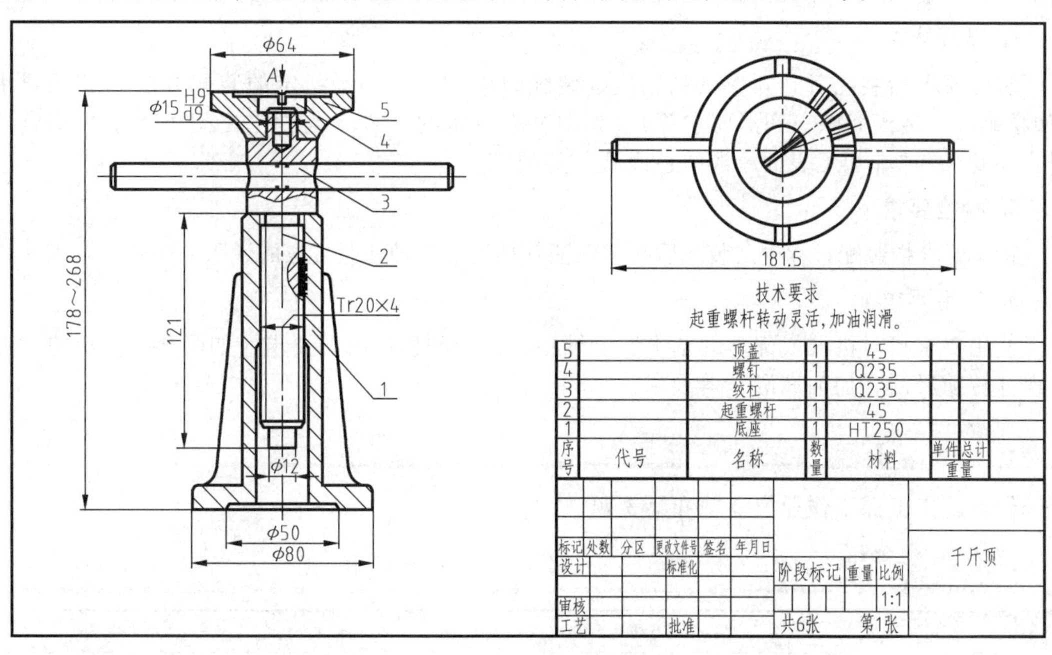

图 9-4　千斤顶装配图

1. 性能（规格）尺寸

性能（规格）尺寸是表明装配体的规格和工作性能的尺寸。如图 9-4 中所示的尺寸 178～268。这类尺寸是设计和选用机器（部件）的主要依据。

2. 装配尺寸

装配尺寸用以保证机器或部件装配性能的尺寸。主要有以下两种：

（1）配合尺寸　零件上有配合要求的尺寸，如图 9-4 中的尺寸 $\phi14H9/d9$。该尺寸表示公称直径为 $\phi14$，孔的公差带代号为 H9，轴的公差带代号为 d9，为基孔制的间隙配合。

(2) 相对位置尺寸　装配时需要保证的零件间较重要的距离尺寸和间隙尺寸，如图 9-4 所示的尺寸 121。

3. 安装尺寸

零部件安装在机器上或机器安装在固定基座上所需的安装连接用尺寸称为安装尺寸，如图 9-1 所示的尺寸 ϕ210。

4. 总体尺寸

装配体所占用空间大小的尺寸称为总体尺寸，如图 9-4 中所示的尺寸 ϕ80、268 及 1815。这类尺寸为包装、运输和安装使用时提供所需占用空间的大小。

5. 其他重要尺寸

其他重要尺寸还包括根据装配体的结构特点和需要而必须标注的重要尺寸，如运动的极限位置尺寸、零件间的主要定位尺寸和设计计算尺寸等。

三、装配图的技术要求

装配图的技术要求根据装配体的具体情况而定，用文字注写在明细栏上方或者图样下方的空白处，如图 9-4 所示。装配图中的技术要求主要包括以下几个方面。

1. 装配要求

装配要求指装配后必须保证的精度、装配时的加工说明、指定的装配方法和装配要求（如精确度、装配间隙、润滑要求等），如图 9-1 所示的“件 5 与件 1 之间可用垫片调整达到公差要求”“非加工表面涂淡绿色面漆”等要求。

2. 检验要求

检验要求指装配过程中及装配后必须保证其精度的各种检验方法的说明，如图 9-1 所示。

3. 使用要求

使用要求指对机器或部件的基本性能维护、保养和使用时的要求，如图 9-4 所示的“起重螺杆转动灵活，加油润滑”等要求。

任务单

做习题集上课堂作业第 2 题和第 3 题。

学习评价

自评	互评	老师评价	总分

任务 3　识读装配图的零件序号和明细栏

任务描述

活动在多媒体教室进行，学生应准备好手工绘图工具。通过活动让学生了解国家标准对装配图中零件编排和明细栏的规定；并能绘制装配图中的明细栏。

知识链接

一、零件序号的编排方法

零件序号由指引线和数字序号组成，数字可直接注写在指引线的旁边，也可加下划线，还可写在圆内，若所指部分不便画圆点时（很薄的零件或涂黑的剖面），可以在指引线的端部画箭头，指向零件的轮廓线，如图 9-5 所示。

一组紧固件以及装配关系清楚的零件组，可以采用公共指引线，一般序号按顺时针或逆时针排列，并沿水平或垂直方向排列整齐，如图 9-6 所示。

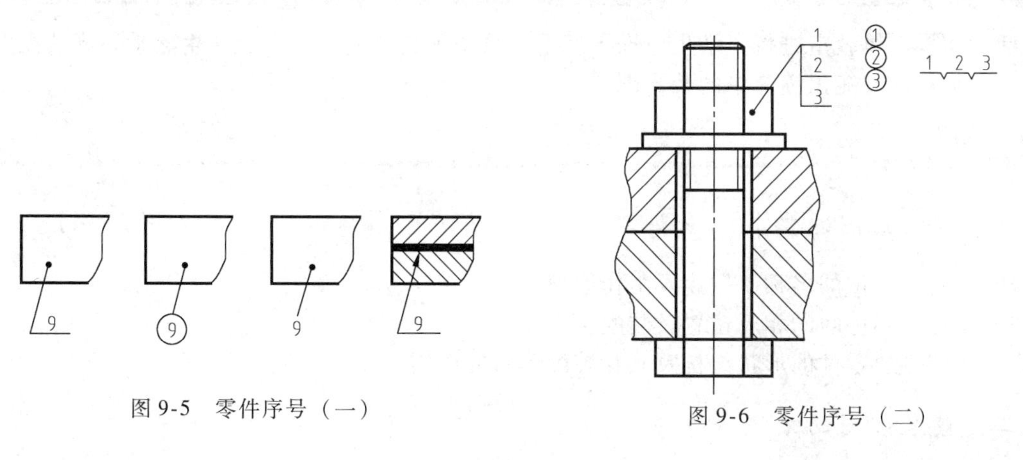

图 9-5　零件序号（一）

图 9-6　零件序号（二）

二、装配图的明细栏

装配图中的明细栏一般绘制在标题栏的上方，其格式如图 9-7 所示。明细栏中的序号应与图中序号相对，自下而上填写，如果位置不够，可以在标题栏左侧续编。备注栏可填写该项的附加说明或其他有关内容。

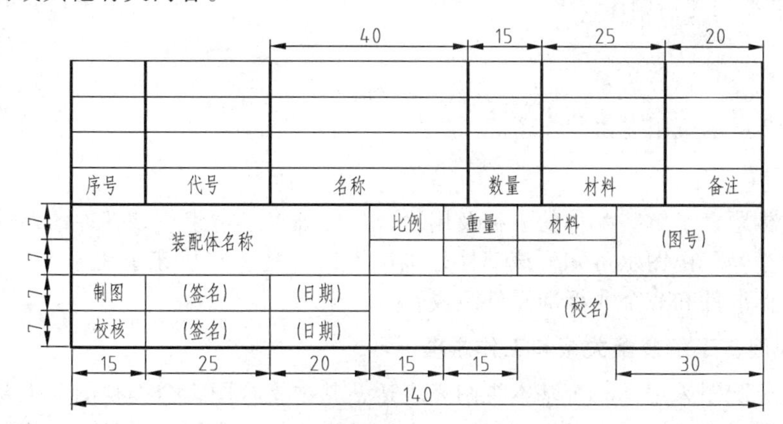

图 9-7　装配图明细栏

任务单

做习题集上课堂作业第 4 题。

学习评价

自评	互评	老师评价	总分

任务4　读装配图

任务描述

活动在多媒体教室进行，学生应准备好手工绘图工具。通过活动让学生熟悉识读装配图的方法和步骤，并能识读简单的装配图。

知识链接

一、读装配图的要求

1）了解装配体的名称、用途及工作原理。
2）了解各零件间的相对位置及装配关系。
3）了解主要零件的形状结构及其在装配体中的作用。

二、读装配图的方法和步骤

1）概括了解。浏览视图，结合标题栏和明细栏了解装配体的名称、作用、各组成部分的概况及其位置等。
2）分析视图，了解各零件之间的装配关系和工作原理。
3）分析尺寸和技术要求。
4）分析装拆的先后顺序。

三、识读实例

识读图9-8所示机用虎钳装配图。

1. 概括了解

首先通过标题栏了解装配体的名称及用途，从明细栏了解组成该部件的零件名称、数量及标准件的规格等。由图示可知，该部件是机用虎钳，是装在机床上用于夹持工件的工具。该部件由7个标准件和8个非标准零件组成。

2. 分析视图，了解装配关系和工作原理

机用虎钳装配图采用了三个基本视图来表达，其中主视图为全剖视图，主要反映各零件的装配连接关系，左视图采用了半剖视图，表达了活动钳身和固定钳身之间装配关系，俯视图采用了局部剖视图，表达了钳口板和钳身的连接方式。

机用虎钳的工作原理是，当螺杆5转动时，螺母7带动活动钳身6作轴向移动，使钳口张开或闭合，将工件夹紧或放松。机用虎钳的装配关系是，螺杆5由固定钳身1支承，在其尾部用销4将挡圈3和螺杆5连接起来，使螺杆只能在固定钳身上转动。将螺母7的上部装在活动钳身 6 的孔中，依靠螺钉 8 将活动钳身 6 和螺母 7 固定在一起。为避免螺杆在旋转时，其台肩和挡圈与钳身的左右端面直接摩擦，设置了垫圈 2 和垫圈 10。

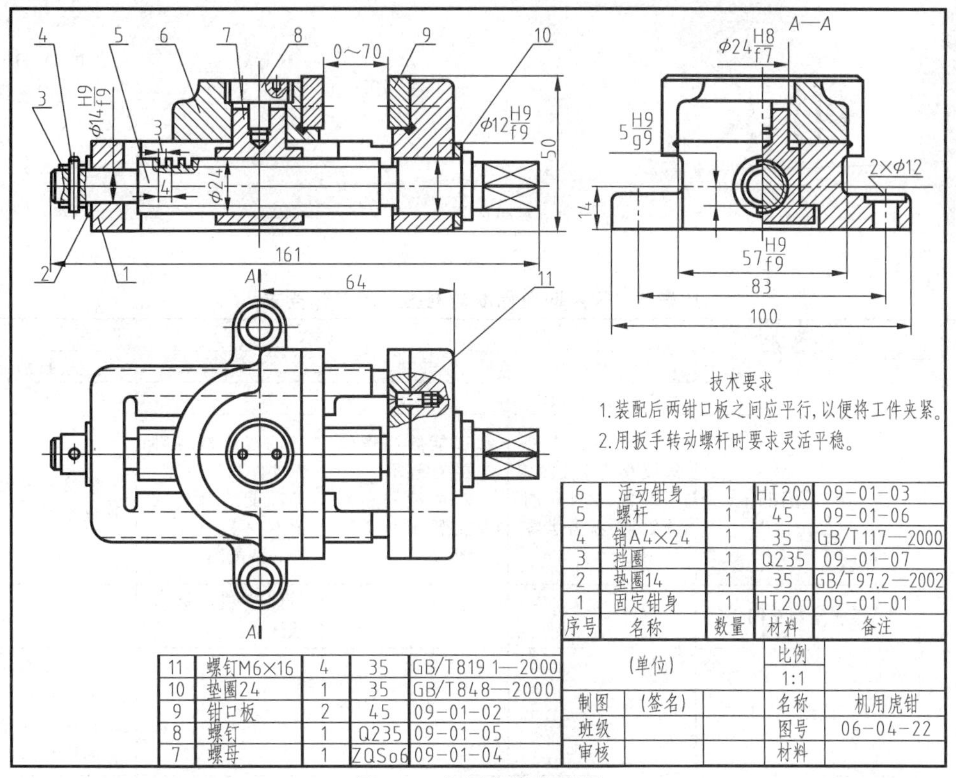

图 9-8　机用虎钳装配图

3. 分析尺寸和技术要求

机用虎钳装配图中标注有规格尺寸 0～70，装配尺寸 83、64 等，配合尺寸 ϕ14H9/f9、ϕ12H9/f9、5H9/g9 等，总体尺寸 161、100 等。

机用虎钳装配图中的技术要求是，装配后两钳口板之间应平等，以便将工件夹紧，用扳手转动螺杆时要求灵活平稳。

4. 分析装拆顺序

机用虎钳的装配顺序是：首先将钳口板 9 用两个螺钉 11 装在固定钳身 1 上；再将螺母 7 放入固定钳身 1 的槽中，然后将螺杆 5 装上垫圈 10 旋入螺母 7 中，将其左端装上垫圈 2、挡圈 3，装入销 4 将挡圈 3 与螺杆 5 连接起来；最后，将活动钳身 6 跨在固定钳身 1 上，同时要对准并装入螺母 7 上端的圆柱部分，旋入螺钉 8，完成装配。

任务单

做习题集上课堂作业第 5 题和第 6 题。

学习评价

自评	互评	老师评价	总分

附录

附表1　国家职业标准对制图员的工作要求

职业功能和工作内容		技能要求			
		初级	中级	高级	技师
绘制二维图	描图	能描绘墨线图			
	手工绘图	1. 能绘制内外螺纹及其连接图 2. 能绘制和阅读轴类、盘盖类零件图	1. 能绘制螺纹连接装配图 2. 能绘制和阅读支架、箱体类零件图	1. 能绘制各种标准件和常用件 2. 能绘制和阅读不少于15个零件的装配图	能绘制和阅读各种机械图
	手工绘制草图			能绘制箱体类零件草图	
	手工绘制展开图				1. 能绘制变形接头的展开图 2. 能绘制等径弯管的展开图
	计算机绘图	1. 能使用一种软件绘制简单二维图形并标注尺寸 2. 能使用打印机或绘图机输出图样	能绘制简单的二维专业图形	1. 能根据零件图绘制装配图 2. 能根据装配图绘制零件图	
绘制三维图	描图	能描绘正等轴测图	1. 能够描绘斜二测图 2. 能够描绘正二测图		
	手工绘制轴测图		1. 能绘制正等轴测图 2. 能绘制正等轴测剖视图	1. 能绘制轴测图 2. 能绘制轴测剖视图	能润饰轴测图
	计算机绘图				1. 能创建各种零件的三维模型 2. 能创建装配体的三维模型 3. 能创建装配体的三维分解模型 4. 能将三维模型转化为二维工程图 5. 能创建曲面的三维模型 6. 能渲染三维模型

（续）

职业功能和工作内容		技能要求			
		初级	中级	高级	技师
图档管理	图样折叠与装订	能按要求折叠图样并装订成册			
	软件管理		能使用软件对成套图样进行管理		
	图样归档管理			能对成套图样进行分类编号	
转换不同标准体系的图样	第一角和第三角投影图的相互转换				能对第三角表示法和第一角表示法作相互转换
指导与培训	业务培训				1. 能指导初、中、高级制图员的工作，并进行业务培训 2. 能编写初、中、高级制图员的培训教材

注：本表摘自制图员国家职业标准。技能要求依次递进，高级别包括低级别的要求。

附表 2　标准公差数值（摘自 GB/T 1800.1—2009）

公称尺寸/mm		标准公差等级																	
		IT1	IT2	IT3	IT4	IT5	IT6	IT7	IT8	IT9	IT10	IT11	IT12	IT13	IT14	IT15	IT16	IT17	IT18
大于	至	μm											mm						
—	3	0.8	1.2	2	3	4	6	10	14	25	40	60	0.1	0.14	0.25	0.4	0.6	1	1.4
3	6	1	1.5	2.5	4	5	8	12	18	30	48	75	0.12	0.18	0.3	0.48	0.75	1.2	1.8
6	10	1	1.5	2.5	4	6	9	15	22	36	58	90	0.15	0.22	0.36	0.58	0.9	1.5	2.2
10	18	1.2	2	3	5	8	11	18	27	43	70	110	0.18	0.27	0.43	0.7	1.1	1.8	2.7
18	30	1.5	2.5	4	6	9	13	21	33	52	84	130	0.21	0.33	0.52	0.84	1.3	2.1	3.3
30	50	1.5	2.5	4	7	11	16	25	39	62	100	160	0.25	0.39	0.62	1	1.6	2.5	3.9
50	80	2	3	5	8	13	19	30	46	74	120	190	0.3	0.46	0.74	1.2	1.9	3	4.6
80	120	2.5	4	6	10	15	22	35	54	87	140	220	0.35	0.54	0.87	1.4	2.2	3.5	5.4
120	180	3.5	5	8	12	18	25	40	63	100	160	250	0.4	0.63	1	1.6	2.5	4	6.3
180	250	4.5	7	10	14	20	29	46	72	115	185	290	0.46	0.72	1.15	1.85	2.9	4.6	7.2
250	315	6	8	12	16	23	32	52	81	130	210	320	0.52	0.81	1.3	2.1	3.2	5.2	8.1
315	400	7	9	13	18	25	36	57	89	140	230	360	0.57	0.89	1.4	2.3	3.6	5.7	8.9
400	500	8	10	15	20	27	40	63	97	155	250	400	0.63	0.97	1.55	2.5	4	6.3	9.7
500	630	9	11	16	22	32	44	70	110	175	280	440	0.7	1.1	1.75	2.8	4.4	7	11
630	800	10	13	18	25	36	50	80	125	200	320	500	0.8	1.25	2	3.2	5	8	12.5
800	1000	11	15	21	28	40	60	90	140	230	360	560	0.9	1.4	2.3	3.6	5.6	9	14
1000	1250	13	18	24	33	47	66	105	165	260	420	660	1.05	1.65	2.6	4.2	6.6	10.5	16.5
1250	1600	15	21	29	39	55	78	125	195	310	500	780	1.25	1.95	3.1	5	7.8	12.5	19.5
1600	2000	18	25	35	46	65	92	150	230	370	600	920	1.5	2.3	3.7	6	9.2	15	23
2000	2500	22	30	41	55	78	110	175	280	440	700	1100	1.75	2.8	4.4	7	11	17.5	28
2500	3150	26	36	50	68	96	135	210	330	540	860	1350	2.1	3.3	5.4	8.6	13.5	21	33

注：1. 公称尺寸大于 500mm 的 IT1 ~ IT5 的标准公差为试行。

2. 公称尺寸小于或等于 1mm 时，无 IT14 ~ IT18。

附表3 轴的极限偏差表——公称尺

代号	c	d		e		f		g		h							js
公称尺寸/mm	等																
	11	8	9	7	8	7	8	6	7	5	6	7	8	9	10	11	6
≤3	-60 -120	-20 -34	-20 -45	-14 -24	-14 -28	-6 -16	-6 -20	-2 -8	-2 -12	0 -4	0 -6	0 -10	0 -14	0 -25	0 -40	0 -60	±3
3~6	-70 -145	-30 -48	-30 -60	-20 -32	-20 -38	-10 -22	-10 -28	-4 -12	-4 -16	0 -5	0 -8	0 -12	0 -18	0 -30	0 -48	0 -75	±4
6~10	-80 -170	-40 -62	-40 -76	-25 -40	-25 -47	-13 -28	-13 -35	-5 -14	-5 -20	0 -6	0 -9	0 -15	0 -22	0 -36	0 -58	0 -90	±4.5
10~14	-95	-50	-50	-32	-32	-16	-16	-6	-6	0	0	0	0	0	0	0	±5.5
14~18	-205	-77	-93	-50	-59	-34	-43	-17	-24	-8	-11	-18	-27	-13	-70	-110	
18~24	-110	-65	-65	-40	-40	-20	-20	-7	-7	0	0	0	0	0	0	0	±6.5
24~30	-240	-98	-117	-61	-73	-41	-53	-20	-28	-9	-13	-21	-33	-52	-84	-130	
30~40	-120 -280	-80	-80	-50	-50	-25	-25	-9	-9	0	0	0	0	0	0	0	±8
40~50	-130 -290	-119	-142	-75	-89	-50	-64	-25	-34	-11	-16	—25	-39	-62	-100	-160	
50~65	-140 -330	-100	-100	-60	-60	-30	-30	-10	-10	0	0	0	0	0	0	0	±9.5
65~80	-150 -340	-146	-174	-90	-106	-60	-76	-29	-40	-13	-19	-30	46	-74	-120	-190	
80~100	-170 -190	-120	-120	-72	-72	-36	-36	-12	-12	0	0	0	0	0	0	0	±11
100~120	-180 -400	-174	-207	-107	-126	-71	-90	-34	-47	-15	-22	-35	-54	-87	-140	-220	
120~140	-200 -450	-145	-145	-85	-85	-43	-43	-14	-14	0	0	0	0	0	0	0	
140~160	-210 -460																±12.5
160~180	-230 -480	-208	-245	-125	-148	-83	-106	-39	-54	-18	-25	-40	-63	-100	-160	-250	
180~200	-240 -530	-170	-170	-100	-100	-50	-50	-15	-15	0	0	0	0	0	0	0	
200~225	-260 -550																±14.5
225~250	-280 -570	-242	-285	-146	-172	-96	-122	-44	-60	-20	-29	-46	-72	-115	-185	-290	
250~280	-300 -620	-190	-190	-110	-110	-56	-56	-17	-17	0	0	0	0	0	0	0	±16
280~315	-330 -650	-271	-320	-162	-191	-108	-137	-49	-69	-23	-32	-52	-81	-130	-210	-320	
315~355	-360 -720	-210	-210	-125	-125	-62	-62	-18	-18	0	0	0	0	0	0	0	±18
355~400	-400 -760	-290	-350	-182	-214	-119	-151	-54	-75	-25	-36	-57	-89	-140	-230	-360	
400~450	-440 -840	-230	-230	-135	-135	-68	-68	-20	-20	0	0	0	0	0	0	0	±20
450~500	-480 -880	-327	-385	-198	-232	-131	-165	-60	-83	-27	-40	-63	-97	-155	-250	-400	

寸至 **500mm**（摘自 GB/T 1800. 2—2009）　　　　（单位：μm）

k		m		n		p		r		s		t		u	v	x	y	z
级																		
6	7	6	7	5	6	6	7	6	7	5	6	6	7	6	6	6	6	6
+6 0	+10 0	+8 +2	+12 +2	+8 +4	+10 +4	+12 +6	+16 +6	+16 +10	+20 +10	+18 +14	+20 +14	—	—	+24 +18	—	+26 +20	—	+32 +26
+9 +1	+13 +1	+12 +4	+16 +4	+13 +8	+16 +8	+20 +12	+24 +12	+23 +15	+27 +15	+24 +19	+27 +19	—	—	+31 +23	—	+36 +28	—	+43 +35
+10 +1	+16 +1	+15 +6	+21 +6	+16 +10	+19 +10	+24 +15	+30 +15	+28 +19	+34 +19	+29 +23	+32 +23	—	—	+37 +28	—	+43 +34	—	+51 +42
+12	+19	+18	+25	+20	+23	+29	+36	+34	+41	+36	+39	—	—	+44	—	+51 +40	—	+61 +50
+1	+1	+7	+7	+12	+12	+18	+18	+23	+23	+28	+28			+33	+50 +39	+56 +45	—	+71 +60
+15	+23	+21	+29	+24	+28	+35	+43	+41	+49	+44	+48	—	—	+54 +41	+60 +47	+67 +54	+76 +63	+86 +73
+2	+2	+8	+8	+15	+15	+22	+22	+28	+28	+35	+35	+54 +41	+62 +41	+61 +48	+68 +55	+77 +64	+88 +75	+101 +88
+18	+27	+25	+34	+28	+33	+42	+51	+50	+59	+54	+59	+64 +48	+73 +48	+76 +60	+84 +68	+96 +80	+110 +94	+128 +112
+2	+2	+9	+9	+17	+17	+26	+26	+34	+34	+43	+43	+70 +54	+79 +54	+86 +70	+97 +81	+113 +97	+130 +114	+152 +136
+21	+32	+30	+41	+33	+39	+51	+62	+60 +41	+70 +41	+66 +53	+72 +53	+85 +66	+96 +66	+106 +87	+121 +102	+141 +122	+163 +144	+191 +172
+2	+2	+11	+11	+20	+20	+32	+32	+62 +43	+72 +43	+72 +59	+78 +59	+94 +75	+105 +75	+121 +102	+139 +120	+165 +146	+193 +174	+229 +210
+25	+38	+35	+48	+38	+45	+59	+72	+73 +51	+86 +51	+86 +71	+93 +71	+113 +91	+126 +91	+146 +124	+168 +146	+200 +178	+236 +214	+280 +258
+3	+3	+13	+13	+23	+23	+37	+37	+76 +54	+89 +54	+94 +79	+101 +79	+126 +104	+139 +104	+166 +144	+194 +172	+232 +210	+276 +254	+332 +310
+28	+43	+40	+55	+45	+52	+68	+83	+88 +63	+103 +63	+110 +92	+117 +92	+147 +122	+162 +122	+195 +170	+227 +202	+273 +248	+325 +300	+390 +365
								+90 +65	+105 +65	+118 +100	+125 +100	+159 +134	+174 +134	+215 +190	+253 +228	+305 +280	+365 +340	+440 +415
+3	+3	+15	+15	+27	+27	+43	+43	+93 +68	+108 +68	+126 +108	+133 +108	+171 +146	+186 +146	+235 +210	+277 +252	+335 +310	+405 +380	+490 +465
+33	+50	+46	+63	+51	+60	+79	+96	+106 +77	+123 +77	+142 +122	+151 +122	+195 +166	+212 +166	+265 +236	+313 +284	+379 +350	+454 +425	+549 +520
								+109 +80	+126 +80	+150 +130	+159 +130	+209 +180	+226 +180	+287 +258	+339 +310	+414 +385	+499 +470	+604 +575
+4	+4	+17	+17	+31	+31	+50	+50	+113 +84	+130 +84	+160 +140	+169 +140	+225 +196	+242 +196	+313 +284	+369 +340	+454 +425	+549 +520	+669 +640
+36	+56	+52	+72	+57	+66	+88	+108	+126 +94	+146 +94	+181 +158	+190 +158	+250 +218	+270 +218	+347 +315	+417 +385	+507 +475	+612 +580	+742 +710
+4	+4	+20	+20	+34	+34	+56	+56	+130 +98	+150 +98	+193 +170	+202 +170	+272 +240	+292 +240	+382 +350	+457 +425	+557 +525	+682 +650	+822 +790
+40	+61	+57	+78	+62	+73	+98	+119	+144 +108	+165 +108	+215 +190	+226 +190	+304 +268	+325 +268	+426 +390	+511 +475	+626 +590	+766 +730	+936 +900
+4	+4	+21	+21	+37	+37	+62	+62	+150 +114	+171 +114	+233 +208	+244 +208	+330 +294	+351 +294	+471 +435	+566 +530	+696 +660	+856 +820	+1036 +1000
+45	+68	+63	+86	+67	+80	+108	+131	+166 +126	+189 +126	+259 +232	+272 +232	+370 +330	+393 +330	+530 +490	+635 +595	+780 +740	+960 +920	+1140 +1100
+5	+5	+23	+23	+40	+40	+68	+68	+172 +132	+195 +132	+279 +252	+292 +252	+400 +360	+423 +360	+580 +540	+700 +660	+860 +820	+1040 +1000	+1290 +1250

附表4 孔的极限偏差表——公称尺

代号	C	D		E		F		G		H						
公称尺寸 mm	等															
	11	9	10	8	9	8	9	6	7	6	7	8	9	10	11	12
≤3	+120 +60	+45 +20	+60 +20	+28 +14	+39 +14	+20 +6	+31 +6	+8 +2	+12 +2	+6 0	+10 0	+14 0	+25 0	+40 0	+60 0	+100 0
3~6	+145 +70	+60 +30	+78 +30	+38 +20	+50 +20	+28 +10	+40 +10	+12 +4	+16 +4	+8 0	+12 0	+18 0	+30 0	+48 0	+75 0	+120 0
6~10	+170 +80	+76 +40	+98 +40	+47 +25	+61 +25	+35 +13	+49 +13	+14 +5	+20 +5	+9 0	+15 0	+22 0	+36 0	+58 0	+90 0	+150 0
10~14	+205	+93	+120	+59	+75	+43	+59	+17	+24	+11	+18	+27	+43	+70	+110	+180
14~18	+95	+50	+50	+32	+32	+16	+16	+6	+6	0	0	0	0	0	0	0
18~24	+240	+117	+149	+73	+92	+53	+72	+20	+28	+13	+21	+33	+52	+84	+130	+210
24~30	+110	+65	+65	+40	+40	+20	+20	+7	+7	0	0	0	0	0	0	0
30~40	+280 +120	+142	+180	+89	+112	+64	+87	+25	+34	+16	+25	+39	+62	+100	+160	+250
40~50	+290 +130	+80	+80	+50	+50	+25	+25	+9	+9	0	0	0	0	0	0	0
50~65	+330 +140	+174	+220	+106	+134	+76	+104	+29	+40	+19	+30	+46	+74	+120	+190	+300
65~80	+340 +150	+100	+100	+60	+60	+30	+30	+10	+10	0	0	0	0	0	0	0
80~100	+390 +170	+207	+160	+125	+159	+90	+123	+34	+47	+22	+35	+54	+87	+140	+220	+350
100~120	+400 +180	+120	+120	+72	+72	+36	+36	+12	+12	0	0	0	0	0	0	0
120~140	+450 +200	+245	+305	+148	+185	+106	+143	+39	+54	+25	+40	+63	+100	+150	+250	+400
140~160	+460 +210															
160~180	+480 +230	+145	+145	+85	+85	+43	+43	+14	+14	0	0	0	0	0	0	0
180~200	+530 +240	+285	+355	+172	+215	+122	+165	+44	+61	+29	+46	+72	+115	+185	+290	+460
200~225	+550 +260															
225~250	+570 +280	+170	+170	+100	+100	+50	+50	+15	+15	0	0	0	0	0	0	0
250~280	+620 +300	+320	+400	+191	+240	+137	+186	+49	+69	+32	+52	+81	+130	+210	+320	+520
280~315	+650 +330	+190	+190	+110	+110	+56	+56	+17	+17	0	0	0	0	0	0	0
315~355	+720 +360	+350	+440	+214	+265	+151	+202	+54	+75	+36	+57	+89	+140	+230	+360	+570
355~400	+760 +400	+210	+210	+125	+125	+62	+62	+18	+18	0	0	0	0	0	0	0
400~450	+840 +440	+385	+480	+232	+290	+165	+223	+60	+83	+40	+63	+97	+155	+250	+400	+630
450~500	+880 +480	+230	+230	+135	+135	+68	+68	+20	+20	0	0	0	0	0	0	0

寸至 **500mm**（摘自 GB/T 1800. 2—2009）　　（单位：μm）

JS		K		M		N		P		R		S		T		U
级																
7	8	6	7	7	8	6	7	6	7	6	7	6	7	6	7	6
±5	±7	0 -6	0 -10	-2 -12	-2 -16	-4 -10	-4 -14	-6 -12	-6 -16	-10 -16	-10 -20	-14 -20	-14 -24	—	—	-18 -24
±6	±9	+2 -6	+3 -9	0 -12	+2 -16	-5 -13	-4 -16	-9 -17	-8 -20	-12 -20	-11 -23	-16 -24	-15 -27	—	—	-20 -28
±7	±11	+2 -7	+5 -10	0 -15	+1 -21	-7 -16	-4 -19	-12 -21	-9 -24	-16 -25	-13 -28	-20 -29	-17 -32	—	—	-25 -34
±9	±13	+2 -9	+6 -12	0 -18	+2 -25	-9 -20	-5 -23	-15 -26	-11 -29	-20 -31	-16 -34	-25 -36	-21 -39	—	—	-30 -41
±10	±16	+2 -11	+6 -15	0 -21	+4 -29	-11 -24	-7 -28	-18 -31	-14 -35	-24 -37	-20 -41	-31 -44	-27 -48	—	—	-37 -50
														-37 -50	-33 -54	-44 -57
±12	±19	+3 +13	+7 -18	0 -25	+5 -34	-12 -28	-8 -33	-21 -37	-17 -42	-29 -45	-25 -50	-38 -54	-34 -59	-43 -59	-39 -64	-55 -71
														-49 -65	-45 -70	-65 -81
±15	±23	+4 -15	+9 -21	0 -30	+5 -41	-14 -33	-9 -39	-26 -45	-21 -51	-35 -54	-30 -60	-47 -66	-42 -72	-60 -79	-55 -85	-81 -100
										-37 -56	-32 -62	-53 -72	-48 -78	-69 -88	-64 -94	-96 -115
±17	±27	+4 -18	+10 -25	0 -35	+6 -48	-16 -38	-10 -45	-30 -52	-24 -59	-44 -66	-38 -73	-64 -86	-58 -93	-84 -106	-78 -113	-117 -139
										-47 -69	-41 -76	-72 -94	-66 -101	-97 -119	-91 -126	-137 -159
±20	±31	+4 -21	+12 -28	0 -40	+8 -55	-20 -45	-12 -52	-36 -61	-28 -68	-56 -81	-48 -88	-85 -110	-77 -117	-115 -140	-107 -147	-163 -188
										-58 -33	-50 -90	-93 -118	-85 -125	-127 -152	-119 -159	-183 -208
										-61 -86	-53 -93	-101 -126	-93 -133	-139 -164	-131 -171	-203 -228
±23	±36	+5 -24	+13 -33	0 -46	+9 -63	-22 -51	-14 -60	-41 -70	-33 -79	-68 -97	-60 -160	-113 -142	-105 -151	-157 -186	-149 -195	-227 -256
										-71 -100	-63 -109	-121 -150	-113 -159	-171 -200	-163 -209	-249 -278
										-75 -104	-67 -113	-131 -160	-123 -169	-187 -216	-179 -225	-275 -304
±26	±40	+5 -27	+16 -36	0 -52	+9 -72	-25 -57	-14 -66	-47 -79	-36 -88	-85 -117	-74 -126	-149 -181	-138 -190	-209 -241	-198 -250	-306 -338
										-89 -121	-78 -130	-161 -193	-150 -202	-231 -263	-220 -272	-341 -373
±28	±44	+7 -29	+17 -40	0 -57	+11 -78	-26 -62	-16 -73	-51 -87	-41 -98	-97 -133	-87 -144	-179 -215	-169 -226	-257 -293	-247 -304	-379 -415
										-103 -139	-93 -150	-197 -233	-187 -244	-283 -319	-273 -330	-424 -460
±31	±48	+8 -32	+18 -45	0 -63	+11 -86	-27 -67	-17 -80	-55 -95	-45 -108	-113 -153	-103 -166	-219 -259	-209 -272	-317 -357	-307 -370	-477 -517
										-119 -159	-109 -172	-239 -279	-229 -292	-347 -387	-337 -400	-527 -567

附表 5 基轴制优先、常用配合（摘自 GB/T 1801—2009）

基准轴	孔																				
	A	B	C	D	E	F	G	H	JS	K	M	N	P	R	S	T	U	V	X	Y	Z
	间隙配合								过渡配合			过盈配合									
h5						$\frac{F6}{h5}$	$\frac{G6}{h5}$	$\frac{H6}{h5}$	$\frac{JS6}{h5}$	$\frac{K6}{h5}$	$\frac{M6}{h5}$	$\frac{N6}{h5}$	$\frac{P6}{h5}$	$\frac{R6}{h5}$	$\frac{S6}{h5}$	$\frac{T6}{h5}$					
h6						$\frac{F7}{h6}$	▼$\frac{G7}{h6}$	▼$\frac{H7}{h6}$	$\frac{JS7}{h6}$	▼$\frac{K7}{h6}$	$\frac{M7}{h6}$	▼$\frac{N7}{h6}$	▼$\frac{P7}{h6}$	$\frac{R7}{h6}$	▼$\frac{S7}{h6}$	$\frac{T7}{h6}$	▼$\frac{U7}{h6}$				
h7					$\frac{E8}{h7}$	▼$\frac{F8}{h7}$		▼$\frac{H8}{h7}$	$\frac{JS8}{h7}$	$\frac{K8}{h7}$	$\frac{M8}{h7}$	$\frac{N8}{h7}$									
h8				$\frac{D8}{h8}$	$\frac{E8}{h8}$	$\frac{F8}{h8}$		$\frac{H8}{h8}$													
h9				▼$\frac{D9}{h9}$	$\frac{E9}{h9}$	$\frac{F9}{h9}$		▼$\frac{H9}{h9}$													
h10				$\frac{D10}{h10}$				$\frac{H10}{h10}$													
h11	$\frac{A11}{h11}$	$\frac{B11}{h11}$	▼$\frac{C11}{h11}$	$\frac{D11}{h11}$				▼$\frac{H11}{h11}$													
h12		$\frac{B12}{h12}$						$\frac{H12}{h12}$													

注：标注▼的配合为优先配合。

附表 6 基孔制优先、常用配合（摘自 GB/T 1801—2009）

基准孔	轴																				
	a	b	c	d	e	f	g	h	js	k	m	n	p	r	s	t	u	v	x	y	z
	间隙配合								过渡配合			过盈配合									
H6						$\frac{H6}{f5}$	$\frac{H6}{g5}$	$\frac{H6}{h5}$	$\frac{H6}{js5}$	$\frac{H6}{k5}$	$\frac{H6}{m5}$	$\frac{H6}{n5}$	$\frac{H6}{p5}$	$\frac{H6}{r5}$	$\frac{H6}{a5}$	$\frac{H6}{t5}$					
H7						$\frac{H7}{f6}$	▼$\frac{H7}{g6}$	▼$\frac{H7}{h6}$	$\frac{H7}{js6}$	▼$\frac{H7}{k6}$	$\frac{H7}{m6}$	▼$\frac{H7}{n6}$	▼$\frac{H7}{p6}$	$\frac{H7}{r6}$	▼$\frac{H7}{s6}$	$\frac{H7}{t6}$	▼$\frac{H7}{u6}$	$\frac{H7}{v6}$	$\frac{H7}{x6}$	$\frac{H7}{y6}$	$\frac{H7}{z6}$
H8					$\frac{H8}{e7}$	▼$\frac{H8}{f7}$	$\frac{H8}{g7}$	▼$\frac{H8}{h7}$	$\frac{H8}{js7}$	$\frac{H8}{k7}$	$\frac{H8}{m7}$	$\frac{H8}{n7}$	$\frac{H8}{p7}$	$\frac{H8}{r7}$	$\frac{H8}{s7}$	$\frac{H8}{t7}$	$\frac{H8}{u7}$				
				$\frac{H8}{d8}$	$\frac{H8}{e8}$	$\frac{H8}{f8}$		$\frac{H8}{h8}$													
H9			$\frac{H9}{c9}$	▼$\frac{H9}{d9}$	$\frac{H9}{e9}$	$\frac{H9}{f9}$		▼$\frac{H9}{h9}$													
H10			$\frac{H10}{c10}$	$\frac{H10}{d10}$				$\frac{H10}{h10}$													
H11	$\frac{H11}{a11}$	$\frac{H11}{b11}$	▼$\frac{H11}{c11}$	$\frac{H11}{d11}$				▼$\frac{H11}{h11}$													
H12		$\frac{H12}{b12}$						$\frac{H12}{h12}$													

注：标注▼的配合为优先配合。

附表 7　普通螺纹直径与螺距系列（摘自 GB/T 192—2003，GB/T 193—2003）

标记示例

普通粗牙螺纹，公称直径 10mm，中径公差带代号 5g，顶径公差带代号 6g，短旋合长度。

其标记为：M10-5g6g-S

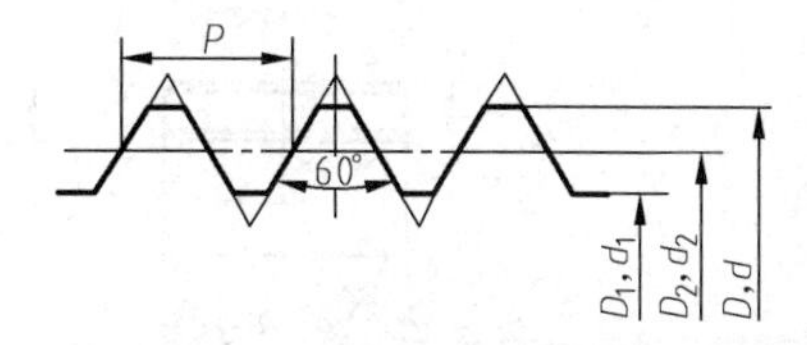

公称直径 D,d			螺距 P	
第一系列	第二系列	第三系列	粗牙	细牙
4	3.5		0.7	0.5
5		5.5	0.8	0.5
6			1	0.75
	7		1	0.75
8			1.25	1、0.75
		9	1.25	1、0.75
10			1.5	1.25、1、0.75
		11	1.5	1.5、1、0.75
12			1.75	1.25、1
	14		2	1.5、1.25、1
		15		1.5、1
16			2	1.5、1
		17		1.5、1
	18		2.5	2、1.5、1
20			2.5	2、1.5、1
	22		2.5	
24			3	2、1.5、1
		25		
		26		1.5
	27		3	2、1.5、1
		28		2、1.5、1
30			3.5	(3)、2、1.5、1
		32		2、1.5
	33		3.5	(3)、2、1.5
		35		1.5
36			4	3、2、1.5
		38		1.5
	39			3、2、1.5

注：M14×1.25 仅用于火花塞；M35×1.5 仅用于滚动轴承锁紧螺母。

附表 8　普通平键的尺寸与公差（GB/T 1096—2003）　　（单位：mm）

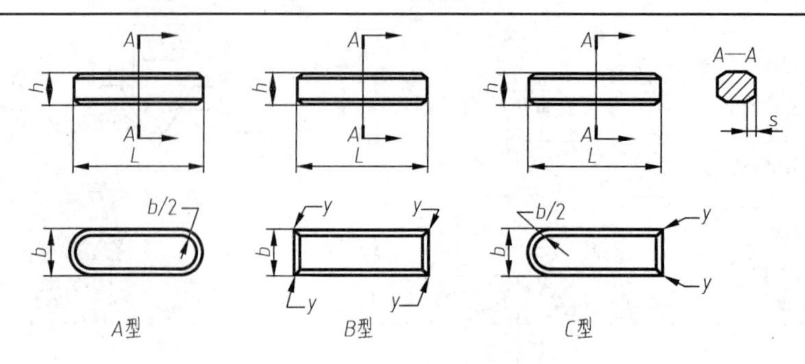

注：$y \leqslant s_{max}$。

标记示例

圆头普通平键（A 型）、$b=18$mm、$h=11$mm、$L=100$mm，其标记为：GB/T 1096—2003　键 18×12×100

平头普通平键（B 型）、$b=18$mm、$h=11$mm、$L=100$mm，其标记为：GB/T 1096—2003　键 B18×12×100

单圆头普通平键（C 型）、$b=18$mm、$h=11$mm、$L=100$mm，其标记为：GB/T 1096—2003　键 C18×12×100

<table>
<tr><td rowspan="2">宽度 b</td><td colspan="2">公称尺寸</td><td>2</td><td>3</td><td>4</td><td>5</td><td>6</td><td>8</td><td>10</td><td>12</td><td>14</td><td>16</td><td>18</td><td>20</td><td>22</td></tr>
<tr><td colspan="2">极限偏差
(h8)</td><td colspan="2">0
-0.014</td><td colspan="3">0
-0.018</td><td colspan="2">0
-0.027</td><td colspan="4">0
-0.027</td><td colspan="2">0
-0.033</td></tr>
<tr><td rowspan="3">高度 h</td><td colspan="2">基本尺寸</td><td>2</td><td>3</td><td>4</td><td>5</td><td>6</td><td>7</td><td>8</td><td>8</td><td>9</td><td>10</td><td>11</td><td>12</td><td>13</td></tr>
<tr><td rowspan="2">极限
偏差</td><td>矩形
(h11)</td><td colspan="2">—</td><td colspan="3">—</td><td colspan="5">0
-0.090</td><td colspan="3">0
-0.010</td></tr>
<tr><td>方形
(h8)</td><td colspan="2">0
-0.014</td><td colspan="3">0
-0.018</td><td colspan="5">—</td><td colspan="3">—</td></tr>
<tr><td colspan="3">倒角或圆角 s</td><td colspan="3">0.16～0.25</td><td colspan="3">0.25～0.40</td><td colspan="4">0.40～0.60</td><td colspan="3">0.60～0.80</td></tr>
</table>

长度 L 基本尺寸	极限偏差 (h14)	2	3	4	5	6	8	10	12	14	16	18	20	22
6	0 -0.36			—	—	—	—	—	—	—	—	—	—	—
8					—	—	—	—	—	—	—	—	—	—
10						—	—	—	—	—	—	—	—	—
12	0 -0.43					—	—	—	—	—	—	—	—	—
14			标准				—	—	—	—	—	—	—	—
16							—	—	—	—	—	—	—	—
18								—	—	—	—	—	—	—
20	0 -0.52							—	—	—	—	—	—	—
22		—			长度				—	—	—	—	—	—
25		—							—	—	—	—	—	—
28		—								—	—	—	—	—
32	0 -0.62	—								—	—	—	—	—
36		—					范围				—	—	—	—
40		—	—								—	—	—	—
45		—	—									—	—	—
50		—	—	—									—	—

附表 9　普通平键键槽的尺寸与公差（GB/T 1095—2003）　　（单位：mm）

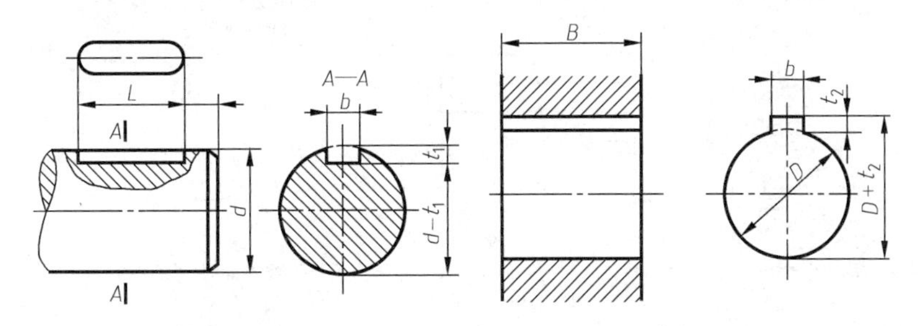

注：在工作图中，轴槽深用$(d-t_1)$或t_1标注，轮毂槽深度用$(D+t_2)$标注

轴	键	键槽											
公称直径 d	键尺寸 $b\times h$	宽度 b						深度				半径 r	
		公称尺寸	极限偏差					轴 t_1		毂 t_2			
			正常连接		紧密联接	松联接		基本尺寸	极限偏差	基本尺寸	极限偏差		
			轴 N9	毂 JS9	轴和毂 P9	轴 H9	毂 D10					min	max
自 6～8	2×2	2	−0.004 −0.029	±0.0125	−0.006 −0.031	+0.025 0	+0.060 +0.020	1.2	+0.10 0	1.0	+0.10 0	0.08	0.16
>8～10	3×3	3						1.8		1.4			
>10～12	4×4	4	0 −0.030	±0.015	−0.012 −0.042	+0.030 0	+0.078 +0.030	2.5		1.8			
>12～17	5×5	5						3.0		2.3		0.16	0.25
>17～22	6×6	6						3.5		2.8			
>22～30	8×7	8	0 −0.036	±0.018	−0.015 −0.051	+0.036 0	+0.098 +0.040	4.0	+0.20 0	3.3	+0.20 0		
>30～38	10×8	10						5.0		3.3		0.25	0.40
>38～44	12×8	12	0 −0.043	±0.0215	+0.018 −0.061	+0.043 0	+0.120 +0.050	5.0		3.3			
>44～50	14×9	14						5.5		3.8			
>50～58	16×10	16						6.0		4.3			
>58～65	18×11	18						7.0		4.4			
>65～75	20×12	20	0 −0.052	±0.026	+0.022 −0.074	+0.052 0	+0.149 +0.065	7.5		4.9		0.40	0.60
>75～85	22×14	22						9.0		5.4			
>85～95	25×14	25						9.0		5.4			
>95～110	28×16	28						10.0		6.4			
>110～130	32×18	32	0 −0.062	±0.031	−0.026 −0.088	+0.062 0	+0.180 +0.080	11.0		7.4			
>130～150	36×20	36						12.0	+0.30 0	8.4	+0.30 0	0.70	1.00
>150～170	40×22	40						13.0		9.4			
>170～200	45×25	45						15.0		10.4			

注：1. $d-t_1$ 和 $d+t_2$ 两组组合尺寸的极限偏差按相应的 t_1 和 t_2 的极限偏差选取，但（$d-t_1$）极限偏差值应取负号。

2. 轴的直径不在本标准所列，仅供参考。

附表10　圆柱销　不淬硬钢和奥氏体不锈钢（GB/T 119.1—2000）
圆柱销　淬硬钢和马氏体不锈钢（GB/T 119.2—2000）

（单位：mm）

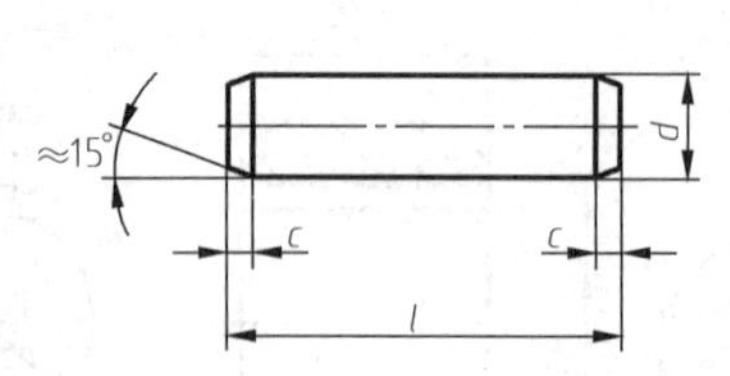

标记示例

公称直径 $d=8$mm、公差为 m6、公称长度 $l=30$mm、材料为钢，不经表面处理的圆柱销，其标记为：

销　GB/T 119.1　8m6×30

公称直径 $d=8$mm，公差为 m6，公称长度 $l=30$mm，材料为钢，普通淬火（A 型），表面氧化处理的圆柱销，其标记为：

销　GB/T 119.2　8×30

公称直径 d		3	4	5	6	8	10	12	16	20	25	30
$c\approx$		0.50	0.63	0.80	1.2	1.6	2.0	2.5	3.0	3.5	4.0	5.0
公称长度 l	GB/T 119.1	8~30	8~40	10~50	12~60	14~80	18~95	22~140	26~180	35~200	50~200	60~200
	GB/T 119.2	8~30	10~40	12~50	14~60	18~80	22~100	26~100	40~100	50~100	—	—
l 系列		8,10,12,14,16,18,20,22,24,26,28,30,32(2 进位);35,40,45,50,55,60,65,70,75,80,85,90,95(5 进位);100,120,140,160,180,200(20 进位)										

注：1. GB/T 119.1—2000 规定圆柱销的公称直径 $d=0.6\sim50$mm，公称长度 $l=2\sim200$mm，公差有 m6 和 h8。

2. GB/T 119.2—2000 规定圆柱销的分称直径 $d=1\sim20$mm，公称长度 $l=3\sim100$mm，公差仅有 m6。

3. 当圆柱销公差为 h8 时，其表面粗糙度 $Ra\leqslant1.6\mu$m。

附表11　圆锥销（GB/T 117—2000）

单位：(mm)

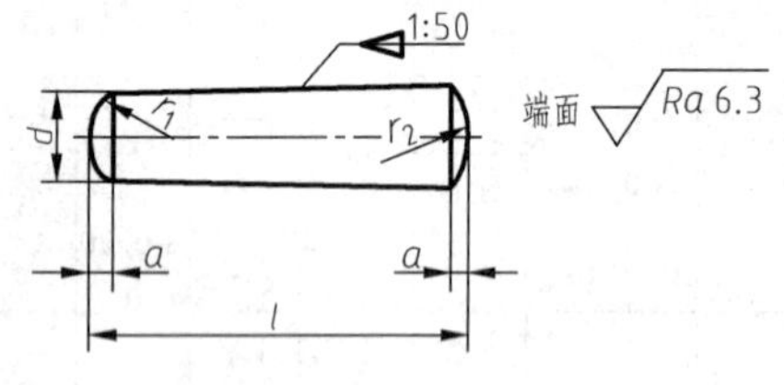

注：$r_1\approx d$　$r_2\approx a/2+d+(0.02l)^2/8a$

标记示例

公称直径 $d=10$mm，公称长度 $l=60$mm，材料为 35 钢，热处理硬度 28~38HRC，表面氧化处理的 A 型圆锥销，其标记为：

销　GB/T 117　10×60

公称直径 d	4	5	6	8	10	12	16	20	25	30
$a\approx$	0.5	0.63	0.8	1	1.2	1.6	2	2.5	3	4
公称长度 l	14~55	18~60	22~90	22~120	26~160	32~180	40~200	45~200	50~200	55~200
l 系列	2,3,4,5,6,8,10,12,14,16,18,20,22,24,26,28,30,32,35,40,45,50,55,60,65,70,75,80,85,90,95,100,120,140,160,180,200									

注：1. 标准规定圆锥销的公称直径 $d=0.6\sim50$mm。

2. 有 A 型和 B 型。A 型为磨削，锥面表面粗糙度 $Ra=0.8\mu$m；B 型为切削或冷镦，锥面粗糙度 $Ra=3.2\mu$m。

附表 12　推力球轴承（摘自 GB/T 28697—2012）

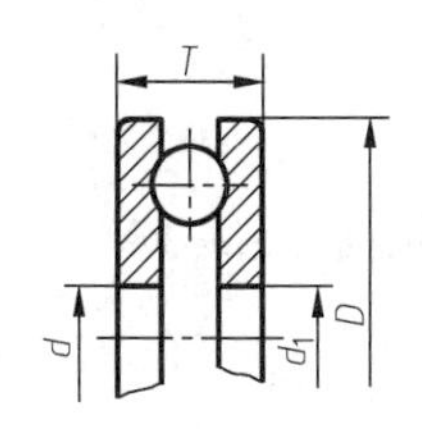

类型代号	代号示例
5	尺寸系列代号为 13、内径代号为 10 的推力球轴承:51310

（单位:mm）

轴承代号		外形尺寸				轴承代号		外形尺寸			
		d	D	T	$d_{1\min}$			d	D	T	$d_{1\min}$
11系列	51104	20	35	10	21	13系列	51304	20	47	18	22
	51105	25	42	11	26		51305	25	52	18	27
	51106	30	47	11	32		51306	30	60	21	32
	51107	35	52	12	37		51307	35	68	24	37
	51108	40	60	13	42		51308	40	78	26	42
	51109	45	65	14	47		51309	45	85	28	47
	51110	50	70	14	52		51310	50	95	31	52
	51111	55	78	16	57		51311	55	105	35	57
	51112	60	85	17	62		51312	60	110	35	62
	51113	65	90	18	67		51313	65	115	36	67
	51114	70	95	18	72		51314	70	125	40	72
	51115	75	100	19	77		51315	75	135	44	77
	51116	80	105	19	82		51316	80	140	44	82
	51117	85	110	19	87		51317	85	150	49	88
	51118	90	120	22	92		51318	90	155	50	93
	51120	100	135	25	102		51320	100	170	55	103
12系列	51204	20	40	14	22	14系列	51405	25	60	24	27
	51205	25	47	15	27		51406	30	70	28	32
	51206	30	52	16	32		51407	35	80	32	37
	51207	35	62	18	37		51408	40	90	36	42
	51208	40	68	19	42		51409	45	100	39	47
	51209	45	73	20	47		51410	50	110	43	52
	51210	50	78	22	52		51411	55	120	48	57
	51211	55	90	25	57		51412	60	130	51	62
	51212	60	95	26	62		51413	65	140	56	68
	51213	65	100	27	67		51414	70	150	60	73
	51214	70	105	27	72		51415	75	160	65	78
	51215	75	110	27	77		51416	80	170	68	83
	51216	80	115	28	82		51417	85	180	72	88
	51217	85	125	31	88		51418	90	190	77	93
	51218	90	135	35	93		51420	100	210	85	103
	51220	100	150	38	103		51422	110	230	95	113

附表13 圆锥滚子轴承（摘自GB/T 297—1994）

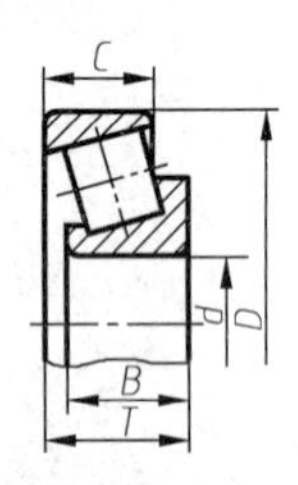

类型代号	代号示例
3	尺寸系列代号为03、内径代号为12的圆锥滚子轴承:30312

（单位:mm）

轴承代号		外形尺寸					轴承代号		外形尺寸				
		d	D	T	B	C			d	D	T	B	C
02系列	30204	20	47	15.25	14	12	22系列	32204	20	47	19.25	18	15
	30205	25	52	16.25	15	13		32205	25	52	19.25	18	16
	30206	30	62	17.25	16	14		32206	30	62	21.25	20	17
	30207	35	72	18.25	17	15		32207	35	72	24.25	23	19
	30208	40	80	19.75	18	16		32208	40	80	24.75	23	19
	30209	45	85	20.75	19	16		32209	45	85	24.75	23	19
	30210	50	90	21.75	20	17		32210	50	90	24.75	23	19
	30211	55	100	22.75	21	18		32211	55	100	26.75	25	21
	30212	60	110	23.75	22	19		32212	60	110	29.75	28	24
	30213	65	120	24.75	23	20		32213	65	120	32.75	31	27
	30214	70	125	26.25	24	21		32214	70	125	33.25	31	27
	30215	75	130	27.25	25	22		32215	75	130	33.25	31	27
	30216	80	140	28.25	26	22		32216	80	140	35.25	33	28
	30217	85	150	30.50	28	24		32217	85	150	38.50	36	30
	30218	90	160	32.50	30	26		32218	90	160	42.50	40	34
	30219	95	170	34.50	32	27		32219	95	170	45.50	43	37
	30220	100	180	37	34	29		32220	100	180	49	46	39
03系列	30304	20	52	16.25	15	13	23系列	32304	20	52	22.25	21	18
	30305	25	62	18.25	17	15		32305	25	62	25.25	24	20
	30306	30	72	20.75	19	16		32306	30	72	28.75	27	23
	30307	35	80	22.75	21	18		32307	35	80	32.75	31	25
	30308	40	90	25.25	23	20		32308	40	90	35.25	33	27
	30309	45	100	27.25	25	22		32309	45	100	38.25	36	30
	30310	50	110	29.25	27	23		32310	50	110	42.25	40	33
	30311	55	120	31.50	29	25		32311	55	120	45.50	43	35
	30312	60	130	33.50	31	26		32312	60	130	48.50	46	37
	30313	65	140	36	33	28		32313	65	140	51	48	39
	30314	70	150	38	35	30		32314	70	150	54	51	42
	30315	75	160	40	37	31		32315	75	160	58	55	45
	30316	80	170	42.50	39	33		32316	80	170	61.50	58	48
	30317	85	180	44.50	41	34		32317	85	180	63.50	60	49
	30318	90	190	46.50	43	36		32318	90	190	67.50	64	53
	30319	95	200	49.50	45	38		32319	95	200	71.50	67	55
	30320	100	215	51.50	47	39		32320	100	215	77.50	73	60

附表 14 深沟球轴承（摘自 GB/T 276—1994）

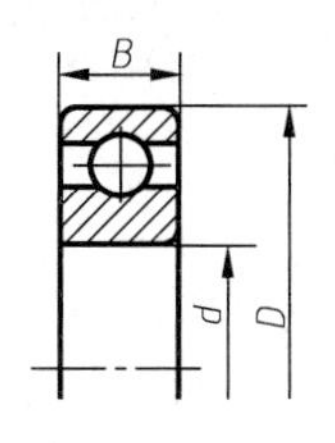

类型代号	代号示例
6	尺寸系列代号为02、内径代号为06的深沟球轴承:6206

（单位:mm）

轴承代号		外形尺寸			轴承代号		外形尺寸		
		d	*D*	*B*			*d*	*D*	*B*
10系列	6004	20	42	12	03系列	6304	20	52	15
	6005	25	47	12		6305	25	62	17
	6006	30	55	13		6306	30	72	19
	6007	35	62	14		6307	35	80	21
	6008	40	68	15		6308	40	90	23
	6009	45	75	16		6309	45	100	25
	6010	50	80	16		6310	50	110	27
	6011	55	90	18		6311	55	120	29
	6012	60	95	18		6312	60	130	31
	6013	65	100	18		6313	65	140	33
	6014	70	110	20		6314	70	150	35
	6015	75	115	20		6315	75	160	37
	6016	80	125	22		6316	80	170	39
	6017	85	130	22		6317	85	180	41
	6018	90	140	24		6318	90	190	43
	6019	95	145	24		6319	95	200	45
	6020	100	150	24		6320	100	215	47
02系列	6204	20	47	14	04系列	6404	20	72	19
	6205	25	52	15		6405	25	80	21
	6206	30	62	16		6406	30	90	23
	6207	35	72	17		6407	35	100	25
	6208	40	80	18		6408	40	110	27
	6209	45	85	19		6409	45	120	29
	6210	50	90	20		6410	50	130	31
	6211	55	100	21		6411	55	140	33
	6212	60	110	22		6412	60	150	35
	6213	65	120	23		6413	65	160	37
	6214	70	125	24		6414	70	180	42
	6215	75	130	25		6415	75	190	45
	6216	80	140	26		6416	80	200	48
	6217	85	150	28		6417	85	210	52
	6218	90	160	30		6418	90	225	54
	6219	95	170	32		6419	95	240	55
	6220	100	180	34		6420	100	250	58

参 考 文 献

[1] 胡胜．机械识图与绘图［M］．重庆：重庆大学出版社，2011．
[2] 金大鹰．机械制图［M］．北京：机械工业出版社，2010．
[3] 钱可强．机械制图［M］．北京：高等教育出版社，2011．